UmweltWissenschaften

Schriftenreihe der Fakultät für Umweltwissenschaften
und Verfahrenstechnik
der Brandenburgischen Technischen Universität Cottbus

Geschäftsführender Herausgeber
Professor Dr. Lothar Knopp, BTU Cottbus

Titel der bisher erschienenen Bände

M. Kotulla, H. Ristau und U. Smeddinck (Hrsg.)
Umweltrecht und Umweltpolitik
1998. ISBN 3-7908-1093-2

G. Wiegleb, F. Schulz und U. Bröring (Hrsg.)
Naturschutzfachliche Bewertung im Rahmen
der Leitbildmethode
1999. ISBN 3-7908-1174-2

G. Wiegleb, U. Bröring, J. Mrzljak und F. Schulz
Naturschutz in Bergbaufolgelandschaften
2000. ISBN 3-7908-1279-X

J. Schneider
Die ökonomische Bewertung von Umweltprojekten
2001. ISBN 3-7908-1336-2

Albrecht Gnauck (Herausgeber)

Systemtheorie und Modellierung von Ökosystemen

Mit 72 Abbildungen und 22 Tabellen

Springer-Verlag Berlin Heidelberg GmbH

Professor Dr. Albrecht Gnauck
Brandenburgische Technische Universität Cottbus
Lehrstuhl Ökosysteme und Umweltinformatik
Postfach 10 13 44
03013 Cottbus
umweltinformatik@tu-cottbus.de

ISSN 1616-4458
ISBN 978-3-7908-1441-5

Die Deutsche Bibliothek – CIP-Einheitsaufnahme
Systemtheorie und Modellierung von Kosystemen / Hrsg.: Albrecht Gnauck. – Heidelberg: Physica-Verl., 2002
(UmweltWissenschaften)
ISBN 978-3-7908-1441-5 ISBN 978-3-642-57474-0 (eBook)
DOI 10.1007/978-3-642-57474-0

Ursprünglich erschienen bei Physica-Verlag Heidelberg 2002

Umschlaggestaltung: Erich Kirchner, Heidelberg

SPIN 10852289

Vorwort

Die Modellierung von Ökosystemen hat sich nach zögerlichen Anfängen zu Beginn der siebziger Jahre des vorigen Jahrhunderts zu einem breiten und eigenständigen wissenschaftlichen Fachgebiet entwickelt. Lag zunächst der Schwerpunkt dieses Fachgebietes auf der Identifikation und Modellbildung ökologischer Prozesse, so traten in den achtziger Jahren komplexe Modellentwicklungen für marine, limnische und terrestrische Ökosysteme in den Vordergrund. Dabei wurde besonderer Wert auf die Ausarbeitung kausaler Modelle gelegt, um die durch anthropogene Einwirkungen hervorgerufenen ökologischen Veränderungen besser prognostizieren zu können. Parallel dazu erfolgte seit Mitte der achtziger Jahre auch die Einbeziehung ökonomischer Fragestellungen in die mathematische Modellierung von Ökosystemen. Methoden der mehrkriteriellen Optimierung wurden hinsichtlich ihrer Anwendbarkeit im Umweltbereich geprüft. In dieser Zeit wurde die Ausarbeitung von Entscheidungsunterstützungssystemen (DSS) im Umweltbereich maßgeblich durch die Fortschritte auf dem Gebiet der Optimierungsmethoden beeinflußt. Zu Beginn der neunziger Jahre des vorigen Jahrhunderts erfolgte eine Erweiterung der mathematischen Ökosystemmodelle auf soziologische Fragestellungen. Damit war man nicht nur hinsichtlich der Modellkomplexität, sondern auch bezüglich der Modelllösungsverfahren und der Simulationstechniken an methodische Grenzen gelangt. Neben einem hohen Datenbedarf wirkte sich diese Entwicklung negativ auf die Nutzerfreundlichkeit der Modelle, auf die Modellqualität und ihre Vorhersagegenauigkeit sowie auf das Vertrauen von Anwendern auf ökologische Modelle aus. Es wurde der Ruf nach einfachen und robusten Modellen laut, deren Ergebnisse Aussagen für Planungsentscheidungen gestatten und die zu einer Bewertung von subjektiven Entscheidungen beitragen. Am Ende der neunziger Jahre erfolgte deshalb in der ökologischen Modellierung fast zwangsläufig auch ein Paradigmenwechsel. Anstelle der Programmierung mathematischer Modelle von Ökosystemen mit einer höheren Programmiersprache werden komplizierte Simulationswerkzeuge zur Abbildung des Modells und zur Simulation eingesetzt. Der Komplexität der zu lösenden Aufgabe wird durch Kombination geeigneter Simulationswerkzeuge Rechnung getragen. So finden sich in der Modellierungsliteratur zunehmend Arbeiten über den Einsatz von Simulationswerkzeugen zur Beantwortung von ökosystemaren Fragestellungen, zum Stoffstrommanagement, zur Kombination von Simulationsmodell mit einem Geographischen Informationssystem (GIS) sowie Kombinationen von verschiedenen Simulationsmodellen.

Zur Bewältigung der umfangreichen ökologischen Modellierungs- und Simulationsproblematik wurden in den neunziger Jahren erneut systemtheoretische, informationstechnologische, physikalische und mathematische Grundlagen studiert, um mit neuen methodischen Erkenntnissen einen besseren Zugang zur Lösung der anstehenden Aufgaben zu finden. Ein Beispiel dafür ist die Theorie der zellularen Automaten, die zwar bekannt, aber rechentechnisch in den siebziger Jahren für die

Lösung ökologischer Aufgaben nicht realisiert werden konnte. Erst durch die intensiven Entwicklungen der Computertechnik konnten auch enorme Fortschritte in der populationsökologischen Modellierung erzielt werden. Erkenntnisse und Methoden der theoretischen und angewandten Informatik lieferten die Grundlagen für Simulationswerkzeuge im Umweltbereich. Ebenso leistet die Theorie der partiell geordneten Mengen einen wesentlichen Beitrag zur Bewertungsproblematik. In diesem wissenschaftlichen Kontext fanden 1997 und 1998 vom Lehrstuhl für Ökosysteme und Umweltinformatik der Brandenburgischen Technischen Universität Cottbus organisierte mehrtägige Workshops zur Modellierung von Ökosystemen statt. Der vorliegende Band enthält elf ausgewählte Beiträge dieser Workshops, die sich im ersten Teil auf die Grundlagen der Modellierung (5 Beiträge), und im zweiten Teil auf Modellanwendungen (6 Beiträge) beziehen.

Der erste Teil beginnt mit einem Beitrag von *A. Gnauck* über Grundlagen, Ziele und Arbeitsrichtungen der systemtheoretischen Modellierung. Ausgehend von allgemeinen Systembegriffen werden Systemklassen und ihre Zustandsgleichungen angegeben und Ökosysteme nach ihren dynamischen Eigenschaften klassifiziert. Ziele der Modellierung sind die Quantifizierung ökologischer Aussagen und die direkte Anwendbarkeit der Modelle. Durch Abstraktion und Generalisierung lassen sich Wirkungszusammenhänge auf einer Metaebene erklären, die wiederum zur Theoriebildung genutzt werden kann.

M. Bestehorn führt moderne Aspekte der Synergetik in die Modellierung von Ökosystemen ein und diskutiert methodische Probleme der Mustererkennung und Musteranalyse räumlich und zeitlich variabler Strukturen. Aus komplexen Grundgleichungen leitet er die Gleichungen für wenige Ordnungsparameter her. Eine Strukturbildung wird anhand von Bilanzgleichungen für Populationen erklärt. Grundlegende Mechanismen der Strukturbildung werden auf der Basis von Meßreihen abgeleitet.

A. Gnauck faßt Ökosysteme als kontinuierliche Übertragungssysteme auf, deren theoretische Grundlage durch die Automatentheorie gegeben ist. Er formuliert einzelne ökologische Wechselwirkungen, Kompartimente und Ökosysteme als abstrakte stochastische Automaten. Externe und interne Triebkräfte bewirken Zustandsänderungen der Automaten, die durch geänderte Wortmengen aus den entsprechenden Alphabeten charakterisiert sind.

Innovative methodische Ansätze der Modellbildung und Simulation zur Verbesserung des Umweltzustandes diskutiert *R. Grützner*. Ausführlich analysiert er die methodischen Grundlagen der Modelle und deren Anwendungsbereiche. Anhand zahlreicher Beispiele demonstriert er die Breite von praktischen Anwendungen der Simulationswerkzeuge im Umweltbereich. Ausgehend von den bisherigen Einsatzgebieten und erfolgreichen Anwendungen der Simulationssysteme zieht er Schlußfolgerungen für zukünftige Entwicklungen auf dem Gebiet der Modellbildung und Simulation im Umweltbereich.

A. Schultz untersucht in seinem Beitrag das Verhältnis von Variabilität ökologischer Prozesse zur Validität der Modelle. Im Kontext von Problemstellung, Datenlage und Modellbildung werden potentielle Fehlerquellen der Abbildung eines Ökosystems diskutiert und anhand von Meßreihen und Beobachtungsergebnissen an Beispielen dargestellt. Der Beitrag schließt mit Schlußfolgerungen für die Entwicklung und Validation raumbezogener Simulationsmodelle.

Der zweite Teil beginnt mit einer Arbeit von *R. Grützner* und *A. Kob* über Simulationswerkzeuge (Modelle), die als sogenannte META-Modelle im Computer gespeichert sind. META stellt eine in C++ - Notation erarbeitete Oberfläche dar, die nicht nur einen ausführbaren Modellcode produziert, sondern auch die Editierung, Modellgenerierung und Modellprüfung erlaubt. Nach einer allgemeinen Darstellung des Werkzeuges wird seine Funktion an verschiedenen ökologischen Modellen demonstriert. Gleichzeitig wird die Korrektheit und die Funktionalität der Softwareoberfläche für praktische Anwendungen getestet.

Dem Problem der Bewertung ökosystemarer Wirkungen widmen sich *R. Brüggemann* und Koautoren anhand von Exposure-Modellen. Voraussetzungen für die Anwendung solcher Modelle sind neben den Substanzdaten geeignete Schätzmethoden und Modellierungstechniken. Problematisch ist dabei die Menge an Information über jede Substanz. Durch geeignete, aus der diskreten Mathematik abgeleitete Methoden der Informationsaggregation entwickeln die Autoren ein Konzept zur Bewertung von Umweltchemikalien anhand der Hassediagrammtechnik.

Die Qualität komplexer Simulationsmodelle hängt wesentlich von der Güte der einzelnen Prozeßmodelle ab. Das weisen *W. Mirschel* und Mitarbeiter in ihrem Beitrag anhand eines Wachstumsmodells für Zuckerrüben nach. Ausgehend von allgemeinen Anforderungen an Agrarökosystemmodelle beschreiben die Autoren detailliert ein spezielles Wachstumsmodell für Zuckerrüben, das modular in eine Modellfamilie integriert ist. Modellverifizierung und Modellvalidierung sind in den Kontext der Modellbildung eingebunden. Anhand der Simulationsergebnisse diskutieren sie die Kopplung unterschiedlicher Modellbausteine sowie die Integration eines Teilmodells in komplexe Modellsysteme. Anthropogene Einwirkungen auf Ökosysteme und die Anwendung ökotechnologischer Methoden sind ohne mathematische Modelle kaum denkbar.

R. Funke modelliert mittels stochastischer Differentialgleichungen die Veränderungen der Wassergüte eines kleinen eutrophen Sees im norddeutschen Tiefland infolge Belüftung nach dem OLOID-Verfahren. Ziel des ökotechnologischen Eingriffs ist eine Seesanierung. Unter Berücksichtigung äußerer Triebkräfte wird eine Prognose für den wahrscheinlichen Wassergütezustand gegeben. Die Ergebnisse werden ausführlich diskutiert.

Analog zur Modellierung von Oberflächengewässern ist auch die Modellierung der Prozesse in Klärwerken eine unbedingte Voraussetzung für ihre Steuerung. *J. Studzinski* und *J. Lomotowski* beschreiben zunächst die ökologischen Prozesse der Belebtschlammbildung. Am Beispiel eines Klärwerks modellieren sie den Kohlenstoff- und den Stickstoffabbau mittels Differentialgleichungen. Die Simulationsergebnisse werden mit den Meßergebnissen verglichen und hinsichtlich weiterer modelltechnischer Entwicklungen und notwendiger Klärwerkstechnologie diskutiert.

Im Beitrag von *A. Gnauck* und *K. Rothe* wird der Frage nachgegangen, ob robuste statistische Modelle in der Lage sind, qualitative Veränderungen der Wassergüte von Fließgewässern richtig zu beschreiben. Am Beispiel des Berliner Gewässersystems wird die Anwendung von Korrelationsanalysen zur Mustererkennung ausführlich diskutiert. Mit Hilfe von nichtlinearen Regressionen werden Trends für verschiedene Wassergütevariablen im Gewässernetz berechnet und mit Ergebnissen der Unteren Havel-Wasserstraße verglichen.

Workshops stellen spezielle interdisziplinäre Plattformen des wissenschaftlichen Gedankenaustausches und der anwendungsorientierten Diskussion dar. Sie tragen wesentlich zur Klärung theoretischer Ideen und praktischer Anwendungen bei. Es ist klar, daß im Rahmen solcher Veranstaltungen nicht alle Entwicklungslinien der Modellierung und Simulation im Umweltbereich ausführlich diskutiert werden können. So sind in diesem Band theoretische und praktische Teilgebiete wie die Skalierungsproblematik von Modellen, die Kopplung von Simulationsmodellen mit GIS und ihre Erweiterungen zu Decision Support Systemen (DSS), sozioökonomisch-ökologische Modelle einschließlich Indikatormodelle, Stoffstrommodelle sowie globale Modelle, Klimamodelle und komplexe Umweltmanagementmodelle nicht bedeckt. Diese thematischen Schwerpunkte sind weiteren Workshops vorbehalten, die auch künftig im jährlichen Abstand folgen sollen.

Mein Dank gilt allen Autoren, die sich vor der Mühe der Ausarbeitung ihres Beitrages nicht gescheut haben. Insbesondere bin ich dem Physica-Verlag für seine Geduld bei der Herausgabe des Buches in der Reihe Umweltwissenschaften und die anspruchsvolle Gestaltung des Bandes zu großem Dank verpflichtet.

Großer Dank gilt auch meiner Mitarbeiterin Frau Diana Nentwich und meinem Mitarbeiter Herrn Dipl.-Ing. Hartmut Nemitz für ihren enormen Einsatz bei der technischen Bearbeitung der einzelnen Beiträge und der Fertigstellung des druckreifen Manuskriptes.

Cottbus, im Mai 2001 Albrecht Gnauck

Inhaltsverzeichnis

Teil 1: Grundlagen der Modellierung

Ökosystemtheorie und systemtheoretische Modellierung: Grundlagen, Ziele, Arbeitsrichtungen

Albrecht Gnauck

Brandenburgische Technische Universität Cottbus, Lehrstuhl für Ökosysteme und Umweltinformatik,
Postfach 10 13 44, D - 03013 Cottbus

Zusammenfassung. Systemtheoretische Beschreibungen werden allgemein in der Ökologie zum besseren Verständnis komplexer Vorgänge verwendet. Gegenüber den frühen Arbeiten zur biologischen Systembeschreibung beruhen die gegenwärtig verwendeten Methoden auf einem Systemkonzept, insbesondere auf dem Konzept der stochastischen Automaten. Ausgehend von unterschiedlichen Standpunkten werden in der Arbeit Grundlagen, Ziele und Arbeitsrichtungen der systemtheoretisch begründeten Modellierung von Ökosystemen gegeben.

Schlüsselwörter. Ökosystem, Systemtheorie, Systemökologie, Übertragungssystem, Prozeßmodell, Modellierung, Simulation, Ökosystemtheorie

1 Einleitung

Die systemtheoretische Beschreibung von Ökosystemen hat sich infolge der zunehmenden Ausnutzung von Naturressourcen für die menschliche Gesellschaft innerhalb des Gesamtgebietes der Ökologie zu einem wissenschaftlichen Schwerpunkt entwickelt (Patten und Jørgensen 1992). Theoretische und experimentelle Forschungen stehen dabei gleichberechtigt nebeneinander und bedingen sich gegenseitig. Gegenüber den historisch-philosophischen und naturwissenschaftlich-biologischen Denkweisen stellt die Systemtheorie Begriffssysteme und Methoden mit sehr allgemeiner Anwendbarkeit zur Verfügung (Peschel 1965). Basierend auf den philosophischen Kategorien des Wesentlichen und des Unwesentlichen wurde innerhalb der mathematischen Systemtheorie ein leistungsfähiger allgemeiner Systembegriff entwickelt, der auch für ökologische Systeme anwendbar ist (Wiener 1948, Peschel 1970). Jeder natürlich abgegrenzte Teil der Umwelt wird zusammen mit einigen als wesentlich betrachteten Zustandsvariablen und seinen Wechselwirkungen mit der stofflichen Struktur der Umwelt als konkretes Ökosystem betrachtet. Überlegungen dieser Art führten zum Begriff des abstrakten Systems als einer Klasse konkreter Systeme mit gleicher Verhaltensweise. Fleishman (1982) bezeichnet diesen Prozeß als Systemperiode in der Wissenschaftsentwicklung, die auf dem Gebiet der Ökosystemforschung zu Begriffen wie Systemökologie und kybernetische Ökologie (Halfon 1979, Straškraba 1980, Odum 1983) geführt hat. Die Wechselbeziehungen zwischen einem Ökosystem und seiner Umgebung werden durch physikalische Größen repräsentiert. Diese sind Träger von Information, deren Zeitverläufe als Signale bezeichnet werden. Da von weiteren wesentlichen Zusammenhängen zwischen einem Ökosystem und seiner Umwelt abstrahiert wird, werden alle im Zusammenhang mit einem konkreten Ökosystem beobachtbaren Wechselwirkungen zufällig. Zur Beschreibung des konkreten Systemverhaltens werden statistische Methoden (Patil et al. 1971, Legendre und Legendre 1983), fuzzy-Beschreibungen (Salski 1993), stochastische Automaten (Gnauck und Straškraba 1980) oder, unter Vernachlässigung der Umwelteinflüsse, unter stationären Bedingungen geltende kausale Prozeßbeschreibungen verwendet (Jørgensen 1986). Die wesentlichen Zustandsgrößen eines Öko- bzw. Umweltsystems sind in der Regel nicht voneinander unabhängig, sondern es bestehen zwischen ihnen bestimmte Relationen. Diese variieren in Raum und Zeit und sind häufig von der Vorgeschichte, das heißt, von der Evolution des betrachteten Ökosystems oder seiner Teilsysteme abhängig. Die Relationen legen das Raum-Zeit-Verhalten des Ökosystems und seiner Teilsysteme (Kompartimente) fest. Teilsysteme mit gleichem Verhalten aber unterschiedlicher biozönotischer Struktur können sich dabei zeitweilig in ihrer Funktion ersetzen. Ökologische Systeme einschließlich ihrer Teilsysteme stellen insbesondere Übertragungssysteme dar (Gnauck 1995), deren wesentliche Größen sich in die Klasse der Eingangsgrößen X, in die Klasse der Ausgangsgrößen Y, in die Klasse der Zustandsgrößen U sowie in die Klasse der Störgrößen R einteilen lassen. Ein Übertragungssystem kann sich in verschiedenen Zuständen befinden. Jeder Zustand ist verantwortlich für eine bestimmte Verarbeitung der Eingangssignale $x_i(t, \underline{u}, \underline{r}) \in X$ zu den Ausgangssignalen $y_j(t, \underline{x}, \underline{u}, \underline{r}) \in Y$. Da sich im Verlauf der Signalverarbeitung im allgemeinen der Zustand eines Übertragungssystems ändert, bezeichnet man diese in der Systemtheorie auch als Automaten. Unter Berücksichtigung der stochastischen internen und externen Einflüsse sowie infolge der Stochastizität der ein Übertragungssystem charakterisierenden Größen gelangt man zum Begriff des stochastischen Automaten. In ökologischen Systemen sind sehr viele Teilsysteme wirkungsmäßig dadurch verknüpft, daß eine (Teil-) Menge von Ausgangsgrößen einer gewissen Menge von Teilsystemen zu Eingangsgrößen anderer Teilsysteme transformiert werden. Man gelangt auf diese Weise zum Begriff der Struktur eines Übertragungssystems. Diese stellt somit ein Netz aus Übertragungsystemen mit eindeutigen funktionellen Verknüpfungen dar. Die Begriffe (biozönotische) Struktur und Funktion eines Ökosystems sind damit im Kontext der Systemtheorie eng miteinander gekoppelt. Insbesondere wird dies durch die vernetzte und hierarchisch angeordnete Struktur ökologischer Systeme deutlich. Die von Mesarovic et al. (1970) für ökonomische Systeme ausgearbeiteten systemtheoretischen Grundlagen wurden von Straškraba (1980) auf Ökosysteme erweitert. Er unterscheidet dabei drei Hierarchieklassen: Hierarchie der Organisation, trophische Hierarchie und Hierarchie der Steuerung. Da Ökosysteme auch eine informationsorientierte

Struktur aufweisen, kann eine vierte Hierarchieklasse, die Hierarchie der Information, hinzugefügt werden. Diese Hierarchieklasse berücksichtigt die unterschiedliche Verfügbarkeit von lokaler Einzelinformation und globaler aggregierter Information (Gnauck 1987). Beim Übergang von einer Beschreibungsebene zur nächst höheren Beschreibungsebene wird der Informationsgehalt über die ökologischen Prozesse reduziert. Die (Teil-)Übertragungssysteme der unteren Ebene werden zu Subsystemen der nächst höheren Ebene zusammengefaßt (Findeisen 1974). Als Maß für die Hierarchie kann die Spannweite der Beeinflussung der Subsysteme durch das Gesamtsystem verwendet werden. Sie entspricht der Anzahl und der Funktion der in einem Ökosystem betrachteten Kompartimente. Während bei physikalisch-technischen Systemen eine hierarchische Einteilung durch bestimmte räumliche Anordnungen der Subsysteme erreicht wird, ist in Ökosystemen stets eine natürliche Hierarchie durch die Trophieebenen gegeben. Zeitdauer und Intensität der ökologischen Wechselwirkungen sowie die räumliche Komposition der Kompartimente sind dabei hervorgehobene Merkmale, wobei es weniger von Bedeutung ist, wer neben wem lebt, sondern wer mit wem kommuniziert, daß heißt, welche Kompartimente miteinander Information austauschen.

Bei der Nutzung von Ökosystemen entsteht außerdem die Aufgabe, eine zufriedenstellende Steuerung so anzugeben, daß die gewünschten Änderungen der Ökosystemzustände in einem gewissen Sinn optimal sind. Da die Menge der Systemzustände sehr groß ist und mehrdimensionale Bewertungen der Ökosystemveränderungen meist unübersichtlich sind, besteht deshalb ein wesentlicher Schritt bei der Lösung von Steuerungsaufgaben in der Bildung eines abstrakten mathematischen Systemmodells des realen Ökosystems. Die zur Modellbildung erforderlichen Angaben über die Systemmatrix und die Systemparameter werden mit Hilfe von Identifikationsprozeduren gewonnen (Isermann 1974, Reinisch 1974, Innis und O'Neill 1979). Formal ist die systemtheoretische Modellierung durch die Angabe eines Algorithmus' oder mit der Aufstellung eines Signalflußplanes abgeschlossen (Peschel 1978). Die mathematische Systemtheorie faßt die auf die Erkenntnis der mathematischen Struktur abstrakter Systeme und ihrer Eigenschaften zusammen (Locke 1984). Sie ist als Theorie der mathematischen Modellierung abstrakter Systeme, insbesondere dynamischer Systeme zu verstehen. Insofern ist sie für die Entwicklung und Herausarbeitung einer Ökosystemtheorie von Interesse. Nachfolgend sollen deshalb dynamische Eigenschaften ökologischer Systeme aus dem Blickwinkel der mathematischen Systemtheorie diskutiert werden. Ziel des Beitrages ist es, eine Übersicht über ausgewählte theoretische Grundlagen sowie über Ziele und Arbeitsrichtungen der Ökosystemmodellierung zu geben.

2 Systemtheoretische Grundlagen der Modellierung

Die historisch von verschiedenen Ausgangspunkten her entwickelten Systemkonzepte der Mechanik, der Physik, der Biologie, der Chemie, der Ökologie und der Systemtheorie haben bislang eigenständige Beiträge zur Entwicklung einer Ökosystemtheorie geleistet (Jørgensen 1992). Dabei kommt der allgemeinen Systemtheorie eine prinzipielle Bedeutung zu. Ökosystemtheorie bedeutet im systemtheoretischen Sinn eine Analyse bestimmter Systemklassen, die durch algebraische Strukturen gekennzeichnet sind. Ziel der Untersuchung von Systemklassen ist die Analyse komplexer Strukturen (Netzstrukturen) und ihre Dekomposition in einfachere Teilsysteme, die gleiches Übertragungsverhalten aufweisen. Eine vollständige Bestimmung des Ökosystemverhaltens ist bei genau bekannten zukünftigen Zeitverläufen der Eingangsgrößen bei Kenntnis der zeitabhängigen Zustandsgrößen möglich. Dieser Art der Ökosystembeschreibung liegt die Vorstellung zugrunde, daß die gesamte Vorgeschichte des Systems (Systemevolution) dieses in einen durch gewisse Parameter erfaßbaren Zustand versetzt hat, der allein für das künftige Ökosystemverhalten maßgebend ist. Die Zustandsbeschreibung stellt somit eine komprimierte Erfassung der aus der Systemvergangenheit resultierenden Einflüsse auf das Ökosystemverhalten dar. Während bei Eingangs-Ausgangs-Beschreibungen direkte Transformationen $y(t) = T(\underline{u}(t), \underline{x}(t), t)$ der Eingangsgrößen in die Ausgangsgrößen erfolgen, ist das dynamische Verhalten von Ökosystemen bzw. seiner Kompartimente, das heißt, die raum-zeitliche Entwicklung ökologischer Prozesse unter Einfluß von Störungen (Anfangsauslenkungen) und/oder einwirkenden Eingangsgrößen (interne und externe anthropogene Steuerungen) in der Veränderung von Speichern für Energie und/oder Masse und/oder Information begründet (Straškraba und Gnauck 1983). Mathematisch wird dieser Sachverhalt durch Angabe der Zustands- und Ausgabegleichungen formuliert. Bei der überwiegenden Zahl der ökologischen Prozesse, bei denen solche Speicheränderungen betrachtet werden, wird die kontinuierlich verlaufende Zeit als unabhängige Variable verwendet. Diskrete und kontinuierliche räumliche Änderungen der Energie-, Masse- und Informationsspeicher werden meistens häufig als zeitliche Veränderungen an gewissen Raumpunkten beschrieben, wobei zur mathematischen Beschreibung der Ökosystemdynamik in der Regel nichtlineare Differentialgleichungen verwendet werden. Häufig lassen sich diese Gleichungen nicht in geschlossener Form lösen oder die Lösungen sind so komplex, daß eine Überschaubarkeit der Wirkungszusammenhänge nicht mehr gegeben ist. Das betrachtete Systemmodell wird dann durch einfachere Modelle ersetzt, die Approximationen 1. Ordnung der nichtlinearen Gleichungen darstellen. Dazu werden lineare Modelle verwendet. Diese gelten unter bestimmten Voraussetzungen für einen Satz von Parametern, der einen Unterraum des $\Re^n$ aufspannt. Wird dieser Parameterraum geändert, so ändern sich auch die linearen Modelle, da der gültige Arbeitsbereich (Arbeitspunkt) verlassen wird. Soll die Systembeschreibung eines Ökosystems für einen größeren Arbeitsbereich gültig sein, müssen Approximationen höherer Ordnung verwendet werden. Diese stellen aber selbst wieder nichtlineare Systembeschreibungen dar. Ein Ziel der Modellierung des Ökosystemverhaltens besteht dann in der Auswahl von geeigneten Approximationen höherer Ordnung, die möglichst zu einer gut erforschten Systemklasse gehören und deren dynamische Eigenschaften allgemein gültige Aussagen oder bekannt sind. Das bedeutet auch, daß deren Ursache-Wirkungs-Verhalten bekannt oder leicht beschreibbar ist, wie es bei bilinearen und analytisch linearen Systemen der Fall ist.

Die Forderung nach einer Klassifikation dynamischer Systeme ist ein Ergebnis der experimentellen Beobachtungen von Eingangs-, Ausgangs-, Zustands- und Störgrößen sowie (meist statistischen) Datenauswertungen und den daraus resultierenden Verallgemeinerungen. Dabei ist man bestrebt, die Erkenntnisse über Systeme gleicher Struktur und Funktion in qualitativen Mustern zusammenzufassen und neue Erkenntnisse daraus abzuleiten. Dies gilt nicht nur für systemtheoretische Überlegungen (Peschel und Wunsch 1972) und biologisch-ökologische Betrachtungen (Trepl 1994), sondern auch für andere Fachgebiete wie Instrumentenkunde (Mozart 1787), Philosophie (Büchel 1965), demographische Analysen (Mode 1985), soziologische Untersuchungen (Adorno 1970) und ökonomische Fragestellungen (Stephan und Ahlheim 1996). Die allgemeine Systemtheorie hat für bestimmte Klassen linearer dynamischer Systeme sehr gut ausgearbeitete und auch effektive Theorien bereitgestellt. Viele praktische Probleme wurden mit Hilfe linearer Systemmodelle erfolgreich gelöst (Wernstedt 1989). Ein Beispiel dafür ist die Theorie der zeitkontinuierlichen linearen, zeitinvarianten Systeme mit konzentrierten Parametern. Für nichtlineare Systeme und insbesondere für Ökosysteme existiert bislang keine allgemeine Systemtheorie, da für allgemeine nichtlineare Systeme das Superpositionsprinzip nicht gilt. Folglich gelten systemtheoretische Ergebnisse, die für einen Unterraum des $\mathfrak{R}^n$ gelten, bei nichtlinearen Systemen nur für einen Unterraum des (vollständigen Raumes) $\mathfrak{R}^n$. Damit gelten auch bei linearen Systemen die dynamischen Systemeigenschaften global, während sie bei nichtlinearen Systemen nur lokal Gültigkeit haben. Locke (1984) nennt fünf Klassen, die für die Entwicklung einer allgemeinen Systemtheorie eine Rolle spielen:

1. Raum-Zeit-Systeme: (zellulare Systeme, zellulare Automaten).
2. Automaten (lineare Automaten, sequentielle Automaten, superponierbare Automaten, kombinatorische Automaten).
3. Unendlich-dimensionale Systeme (Systeme mit verteilten Parametern, Totzeitsysteme, Flußsysteme).
4. Lineare Zeitsysteme (lineare Differentialsysteme, finite Systeme, diskrete lineare Systeme).
5. Nichtlineare Differentialsysteme (analytische Systeme, superponierbare Systeme, bilineare Systeme).

Tabelle 1 enhält eine Übersicht über die Zustandsgleichungen der von Locke (1984) gegebenen grundlegenden Systemklassen. Allerdings ist damit für ökologische Fragestellungen eine logisch befriedigende Klasseneinteilung nach einheitlichen Kriterien noch nicht gegeben, da andere Einteilungsprinzipien wie linear-nichtlinear, zeitkontinuierlich-diskret, (räumlich) punktförmig-diffus und andere Einteilungen gemäß der biologischen Hierarchien und Organisationsformen für die System- und Modellbetrachtungen nicht nur möglich, sondern auch notwendig sind. Insbesondere fehlt bislang eine Einordnung von vernetzten Strukturen (Pahl-Wostl 1995).

Tabelle 1. Zustandsgleichungen von Systemklassen

Systemklasse	Zustandsgleichung
Raum-Zeit-Systeme	
Zellulare Systeme	$u(\underline{x}, t) = f(\varphi_b, \psi_b, xt)$
Zellulare Automaten	$u(\underline{x}t+1) = f(\varphi(t), \psi(t), t)$
Automaten	
Lineare Automaten	$u(t+1) = A(u(t) + Bx(t))$
Sequentielle Automaten	$u(t+1) = f(u(t), x(t))$
Superponierbare Automaten	$u(t+1) = Au(t) \bullet Bx(t)$
Unendlich-dimensionale Systeme	
Lineare Systeme mit verteilten Parametern	$\partial u(t) = Au(t) + Bx(t)$
Totzeitsysteme	$\partial u(t) = Au(t) + \Sigma a_i\, u(t\text{-}t_l) + Bx(t)^i$
Steady-state Systeme	*Spezielle partielle Differentialgleichungen*
Lineare Zeitsysteme	
Lineare Differentialsysteme	$du(t) = Au(t) + Bx(t)$
Finite Systeme	$u(t) = G(x(t))$
Diskrete lineare Systeme	$u(t+1) = Au(t) + Bx(t)$
Nichtlineare Differentialsysteme	
Analytische Systeme	$du(t) = f(u(t) + x(t)h(u(t)))$
Superponierbare Systeme	$du(t) = Au(t) \bullet Bx(t)$
Bilineare Systeme	$du(t) = Au(t) + x(t) \cdot Bx(t)$

Eine Abgrenzung ökologischer Systeme gegenüber Ein- und Mehrfachsystemen der allgemeinen Systemtheorie kann aufgrund der Zahl der Kompartimente und der Wechselwirkungen sowie des Grades der Berechenbarkeit des Ökosystemverhaltens gegeben werden (Gnauck 1995). Zustandsbeschreibungen ökologischer Systeme erfordern eine Klassifikation hinsichtlich der Systemeigenschaften, des Übertragungsverhaltens und der im Ökosystem vorhandenen Kopplungen. Auf Grund der nichtlinearen Kopplungen werden die Struktur und der Charakter der Eingangs- und Zustandssignale beim Durchgang durch das System infolge Modulation und /oder Quantisierung geändert. Dadurch ist eine Klassifikation ökologischer Systeme nach dem Signalcharakter sowie nach der Art der (steuerbaren) Änderungen von dynamischen Ökosystemeigenschaften möglich (Tabelle 2).

Tabelle 2. Klassifikation von Ökosystemen nach den dynamischen Eigenschaften

Klassifikation	Erläuterung
Signalcharakter	
Modulation ökologischer Signale	Änderung der Signalwerte von Amplitude, Frequenz und Phase
Quantisierung	Zeitliche Diskretisierung der Amplituden und des gesamten Zeitverlaufs der ökologischen Signale
Dynamische Systemeigenschaften	
Adaptiv	Änderung des Ökosystemzustandes in Abhängigkeit von der über interne und externe Änderungen von Systemgrößen verfügbaren Information, Änderung von Eingangs- und Störgrößen sowie der Parameter, Änderung der Ökosystemstruktur
Nichtadaptiv	Parameterwerte fest gegeben, keine Änderung der Systemstruktur
Mathematisches Systemmodell	
Lineares Systemmodell	Beschreibung des makroskopischen Ökosystemverhaltens durch ein lineares Systemmodell
Nichtlineares Systemmodell	Beschreibung des Ökosystemverhaltens durch ein nichtlineares Modell

Generell lassen sich die der Systemtheorie zugrundeliegenden dynamischen Systeme (oder Modelle) in zwei Klassen einteilen: Axiomatische Systeme und empirische Systeme. Axiomatische Modelle werden aus den als bekannt vorausgesetzten Bewegungsgleichungen des Systems abgeleitet. Sie können im weitesten Sinne als Verallgemeinerung der Newtonschen Bewegungsgesetze interpretiert werden. Darauf beruht auch im wesentlichen der physikalisch determinierte Denkansatz der Ökosystembeschreibung (Jørgensen 1992). Die Modelle der zweiten Klasse sind Repräsentationen des Systemwissens aus experimentellen Daten über das Eingangs-Ausgangs-Verhalten oder über das kausale Ursache-Wirkungs-Verhalten der ökologischen Prozesse. Straškraba und Gnauck (1985) bezeichnen die beiden Klassen als analytische Modelle und black-box-Modelle und entwikkelten auf dieser Basis zahlreiche Algorithmen zur Prozeß- und Systembeschreibung in der limnischen Ökologie.

3 Ziele der systemtheoretischen Modellierung von Ökosystemen

Bei der Übertragung systemtheoretischer Denkmodelle auf ökologische Erkenntnisse treten zwei Grundaufgaben auf:

1. Quantifizierung ökologischer Aussagen mittels geeigneter mathematischer Systemmodelle mit dem Ziel der direkten Anwendbarkeit. Mathematische Modellierung und Simulation ökologischer Systeme sind die darauf beruhenden spezifischen Arbeitsgebiete der angewandten Systemtheorie.
2. Abstraktion und Generalisierung ökologischer Ergebnisse sowie Ausarbeitung neuer systemtheoretischer Strukturen zur Ableitung und Erklärung von Wirkungszusammenhängen. Zur Problemlösung ökologischer. Diese führen zu einer Theoriebildung in der Ökologie.

Die Lösung dieser Aufgaben ist mit Analysen der dynamischen Eigenschaften ökologischer Systeme verbunden. Tabelle 3 gibt eine Übersicht über grundlegende dynamische Eigenschaften ökologischer Systeme. Die von Kalman et al. (1967) analysierten dynamischen Eigenschaften Beobachtbarkeit, Steuerbarkeit, Erreichbarkeit, Rekonstruierbarkeit und Störbarkeit von Systemzuständen sowie deren Stabilität und Sensitivität haben auch für Ökosysteme eine zentrale Bedeutung. Durch sie werden sowohl ökologisch-theoretische, als auch praktische Aspekte der Ökosystemnutzung berührt. Beispielsweise setzt eine Steuerung der Wassergüte in Flußgebieten oder von Talsperren und Seen Untersuchungen über die Effekte geplanter Eingriffe in das jeweilige Ökosystem sowie über die Erreichbarkeit von Zustandsänderungen im Gewässer voraus (Klapper 1984). Eingeschlossen sind dabei Fragen der Störbarkeit von Ökosystemen und Möglichkeiten der Realisierung von Steuerungsmaßnahmen zur Sanierung und Restaurierung von Gewässern (Uhlmann 1973, Ulanowicz 1986).

Die aus der Mechanik und der Elektrotechnik/Regelungstechnik entlehnten Begriffsbildungen haben unter Anwendung mathematischer Modelle zu unterschiedlichen Stabilitätskonzepten in der Ökologie geführt (May 1974, Svirezhev und Logofet 1978, May 1981, Dubois 1981, Pahl-Wostl 1995). Sie unterscheiden sich in den Klassen zulässiger Störungen, in der Menge der zulässigen Anfangszustände, in der Menge der Systemantworten und im jeweils betrachteten Zeitintervall. Den auf stationäre Gleichgewichtszustände gerichteten Untersuchungen stehen die ökologisch orientierten Sabilitätsuntersuchungen gegenüber. Eine Zusammenstellung dieser Konzepte findet man bei Wissel (1989). Die Abweichungen des aktuellen (gestörten) Systemzustandes von den Referenztrajektorien des ungestörten Systems werden mittels geeigneter positiv definiter (bzw. semidefiniter) Ljapunov-Funktionen beurteilt, ohne daß die Bewegungsgleichungen explizit gelöst werden müssen. Allerdings haben die Methoden zum Auffinden von geeigneten Ljapunov-Funktionen mehr den Charakter von Probierverfahren als systematische Analysen. Es ist daher eher zufällig, daß solche Funktionen gefunden werden.

Tabelle 3. Dynamische Eigenschaften ökologischer Systeme

Eigenschaft	**Erklärung**
Beobachtbarkeit	Untersuchung (Analyse) des Ökosystemzustandes $u(t)$ im Zeitpunkt $t = t_0$ durch Messung der Ausgangsgrößen $\underline{y}(t)$ und der Eingangsgrößen $\underline{x}(t)$ zu den Zeitpunkten $t_i > t_0$.
Steuerbarkeit	Überprüfung, ob der aktuelle Ökosystemzustand $\underline{u}(t_0)$ in den zukünftigen Zustand $u(t_i)$ mit $i > 0$ gesteuert werden kann.
Erreichbarkeit	Überprüfung, ob der Ökosystemzustand $\underline{u}(t)$ im Zeitpunkt t_0 durch eine geeignete Steuerfolge von Eingangsgrößen $\underline{x}(t)$ von einem stationären Zustand $\underline{x}(t_0)$ aus erreicht werden kann.
Rekonstruierbarkeit	Untersuchung, ob aus vorangegangenen Messungen der Ausgangs- und der Eingangsgrößen der Ökosystemzustand im Zeitpunkt t_0 bestimmt werden kann bzw. wieder herstellbar ist.
Störbarkeit	Untersuchung, ob der Ökosystemzustand $\underline{x}(t)$ im Zeitpunkt t_0 durch eine geeignete Folge von Störgrößen $\underline{r}_i(t)$ vom stationären Zustand ausgelenkt werden kann, und ob der neue Zustand $\underline{u}(t_0)$ stationär ist.
Stabilität	Untersuchung, ob die Bewegungen nichtlinearer Systeme bei Auslenkung aus einem stationären Zustand asymptotisch in den Ausgangszustand zurückkehren bzw. grenzstabil oder instabil verlaufen.
Sensitivität	Untersuchung der Intensität der Bewegungen von Zustandsgrößen bei Änderungen von Eingangs- und Störgrößen sowie Parameteränderungen.

Bildet man ein Ökosystem modellmäßig ab, so sind die Systembewegungen durch den Anfangszustand $\underline{u}(0)$ und durch die Lösungen der zeitabhängigen Bewegungsgleichungen bestimmt. Im Fall zeitkonstanter Parameter werden stationäre Bewegungen durch lineare und nichtlineare Systemmodelle mathematisch beschrieben. Eigenschwingungen entstehen infolge interner Wechselwirkungen zwischen den Kompartimenten und entsprechen periodischen Lösungen der Bewegungsgleichungen (Nicolis und Prigogine 1977, Nisbet und Gurney 1982). Externe Einwirkungen auf Ökosystembewegungen führen zu Änderungen ihrer Frequenzen und Amplituden. Eine Bewertung von Bewegungen anhand spezieller systemtheoretischer Kenngrößen wie Stabilitätsgrad, Dämpfungsgrad oder quadratisches Fehlerintegral ist nur für lineare bzw. linearisierte Systemmodelle möglich. Auch für Eigenschwingungen ist eine exakte Stabilitätsaussage nur bei linearen bzw. linearisierten Systemmodellverhalten möglich, da erzwungenen und Eigenschwingungen im Fall nichtlinearer Systemmodelle nicht entscheidbar ineinander gefaltet sind. Eine Beurteilung der dynamischen Eigenschaften erfolgt für lineare Systemmodelle anhand der Bestimmung der Rangzahlen der entsprechenden Beobachtbarkeits-, Steuerbarkeits-, Erreichbarkeits-, Rekonstruierbarkeits- sowie Stabilitäts und Sensitivitätsmatrizen (Ludyk 1981, Reinisch 1982). Die von Kalman et al. (1967) formulierten algebraischen Kriterien erlauben nur Ja-Nein-Entscheidungen und sind für Ökosysteme nicht anwendbar. Eine Berechnung der Rangzahlen führt außerdem bei komplexen Systemen zu numerischen Schwierigkeiten (Müller und Lückel 1984). Man erhält zwar quantitative Aussagen über die Eigenbewegungen des Ökosystems, kann diese jedoch nicht auf die einzelnen wesentlichen Zustandsgrößen aufschlüsseln. Lückel und Kasper (1981) definierten anhand von Varianzen der Zustandsgrößen stochastische Bewertungen. Jedoch wird dadurch gegenüber den bekannten statistischen Methoden zur Fehlereinschätzung kein Vorteil erreicht. Konsistente Maße zur Beurteilung dynamischer Eigenschaften nichtlinearer zeitvarianter Systeme sind nach wie vor ungelöste Probleme (Göldner und Kubik 1978, Litz 1983, Schwarz 1991). Eindeutige Aussagen über die Steuerbarkeit von Ökosystemen anhand systemtheoretischer Kriterien sind bislang nicht gewährleistet, da selbst bei der Approximation ihrer Systemmodelle durch lineare Mehrgrößensysteme eine numerische Rangbestimmung der Steuerbarkeitsmatrizen von der Definition der Nullelemente anhängig ist. Dies führt insbesondere bei starken raum-zeitlichen Schwankungen der Systemparameter zu aufwendigen Lösungsverfahren. Die von Wassel (1978) für die Steuerbarkeit und von Söte (1980) für die Beobachtbarkeit erweiterten graphentheoretischen Verfahren ersetzen nicht die numerischen Untersuchungen der dynamischen Systemeigenschaften.

4 Systemtheoretische Arbeitsrichtungen in der Ökologie

Die Entwicklung einer mathematischen Systemtheorie zur Beschreibung und Analyse des dynamischen Verhaltens ökologischer Systeme oder von Umweltsystemen ist ein anspruchsvolles und schwieriges Arbeitsgebiet für Mathematiker, Informatiker Physiker und Ingenieure. Sie setzt nicht nur genaue Kenntnisse über die im Ökosystem ablaufenden Prozesse voraus, sondern erfordert auch Kenntnisse über die Wechselwirkungen eines Ökosystems mit seiner Umwelt (Bossel 1992). Unabhängig von der jeweils zugrundeliegenden Raum-Zeit-Skala, wobei Ökosysteme auch als Bestandteile (Kompartimente) einer Landschaft oder höher aggregierter Systeme angesehen werden können, bestehen aus systemtheoretischer

Sicht für die bei der Modellierung dynamischer Systeme eine allgemeingültige Vorgehensweise:

1. Definition und Abgrenzung des zu modellierenden Ökosystems,
2. Definition der Ökosystem-Umgebung,
3. Angabe der für die Ökosystemzustände wesentlichen Systemgrößen sowie Abschätzung des sinnvollen Aufwandes zur Modellierung, um eine Überschaubarkeit und Interpretierbarkeit der Modellergebnisse zu gewährleisten,
4. Abschätzung der natürlichen internen und natürlichen und anthropogenen externen Einflüsse auf das Ökosystemverhalten, Angabe der zeitunabhängigen oder zeitabhängigen Parameter,
5. Verknüpfung der das raum-zeitliche Ökosystemverhalten beschreibenden Grundgleichungen auf der Basis von Stoff- und Energiebilanzen und/oder Kontinuitätsgleichungen, Erhaltungssätzen von Masse, Energie, Impuls und/oder thermodynamischen Hauptsätzen in ihren verschiedenen Formen.

Im wesentlichen sind gegenwärtig drei systemtheoretische Arbeitsrichtungen in der Ökosystemforschung bekannt, die unterschiedlich weit entwickelt sind (Gnauck 1995). Die mengentheoretische Richtung ist dabei am weitesten ausgearbeitet und verbreitet. Wichtige Beiträge zur Entwicklung dieser Arbeitsrichtung wurden in der Vergangenheit von Bertalanffy (1968), Patten (1971), Menshutkin (1974), Halfon (1979) geleistet. Neuere Arbeiten stammen von Nisbet und Gurney (1982), Conrad (1983), Bossel (1992). Ein Ökosystem $\mathfrak{J}$ wird dabei durch die Angabe gewisser Mengen definiert, die nicht oder nur schwach strukturiert sind. Das Ökosystemverhalten wird dann durch die Abbildungen von diesen Mengen oder von Kreuzprodukten aus ihnen in die Menge $\mathfrak{J} = (A, B,..., f, g,...)$ beschrieben. Bei der algebraischen Arbeitsrichtung wird ein Ökosystem $\mathfrak{J}$ durch Angabe einer gewissen Anzahl von allgemeinen Algebren und von Morphismen definiert. Die Morphismen überführen gewisse Algebren des Systems $\mathfrak{J}$ so, daß deren strukturellen Eigenschaften erhalten bleiben. Diese Richtung schließt an die Theorie linearer zeitvarianter Systeme an, wobei nichtlineare Beschreibungen entsprechend linearisiert werden. Anwendungen sind insbesondere auf dem Gebiet der theoretischen Biologie und Ökologie bekannt (Milsum 1966, Morowitz 1968, Laue 1970, Rosen 1971 Jones 1973, Florkin 1977, Lewis 1977, Jeffers 1978, Gibbons 1985). Bei der dritten Arbeitsrichtung wird ein Ökosystem $\mathfrak{J}$ als Kategorie definiert, deren Objekte Mengen und deren Morphismen stochastische Funktionen mit strukturerhaltenden Eigenschaften und diskreten Wahrscheinlichkeitsmaßen als Werten sind (Gnauck und Straskraba 1980). Die Kompartimente von $\mathfrak{J}$ werden wiederum als Kategorien aufgefaßt, die in $\mathfrak{J}$ eingebettet sind. Die Wechselwirkungen werden durch Funktoren realisiert. Diese stark generalisierende Arbeitsrichtung ist besonders in der allgemeinen Systemtheorie (Takahara 1981) und in der theoretischen Biologie (Levich 1982) ausgearbeitet worden. Gnauck (1987) entwickelte ein Konzept zur theoretischen Beschreibung limnischer Ökosysteme anhand von Kategorien. Er formulierte die Wechselwirkungen zwischen den Kompartimenten anhand von Funktoren.

5 Schlußbemerkungen

Die systemtheoretische Modellierung ökologischer Systeme ist stets an die internen Speicheränderungen sowie an die Wandlung der entsprechenden Signalen gekoppelt. In informationsverarbeitenden Systemen treten dabei relativistische Effekte immer dann meßbar auf, wenn die Zeitintervalle zwischen dem Abschikken einer Information an ein anderes Subsystem und der Antwort des anderen Systems nicht vernachlässigt werden können. Aus diesem Grunde spielen bei stochastische Beschreibungen von Übergangsprozessen zwischen den Ökosystemkompartimenten die in den ökologischen Wechselwirkungen auftretenden Verzögerungszeiten eine große Rolle. Sie sind für die Kommunikationsdynamik innerhalb eines Ökosystems von zentraler Bedeutung. Die Anwendung von Prinzipien der allgemeinen Systemtheorie auf Probleme der Ökologie sowie des Natur- und Ressourcenschutzes ist in den letzten Jahren von verschiedenen Standpunkten her diskutiert worden (Mathes, Breckling und Ekschmitt 1996). Durch Anwendung des Begriffssystems und des methodischen Apparates der allgemeinen Systemtheorie hat sich in der Ökologie eine generalisierende Entwicklung vollzogen. Ausgehend von den Beobachtungen realer ökologischer Prozesse wird das Ökosystemverhalten biologisch beschrieben, mathematisch analysiert und systemtheoretisch generalisiert. Die Darstellung der funktionellen und biozönotisch-strukturellen Wechselwirkungen erfolgt mittels verschiedener mathematischer Strukturen, die die dynamischen Ökosystemeigenschaften, die Kopplungsstrukturen der Subsysteme, die Speichereigenschaften des Gesamtsystems sowie die Kopplungen mit der Umgebung auf unterschiedlichem Abstraktionsniveau beschreiben. Für die Ausarbeitung von Simulationsmodellen zur Prognose von Zustandsänderungen eines Ökosystems ist die Klärung von Kausalzusammenhängen eine notwendige Voraussetzung. Systemmodelle stellen dabei ein wichtiges Hilfsmittel dar und bilden gleichzeitig eine Grundlage für eine rechnergestützte Nutzung von Ökosystemen sowie für einen rechnergestützten Ökosystemschutz.

Literatur

Adorno, Th.W. (1970): Aufsätze zur Gesellschaftstheorie und Methodologie. Suhrkamp, Frankfurt a. M.

Bertalanffy, L.v. (1968): General Systems Theory: Foundations, Development, Applications. Braziller, New York.

Bossel, H. (1992): Modellbildung und Simulation. Vieweg, Braunschweig/Wiesbaden.

Büchel, W. (1965): Philosophische Probleme der Physik. Herder, Freiburg.

Conrad, M. (1983): Adaptability. Plenum Press, New York.

Dubois, D.M. (Ed.) (1981): Progress in Ecological Engineering and Management by Mathematical Modelling. Cebedoc, Liege.

Findeisen, W. (1974): Hierarchische Steuerungssysteme. Verlag Technik, Berlin.

Fleishman, B.S. (1982): Fundamentals of Systemology. Radio and Kommunikation, Moskau (in russ.).

Florkin, M. (1977): Biological Information Transfer. Elsevier, Amsterdam.

Gibbons, A. (1985): Algorithmic Graph Theory. Cambridge Univ. Press, Cambridge.

Gnauck, A. (1987): Kybernetische Beschreibung limnischer Ökosysteme. Habilitationsschrift, Techn. Univers. Dresden.

Gnauck, A. (1995): Systemtheorie, Ökosystemvergleiche und Umweltinformatik. In: Gnauck, A., Frischmuth, A., Kraft, A. (Hrsg.): Ökosysteme: Modellierung und Simulation. Blottner, Taunusstein, 11-27.

Gnauck, A., Straškraba, M. (1980): Theoretical Concepts of Ecosystem Models. ISEM J. 2, 71-80.

Göldner, K., Kubik, S. (1978): Nichtlineare Systeme der Regelungstechnik. Verlag Technik, Berlin.

Halfon, E. (Ed.) (1979): Theoretical Systems Ecology. Academic Press, New York.

Innis, G.S., O'Neill, R.V. (Eds.): Systems Analysis of Ecosystems. Internat. Coop. Publ. House, Fairland.

Isermann, R. (1974): Prozeßidentifikation. Springer, Berlin.

Jeffers, J.N.R. (1978): An Introduction to Systems Analysis: With Ecological Applications. Arnold, London.

Jones, R.W. (1973): Principles of Biological Regulation: An Introduction to Feedback Systems. Academic Press, New York.

Jørgensen, S.E. (1986): Fundamentals of Ecological Modeling. Elsevier, Amsterdam.

Jørgensen, S.E. (1992): Integration of Ecosystem Theories: A Pattern. Kluwer, Dordrecht.

Kalman, R.E., Falb, P.L., Arbib, M.A. (1967): Topics in Mathematical Systems Theory. McGraw-Hill, New York.

Klapper, H. (1984): Erhaltung und Wiederherstellung der Wassergüte in Stand- und Fließgewässern. In: Graf, D. (Hrsg.): Ökonomie und Ökologie der Naturnutzung. Fischer, Jena, 98-127.

Laue, R. (1970): Elemente der Graphentheorie und ihre Anwendung in den biologischen Wissenschaften. Geest & Portig, Leipzig.

Levich, A.P. (1982): Set Theory, Language of the Theory of Categories and Their Use in Theoretical Biology. Moscow State Univ. Press, Moscow (in Russ.).

Lewis, E.R. (1977): Network Models in Population Biology. Springer, Berlin.

Litz, L. (1983): Modale Maße für Steuerbarkeit, Beobachtbarkeit, Regelbarkeit und Dominanz - Zusammenhänge, Schwachstellen, neue Wege. Regelungstechnik 31, 148-158.

Locke, M. (1984): Grundlagen einer Theorie allgemeiner dynamischer Systeme. Akademie-Verlag, Berlin.

Lückel, J., Kasper, R. (1981): Strukturkriterien für die Steuer-, Stör- und Beobachtbarkeit linearer, zeitivarianter, dynamischer Systeme. Regelungstechnik 29, 357-362.

Ludyk, G. (1981): Time-Variant Discret-Time Systems. Vieweg, Braunschweig.

Mathes, K., Breckling, B., Ekschmitt, C. (1996): Systemtheorie in der Ökologie. Ecomed, Landsberg.

May, R.M. (1974): Stability and Complexity in Modell Ecosystems. Princeton Univ. Press, Princeton.

May, R.M. (1981): Theoretical Ecology: Principles and Applications. Blackwell, Oxford.

Mesarovic, M.D., Macko, D., Takahara, Y. (1970): Theory of Hierarchical Multilevel Systems. Academic Press, New York.

Milsum, J.H. (1966): Biological Control Systems Analysis. McGraw-Hill, New York.

Mode, C.J. 1985): Stochastic Processes in Demography and Their Computer Implementation. Springer, Berlin.

Morowitz, H.J. (1968): Energy Flow in Biology. Academic Press, New York.

Mozart, L. (1787): Gründliche Violinschule. Johann Jakob Lotter und Sohn, Augsburg.

Müller, P.C., Lückel, J. (1984): Modale Maße für Steuerbarkeit, Beobachtbarkeit und Störbarkeit dynamischer Systeme. Z. Angew. Math. Mech. 54, 57-58.

Nicolis, G., Prigogine, I. (1977): Self-Organisation in Non-Equilibrium Systems: From Dissipative Structure to Order Through Fluctuations. Wiley, London.

Nisbet, R.M., Gurney, W.S.C. (1982): Modelling Fluctuating Populations.Wiley, Chichester.

Odum, H.T. (1983): Systems Ecology. Wiley, Chichester.

Pahl-Wostl, C. (1995): The Dynamic Nature of Ecosystems. Wiley, New York.

Patil, G.P., Pielou, E.C., Waters, W.E. (1971): Statistical Ecology. Penns. State Univ. Press, Univ. Park London, Penns.

Patten, B.C. (Ed.) (1971): Systems Analysis and Simulation in Ecology. Vol. 1. Academic Press, New York.

Patten, B.C., Jørgensen, S.E. (Eds.) (1995): Complex Ecology. The Part-Whole-Relationship in Ecosystems. Prentice Hall, Englewood Cliffs, N.J.

Peschel, M. (1965): Kybernetik und Automatisierung. Verlag Technik, Berlin.

Peschel, M.. (1970): Kybernetische Systeme. 2. Aufl., Verlag Technik, Berlin

Peschel, M. (1978): Modellbildung für Signale und Systeme. Verlag Technik, Berlin.

Peschel, M., Wunsch, G. (1972): Methoden und Prinzipien der Systemtheorie. Verlag Technik, Berlin.

Reinisch, K. (1974): Kybernetische Grundlagen und Beschreibung kontinuierlicher Systeme. Verlag Technik, Berlin.

Reinisch, K. (1982): Analyse und Synthese kontinuierlicher Steuerungssysteme. Verlag Technik, Berlin.

Rosen, R. (1971): Relationale Biologie. Thieme, Leipzig.

Salski, A. (1993): Fuzzy-Sets-Anwendungen in der Umweltforschung. In: Reusch, B. (Hrsg.): Fuzzy Logic. Theorie und Praxis. Springer, Berlin.

Schwarz, H. (1991): Nichtlineare Regelungssysteme. Oldenbourg München.

Söte, W. (1980): Strukturelle Methoden zur Dekomposition von Großsystemen. Regelungstechnik 28, 37-44.

Stephan, G., Ahlheim, M. (1996): Ökonomische Ökologie. Springer, Berlin.

Straškraba, M. (1980): Cybernetic Categories of Ecosystem Dynamics. ISEM J. 2, 81-96.

Straškraba, M., Gnauck, A. (1983): Aquatische Ökosysteme. Fischer, Jena Stuttgart.

Straškraba, M., Gnauck, A. (1985): Freshwater Ecosystems. Elsevier, Amsterdam.

Svirezhev, Y.M., Logofet, D.O. (1978): Stability of Biological Communities. Nauka, Moscow.

Takahara, Y. (1981): Significances of Categorial Approach to Mathematical General Systems Theory. Report Tokyo Inst. Technol., Nagatsuta, Yokohama.

Trepl, L. (1994): Geschichte der Ökologie. Beltz-Athernäum, Weinheim.

Uhlmann, D. (1973): Störungen des biologischen Gleichgewichtes in Gewässern. Abh. Sächs. Akad. Wiss., Math.-Naturwiss. Klasse, Akademie-Verlag, Berlin.

Ulanowicz, R.E. (1986): Growth and Development: Ecosystems Phenomenology. Springer, New York.

Wassel, M. (1978): Neue Ergebnisse zur Steuerbarkeit linearer zeitvarianter Systeme. Regelungstechnik 26, 60-64.

Wernstedt, J. (1989): Experimentelle Prozeßanalyse. Verlag Technik, Berlin.

Wiener, N. (1948): Control and Communication in the Animal and the Machine. Hermann, Paris.

Wissel, C. (1989): Theoretische Ökologie. Springer, Berlin.

Musterbildung und Musteranalyse - Moderne Aspekte der Synergetik

Michael Bestehorn

Brandenburgische Technische Universität Cottbus, Lehrstuhl für Theoretische Physik/ Nichtlineare Dynamik
Postfach 10 13 44, D-03013 Cottbus

Zusammenfassung. Mustererkennung und Musteranalyse gehören zu den grundlegenden Methoden zur Untersuchung und Interpretation räumlicher, zeitlicher oder raum-zeitlicher variabler Strukturen. Dabei verursachen unterschiedliche Instabilitätsmechanismen in der Nähe von Phasenübergängen dieselben Grundmuster. In der Arbeit wird anhand der in der Synergetik entwickelten theoretischen Methoden gezeigt, wie sich aus komplexen Grundgleichungen die Gleichungen für wenige Ordnungsparameter hergeleitet werden können. Im ersten Teil der Arbeit wird eine Strukturbildung anhand von Bilanzgleichungen für Populationen diskutiert, während im zweiten Teil grundlegende Mechanismen zur Strukturbildung auf der Basis von vorliegenden Meßreihen abgeleitet werden.

Schlüsselwörter. Synergetik, Strukturbildung, Musterbildung, Musteranalyse, Phasenübergang, Ordnungsparameter, Bilanzgleichung, Versklavungsprinzip, Normalform, Bifurkation

1 Einleitung

In diesem Beitrag sollen Methoden zur theoretischen Beschreibung räumlicher, zeitlicher oder raumzeitlich veränderlicher Strukturen vorgestellt werden. Bei der in den letzten Jahren erfolgten intensiven Erforschung von Systemen fern vom Gleichgewicht zeigte es sich, daß ganz verschiedene Instabilitätsmechanismen dieselben typischen Grundmuster in der Nähe von Phasenübergängen bewirken können. Die Wissenschaftsdisziplin *Synergetik*, begründet von Hermann Haken 1970, nutzt diesen Zusammenhang aus (Haken 1981, 1983, 1987). Komplexe Systeme zeigen in der Nähe eines Phasenübergangs ein Verhalten, daß sich durch wenige Größen quantitativ beschreiben läßt. In Anlehnung an die Theorie der Phasenübergänge in Gleichgewichtssystemen werden diese Größen als *Ordnungsparameter* bezeichnet und entsprechen im wesentlichen den Amplituden der Grundmuster. Durch die in der Synergetik entwickelten theoretischen Methoden wird es möglich, Gleichungen für diese wenigen Ordnungsparameter aus den komplexen Grundgleichungen herzuleiten, die Ordnungsparametergleichungen. Die allermeisten der sehr vielen dynamischen Freiheitsgrade des Systems werden dabei durch die Ordnungsparameter eindeutig ausgedrückt und aus den Gleichungen eliminierbar. Die theoretische Formulierung des Zusammenhangs zwischen Ordnungsparametern und zu eliminierenden Größen bildet ein fundamentales Prinzip der Synergetik: Das *Versklavungsprinzip* (Haken 1983). Es zeigt sich, daß sich die Ordnungsparametergleichungen in Normalformen einteilen lassen, von denen jede ganz bestimmte, definierte Eigenschaften aufweist. So wird sich anhand dieser Einteilung feststellen lassen, ob ein System stationäre, periodische oder chaotische Strukturen herausbildet und ob regelmäßige räumliche Muster wie z.B. Streifen und Spiralen (etwa bei chemischen Reaktionen), Hexagone wie in Flüssigkeiten oder noch kompliziertere Anordnungen zu erwarten sind (Bestehorn 1995).

Im ersten Teil dieser Arbeit wird "Strukturbildung von unten" betrachtet, das heißt, ausgehend von gegebenen Prozessen, die sich quantitativ in Form von Bilanzgleichungen für die Populationen verschiedener Spezies formulieren lassen, sollen vereinheitlichte Gleichungen hergeleitet und diskutiert werden.

Im zweiten Teil soll der "Zugang von oben" beschrieben werden. Man geht hier von der Situation aus, daß gewisse Meßreihen vorliegen und daraus Informationen über grundlegende Mechanismen zur jeweiligen Strukturbildung ableitbar sind. Ideal wäre es, wenn sich aus den Meßdaten zunächst die relevanten Größen und danach die Form der dazugehörenden Bilanzgleichungen ergeben würde. Am Beispiel eines Lotka-Volterra-Systems mit Diffusion wird gezeigt, daß diese Vorgehensweise in der Tat möglich ist. Aus einer gegebenen Meßreihe lassen sich hier die ursprünglichen Koeffizienten des Räuber-Beute-Modells rekonstruieren und damit die "Lotka-Volterra-Normalform" anpassen. Durch Identifikation der Koeffizienten mit bestimmten Kontrollparametern (in der Ökologie z. B. Temperatur, Bodenfeuchtigkeit, etc.) werden sich dann mit Hilfe der Bifurkationstheorie sowie durch numerische Simulationen quantitative Voraussagen über die Stabilität und das raumzeitliche Verhalten bestimmter Lösungen machen lassen.

2 Strukturbildung - Der Zugang von unten

2.1 Systeme fern vom Gleichgewicht

Regelmäßige Strukturen werden sowohl in der belebten als auch in der unbelebten Natur beobachtet (Haken 1981, 1983; Cross und Hohenberg 1993). Einige markante Beispiele aus verschiedenen Wissenschaftsdisziplinen sind:

Physik: Regelmäßige Konvektionsmuster in der Hydrodynamik in von unten gleichmäßig erhitzten Flüssigkeiten (Abb.1) (Koschmieder 1992). Erzeugung von kohärenter, monochromatischer Laserstrahlung aus zunächst ungeordneten Atomen (Haken 1970).

Chemie: Reaktionen, die zeitliche und räumliche Oszillationen zeigen. Diffusionsgekoppelte chemische Oszillatoren, in denen sich Reaktionen in

Form vom laufenden Konzentrationswellen und Spiralen ausbreiten (Winfree 1974). Diffusionsgetriebene Strukturen, die stationäre, aber räumlich regelmäßige Muster in Form von Streifen oder Hexagonen bilden (Ouyang und Swinney 1991).

Abb. 1. Hexagonale Konvektionsmuster, von oben betrachtet (von M. Velarde). In den Zentren der Sechsecke strömt die Flüssigkeit nach oben, an den Rändern nach unten

Biologie: Die Formation regelmäßiger biologischer Strukturen, unter dem Begriff "Morphogenese" zusammengefaßt, wird vermutlich durch chemische Reaktionen bedingt und unterliegt denselben Mechanismen wie in (ii). Fellmuster bei Säugetieren (Abb. 2), Hautzeichnungen bei Fischen und Schmetterlingen, Oberflächenstrukturierung bestimmter Pflanzen, Muscheln oder Schnecken (Murray 1989). Geordnete raumzeitliche Strukturen in elektromagnetischen Gehirnwellen durch kollektive Anregung der Neuronen (Friedrich und Uhl 1992).

Ökologie: Konzentrations- und/oder Strömungsmuster in der Atmosphäre, in den Meeren und Flüssen oder im Boden. Populationsdynamik von verschiedenen, miteinander wechselwirkenden Arten.

Abb. 2. Streifenmuster als Fellzeichnung

2.2 Bilanzgleichungen

Zunächst geht man davon aus, daß sich das zeitliche Verhalten der zu studierenden Systeme in Form geschlossener Bilanz- oder Ratengleichungen schreiben läßt:

$$\partial_t \mathbf{q}(t) = \mathbf{F}(q(t), \propto) \tag{1}$$

Dabei bezeichnet $\mathbf{q}(t) = (q_1,..q_N)$ den i.a. hochdimensionalen Vektor (N >>1) aller zur eindeutigen Bestimmung notwendiger Zustandsvariablen und $\propto$ einen oder einen Satz von vorgebbaren, das System steuernden Parametern, den *Kontrollparametern.* Die rechte Seite von (1) ist eine nichtlineare Funktion aller Zustandsvariablen. Zur weiteren Analyse führt man einen Satz von Ordnungsparametern (Ψ_1... Ψ_K) ein und setzt den Zusammenhang

$$\mathbf{q}(t) = \mathbf{q}_1 (\Psi_u (t)) + \mathbf{q}_2 (\Psi_s(t)) + O (\Psi_u : \Psi_s) \tag{2}$$

an. Bei $\mathbf{q}_1$ und $\mathbf{q}_2$ handelt es sich dabei um beliebige, jedoch lineare Funktionen aller $\Psi_u (t)$ bzw. $\Psi_s(t)$.

2.3 Versklavungsprinzip

Das Versklavungsprinzip (Haken 1983, 1987) erlaubt nun eine drastische Reduktion der Variablen. Es besagt in Worten:

In der Nähe eines Phasenübergangs lassen sich die vielen Zustandsvariablen (Ψ_s), *die zu linear gedämpften Eigenmoden des Systems gehören, durch einige wenige (hier K) Ordnungsparameter (hier Ψ_u) ausdrücken. Die Dynamik der Ordnungsparameter bestimmt das Verhalten des Systems in der Nähe eines Phasenübergangs eindeutig.*

Es gilt also:

$$\Psi_s \propto \Psi^2_u \tag{3}$$

2.4 Ordnungsparametergleichungen

Der Formalismus läßt sich auf ortsabhängige Ordnungsparameter (Felder) erweitern (Bestehorn 1995). Durch Einsetzen von (2) in (1) und Projektion auf die instabilen Moden erhält man nach der Elimination der versklavten Variablen T, durch Anwendung des Versklavungsprinzips eine nichtlineare, nichtlokale Integralgleichung in Form einer Potenzreihe in den Ordnungsparametern (Bestehorn 1995):

$$\begin{aligned} d\Psi_u(x)/dt = & \int d^{(1)}(x - x')\,\Psi_u(x') \\ & + \int dx'dx''\,K^{(2)}_{uu'u''}(x - x', x - x'')\,\Psi_{u'}(x')\,\Psi_{u''}(x'') \\ & + \int dx'dx''dx'''\,K^{(3)}_{uu'u''u'''}(x - x', x - x'', x - x''')\,\Psi_{u'}(x')\,\Psi_{u''}(x'')\,\Psi_{u'''}(x''') \end{aligned} \tag{4}$$

Auf der rechten Seite von (4) muß noch über *u', u'', u'''* summiert werden. Die Kerne $K^{(i)}$ lassen sich direkt als Matrixelemente aus den Bilanzgleichungen darstellen. Aus dem System von lokalen Grundgleichungen (1) werden nichtlokale Ordnungsparametergleichungen (4), das ist der Preis für die Elimination der versklavten Moden. Trotzdem zeichnen sich große Vorteile der Formulierung (4) gegenüber (1) ab:

- Es handelt sich um eine universelle Form der Ordnungsparametergleichungen (OPG), das heißt, ausgehend von beliebigen Systemen, die sich nach (1) beschreiben lassen, wird die OPG in einer standardisierten Form, nämlich als nichtlokale Potenzreihenentwicklung nach wenigen (K) Ordnungsparameterfeldern erhalten.
- Bei dem Grundsystem (1) kann es sich um sehr viele Gleichungen handeln, z. B. bei Reaktions-Diffusions-Systemen. Die OPG bilden jedoch ein System von wenigen Gleichungen, entsprechend der Kodimension der betrachteten Bifurkation.

2.5 Klassifizierung durch Normalformen

Nichtlokale Integralgleichungen erweisen sich für eine numerische Behandlung als zu aufwendig. Deshalb untersucht man Gradientenentwicklungen der Integralkerne und leitet daraus systematisch partielle Differentialgleichungen, die Normalformen her (Bestehorn 1995). Im nachfolgenden Text werden nur Instabilitäten mit Kodimension eins betrachtet, das heißt, man hat nur ein Ordnungsparameterfeld $\Psi_u = \Psi(x, t)$. Bei x soll es sich jetzt um die beiden horizontalen räumlichen Koordinaten (x,y) handeln, das heißt, man betrachtet eine Strukturbildung in zwei räumlichen Dimensionen und in der Zeit. Ddas Verfahren läßt sich jedoch ohne Schwierigkeiten auf drei räumliche Dimensionen erweitern.

2.5.1 Stationäre Bifurkationen

Betrachtet man zunächst Verteilungen, die am kritischen Punkt eine reelle Wachstumsrate haben. Instabilitäten, die ein großskaliges räumliches Verhalten haben, gehorchen der Normalform "Ginzburg-Landau-Gleichung" (Newell und Whitehead 1969):

$$\partial_t \Psi(x,t) = [\varepsilon + \Delta]\, \Psi(x,t) - \Psi^3(x,t) \tag{5}$$

ε mißt hierbei die Entfernung zum Bifurkationspunkt und Δ bezeichnet den zweidimensionalen Laplace-Operator $\Delta = \partial_{xx} + \partial_{yy}$. Subkritische Bifurkationen lassen sich durch Hinzunahme höherer Ordnungen in Ψ beschreiben.

Für Strukturen mit endlichen Wellenvektoren, wie sie bei der Rayleigh-Bénard-Instabilität, aber auch bei chemischen Systemen auftreten, läßt sich aus (4) in niedrigster Näherung die sogenannte Swift-Hohenberg-Gleichung ableiten (Swift und Hohenberg 1977):

$$\partial_t \Psi(x,t) = [\varepsilon - (1 + \Delta)^2]\, \Psi(x,t) - \Psi^3(x,t) \tag{6}$$

die bei Verletzung der Symmetrie $\Psi \rightarrow -\Psi$ noch eine quadratische Nichtlinearität, in einfachster Form Ψ^2, hinzubekommt (Swift-Hohenberg-Haken-Gleichung) (Bestehorn und Haken 1983; Haken 1987):

$$\partial_t \Psi(x,t) = [\varepsilon - (1 + \Delta)^2]\, \Psi(x,t) + A\Psi^2(x,t) - \Psi^3(x,t) \tag{7}$$

Abb. 3a und 3b zeigen Computerlösungen von (6) und (7). Hinzunahme des quadratischen Terms ergibt hexagonale Strukturen, die man bei konvektionsinstabilen Flüssigkeiten mit freier Oberfläche experimentell beobachtet. Die erst kürzlich in Konvektionsexperimenten gefundenen Quadrate (Nitschke und Thess 1995, Bestehorn 1996) lassen sich durch eine erweiterte Gleichung der Form

$$\partial_t \Psi(x,t) = [\varepsilon - (1 + \Delta)^2]\, \Psi(x,t) + A\Psi^2(x,t) - B\Psi^3(x,t) - \Psi(x,t)\, \Delta^2 \Psi^2(x,t) \tag{8}$$

mit dem biharmonischen Operator $\Delta^2 = (\partial_{xx} + \partial_{yy})^2$ beschreiben (Abb.3c) (Bestehorn und Pérez-Garcia 1992).

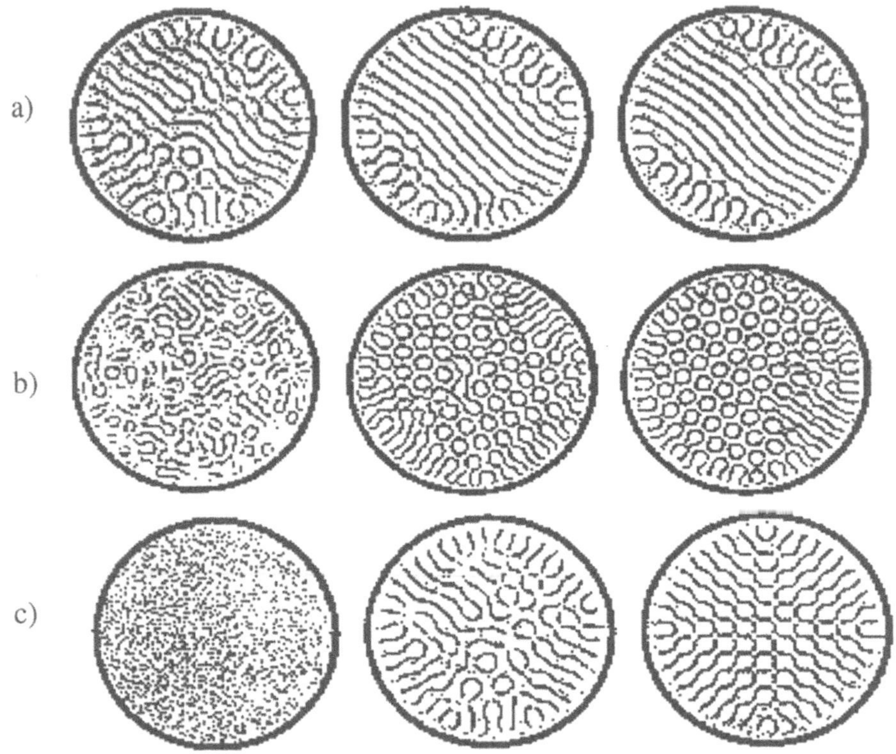

Abb. 3. Numerische Lösungen der Gleichungen (6) (a), (7) (b) und (8) (c). Zeitserien jeweils von links nach rechts

2.5.2 Hopf-Bifurkationen

Liegt eine oszillatorische Instabilität vor, so bifurkiert die neue Lösung oberhalb des kritischen Punktes auf einen Grenzzyklus. Die (5) entsprechende Normalform ist dann die komplexe Ginzburg-Landau-Gleichung:

$$\partial_t \Psi(x,t) = [\varepsilon + i\omega + (1 + i\gamma)\Delta]\, \Psi(x,t) - c|\Psi(x,t)|^2 \Psi(x,t) \qquad (9)$$

wobei ω die Frequenz am kritischen Punkt (Hopf-Frequenz) und γ die Dispersion beschreiben. Die komplexe Swift-Hohenberg-Gleichung nimmt die entsprechende Form (Bestehorn et al. 1988/1989)

$$\partial_t \Psi(x,t) = [\varepsilon - + i\omega - (1 + \Delta)^2 + i\gamma(1 + \Delta)]\Psi(x,t) - c|\Psi(x,t)|^2 \Psi(x,t) \qquad (10)$$

an. Numerische Lösungen von Gleichungen wie (10) zeigen z. B. laufende Wellenfronten in Form von Spiralen (Bestehorn und Haken 1990) wie man sie von chemischen Nichtgleichgewichtsreaktionen her kennt (Abb.4).

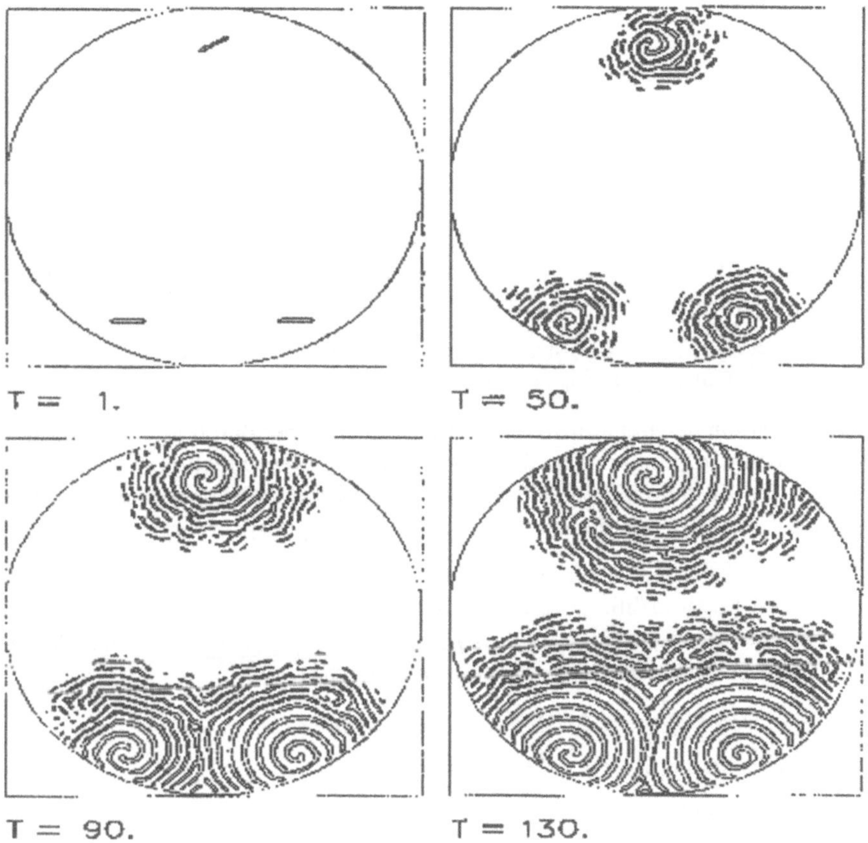

Abb. 4. Zeitserie, berechnet aus der komplexen Gleichung (10). Bei den verwendeten Parameterwerten entstehen selbstorganisierte Spiralen (aus Bestehorn und Haken 1990)

3 Datenanalyse - Der Zugang von oben

Im vorigen Teil wurde gezeigt, wie man ausgehend von bekannten Ratengleichungen auf vereinheitlichte Ordnungsparametergleichungen kommt und wie diese zur Klassifizierung herangezogen werden können. Jetzt steht die umgekehrte Frage: Wie lassen sich anhand eines Satzes von räumlich und/oder zeitlich aufgelösten Meßdaten, die "richtigen" Ordnungsparametergleichungen aufstellen? Die ursprünglich zur Analyse raumzeitlich aufgelöster Gehirnstrommessungen (EEG) von Uhl et al. (1995) und Haken (1996) entwickelte Methode, wird nachfolgend an einem Beispiel, das auch in der Ökologie Anwendung findet, demonstriert.

3.1 Lotka-Volterra Gleichungen mit Diffusion

Da keine Meßdaten in entsprechender Form zur Verfügung stehen, müssen sie zuerst numerisch erzeugt werden. Dazu wird das Räuber-Beute-Modell, wie es zuerst von Lotka und Volterra (Lotka 1920, Volterra 1931) vorgeschlagen wurde, integriert. Um räumliche Strukturen zu erhalten, berücksichtigt man neben den üblichen Geburts- und Sterbeprozessen auch Diffusion, das heißt, es wird erlaubt, daß sich die Beute isotrop in der Ebene (2D) fortbewegen kann. Die Räuberpopulation folgt dann dieser Bewegung mit einer bestimmten Phasenverschiebung nach. Die Gleichungen lauten damit:

$$\begin{aligned} \partial_t n_1(\mathrm{x},t) &= \alpha_1 n_1(\mathrm{x},t) - \alpha_2 n^2{}_1(\mathrm{x},t) - \alpha_3 n_1(\mathrm{x},t) n_2(\mathrm{x},t) + D\Delta n_1(\mathrm{x},t) \\ \partial_t n_2(\mathrm{x},t) &= -\beta_1 n_2(\mathrm{x},t) + \beta_2 n_1(\mathrm{x},t) n_2(\mathrm{x},t) \end{aligned} \tag{11}$$

Die Population der Beute wird durch n_1, die der Räuber durch n_2 beschrieben. Die Koeffizienten α_i beschreiben der Reihe nach die Reproduktion, Sättigung (z.B. durch Nahrungsmittelbeschränkung) und Verlust (durch Räuber) der Beutefische, D deren Diffusion. Die β_i stehen für Sterbe- und Geburtsprozesse der Räuber.

Das System (11) wurde durch ein FTCS-Verfahren (siehe z.B. (Fletcher 1989)) numerisch gelöst. Abb. 5 zeigt einen Ausschnitt aus einer Zeitserie mit den Koeffizienten $\alpha_1 = 1$, $\alpha_2 = 0$, $\alpha_3 = 1$, $\beta_1 = \beta_2 = 3$, $D = 0.3$. Für die folgende Rechnung werden vereinfachend Abkürzungen eingeführt:

$$f_1 := n_1,\quad f_2 := -n^2{}_1,\quad f_3 := -n_1 n_2,\qquad g_1 := -n_2,\quad g_2 := n_1 n_2 \tag{12}$$

Damit läßt sich das System (11) schreiben als

$$\Sigma\alpha_i f_i - \partial_t n_1 + D\Delta n_1 = 0,\qquad \Sigma\beta_i gi - \partial_t n_2 = 0 \tag{13}$$

3.2 Rekonstruktion aus Momentaufnahmen

Man nimmt an, daß Messungen zweier Momentaufnahme zu den kurz aufeinander folgenden Zeitpunkten t_1 und t_2 der Räuber und der Beuteverteilung vorliegen. Lassen sich daraus die Koeffizienten α_i und β_i der Normalform (11) finden? Die Diffusion wird vernachlässigt und das positiv definite Residuum R definiert:

$$R(\alpha_i,\beta_i) := < \left(\sum_{i=1}^{3} \alpha_i f_i - \partial_t n_1 \right)^2 > + < \left(\sum_{i=1}^{2} \beta_i g_i - \partial_t n_2 \right)^2 >, \tag{14}$$

wobei <... > die Mitteilung über die Ortskoordinaten bezeichnet. Wenn wir für n_i die Meßdaten zu einem Zeitpunkt, z.B. $n_i(t_1)$, einsetzen, dann wird derjenige Satz von Koeffizienten die am besten angepaßten Gleichungen liefern, für den R ein Minimum hat.

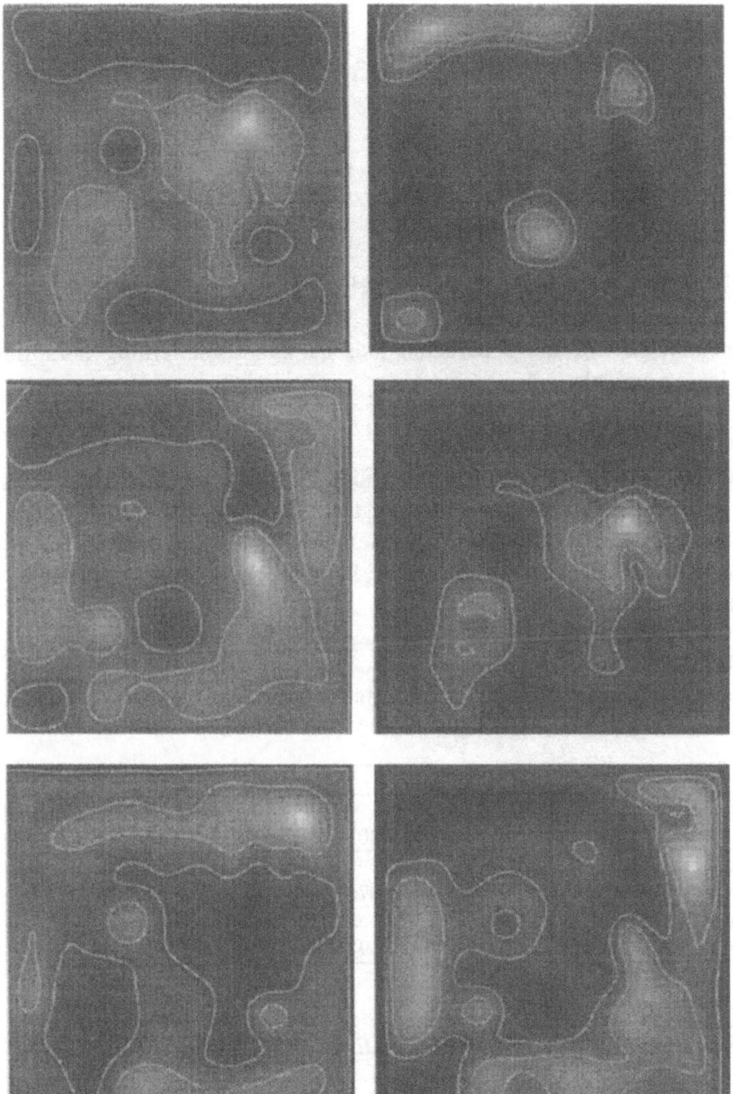

Abb. 5. Lösung der Lotka-Volterra-Gleichungen (11) mit Diffusion. Links die Verteilung der Beute, rechts der Räuber, die Zeit läuft von oben nach unten. Helle Regionen entsprechen hohen Konzentrationen

Aus

$$\frac{\partial R}{\partial \alpha_i} = 0, \frac{\partial R}{\partial \beta_i} = 0 \quad (15)$$

folgen die beiden linearen, inhomogenen Gleichungssysteme

$$\sum_{j=1}^{3} < f_i f_j > \alpha_j = < f_i \partial_t n_1 >, \quad \sum_{j=1}^{2} < g_i g_j > \beta_j = < g_i \partial_t n_2 > \quad (16)$$

aus denen sich die α_i und β_i berechnen lassen. Die Zeitableitungen auf den rechten Seiten lassen sich als

$\partial_t n_i \approx (n_i(t_2) - (n_i(t_1)) / (t_2 - t_1)$

ausdrücken. Wir führten die Prozedur für Läufe mit verschiedenen Koeffizienten durch. Es zeigt sich, daß der Sättigungsterm α_2 schon für kleine Werte zu einem Fließgleichgewicht und daher zu räumlich homogenen, Zeitlich konstanten Strukturen führt. Wir setzen ihn daher für alle Tests null. Die Tabelle zeigt die Ergebnisse.

Tabelle 1. Verschiedene Koeffizienten für numerische Lösungen von (11) und ihre aus der Anpaßprozedur ermittelten Werte

	α_1	α_2	α_3	β_1	β_2
vorgegeben	1.0	0.0	1.0	3.0	3.0
angepaßt	0.98	-0.005	0.99	2.98	2.99
vorgegeben	1.0	0.0	2.0	2.0	5.0
angepaßt	0.94	-0.07	1.97	1.96	4.94
vorgegeben	3.0	0.0	1.0	5.0	7.0
angepaßt	2.79	-0.19	0.99	4.82	6.97

3.3 Rekonstruktion aus Teilinformation

Jetzt nehmen wir an, daß als Messung nur eine Teilinformation vorliegt, nämlich die Verteilung der Beute. Zur Rekonstruktion werden wir diesmal eine Zeitserie benötigen, d.h. eine sowohl zeitlich als auch räumlich aufgelöste Messung

$n_1(x, y, t), \quad t_1 < t < t_2$

in einem bestimmten Zeitintervall. Aus dem zeitlichen Verhalten eines einzelnen, isolierten Lotka-Volterra-Oszillators wird ersichtlich, daß die Räuberpopulation der Beutepopulation um eine bestimmte Verzögerungszeit τ hinterherläuft. Dies ist in Abb. 6 dargestellt.

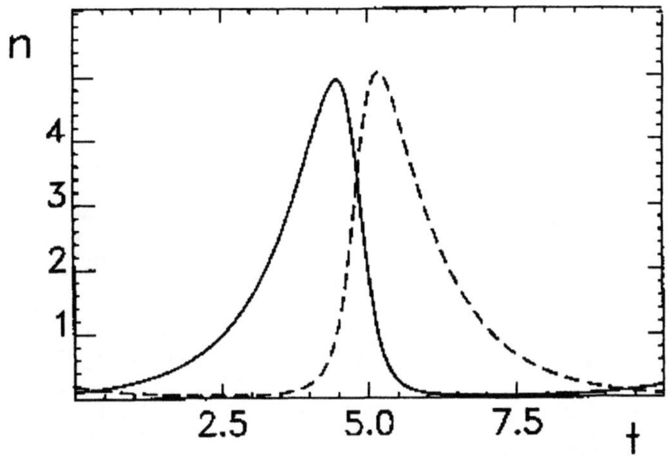

Abb. 6. Zeitliches Verhalten eines isolierten Lotka-Volterra-Systems. Die Population der Räuber (gestrichelt) läuft der Beutepopulation um eine bestimmte Zeit hinterher

Daher wird für die (unbekannte) Räuberpopulation der Ansatz

$$n_2(x, y, t) = \gamma n_1(x, y, t - \tau) \tag{17}$$

formuliert, wobei jetzt τ und γ aus der Messung zu bestimmen sind. Durch Einsetzen von (17) in (11) ergibt sich für die Beutepopulation die partielle Delay-Differentialgleichung ($\alpha_2 = 0$):

$$\partial_t n_1(x, t) = \alpha_1 n_1(x, t) - \alpha_3 \gamma n_1(x, t) n_1(x, t - \tau) + D\Delta n_1(x, t) \tag{18}$$

was sich nach entsprechender Skalierung von Ort und n_1 auf die Form

$$\partial_t n(x, t) = n(x, t) - n(x, t)n(x, t - \tau) + \Delta n(x, t) \tag{19}$$

bringen läßt.

Ohne Diffusion wurde (19) ausführlich untersucht und wird als "Gleichung von Wright" bezeichnet (Wright 1955). Sie zeigt eine erste oszillatorische Instabilität für $\tau \geq \pi/2$ mit der Hopf-Frequenz $\omega = 1$.

Daß Gleichung (19) bei Einbezug des Diffusionterms tatsächlich räumliche Strukturen als Lösung besitzt, zeigt Abb.7.
Zuletzt wollen wir die Delay-Gleichung (18) an die gemessenen Beutedaten aus unserem Lotka-Volterra-Modell (11) anpassen. Wieder bildet man das Residuum, das jetzt allerdings auch von der Delay-Zeit τ abhängt:

$$R(\alpha_i, \tau) := < (\alpha_1 n(x, t) - \alpha_1 n(x, t)n(x, t - \tau) - \partial_t n(x, t))^2 \tag{20}$$

Die α_i lassen sich wieder nach (15) bestimmen. τ wird durch ein Iterationsverfahren, z. B. eine Gradientendynamik berechnet:

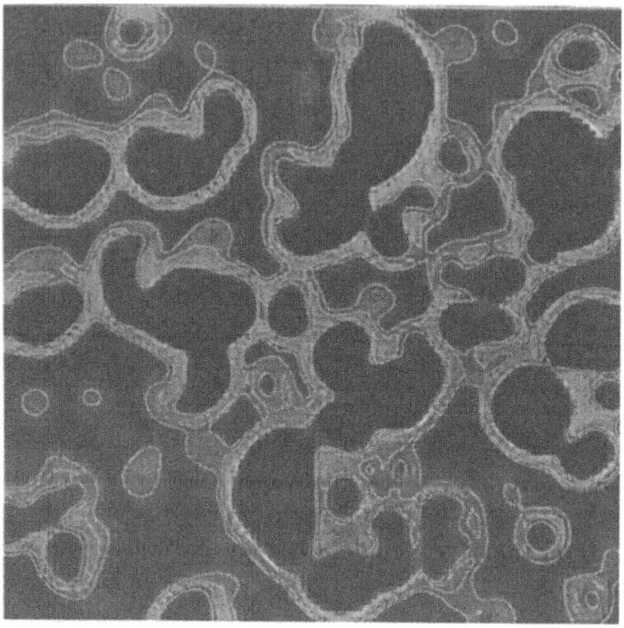

Abb.7 Numerische Lösung der partiellen Delay-Gleichung (19) für ein größeres Gebiet

$$\tau_n - \tau_{n-1} = -h \frac{\partial R}{\partial \tau} \tag{21}$$

Aus der Kenntnis von α_2 läßt sich die Räuberpopulation gemäß (17) rekonstruieren.

Abbildung 8 zeigt das zeitliche Verhalten an einem bestimmten Ort, hier den Mittelpunkt der xy-Fläche, der aus (11) vorgegebenen Rate zusammen mit der Rekonstruktion.

Anstatt (17) wurde hier der erweiterte Ansatz

$n_2(x,y,t)=\gamma_1 n_1(x,y,t-r)+\gamma_2 n_1(x,y,t)$

verwendet. Die Berechnung der Koeffizienten erfolgte nach der im Text beschriebenen Methode.

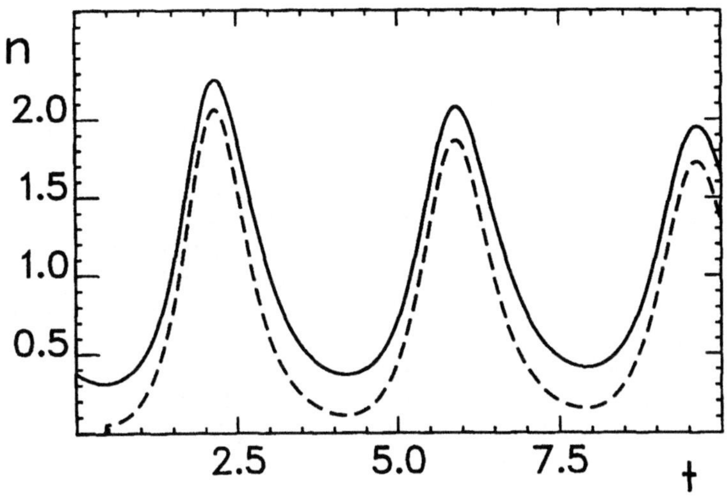

Abb. 8. Räuberpopulation nach (11) und Rekonstruktion nach (17) (gestrichelt).

4 Schlußbemerkungen

Im ersten Teil stellten wurden verschiedene, aus bekannten Bilanzgleichungen herleitbare Ordnungsparametergleichungstypen vorgestellt und ihre qualitativ verschiedenen Lösungen diskutiert. Im zweiten Teil wurde ein Verfahren zur Bestimmung der Koeffizienten der Ordnungsparametergleichungen aus vorhandenen räumlich und zeitlich aufgelösten Messungen angegeben. Dies kann einerseits auf das Anpassen von (partiellen) Differentialgleichungssystemen an die realen Prozesse führen, oder andererseits, bei nur teilweise vorhandenen Meßreihen, die Modellierung durch partielle Delay-Gleichungen nahelegen.

Literatur

Bestehorn, M.: *Strukturbildung durch Selbstorganisation in Flüssigkeiten und in chemischen Systemen*, Harri Deutsch (1995)

Bestehorn, M.: Phys. Rev. Lett. 76, 46 (1996)

Bestehorn, M. und H. Haken: Phys. Lett. A99, 265 (1983)

Bestehorn, M. und H. Haken: Phys. Rev. A42, 7195 (1990)

Bestehorn, M. und C. Pérez-Garcia, in C. Pérez-Garcia (Eds.): *New* Trends in Nonlinear Dynamics: Nonvariational *Aspects,* Physica D61, 67 (1992)

Bestehorn, M. R. Friedrich und H. Haken: Z. Phys. B72, 265 (1988); Z. Phys. B75, 265 (1989); Z. Phys. B77, 151 (1989)

Cross, M. C. und P. C. Hohenberg: Rev. Mod. Phys. 65, 851 (1993)

Fletcher, C. A. J.: Computational Techniques for Fluid Dynamics Vol.I,II, Springer Berlin (1989)
Friedrich, R. und C. Uhl: in Evolution of Dynamical Structures in Complex *Systems,* Eds: R.Friedrich und A.Wunderlin, Springer Berlin (1992)
Haken, H.: In: Encyclopedia *of Physics,* Vol. XXV/2c: *Laser Theory,* Springer Berlin (1970)
Haken, H.: *Erfolgsgeheimnisse der Natur*, DVA Stuttgart (1981)
Haken, H.: *Synergetics*. An Introduction, Springer Berlin 3. Auflage (1983)
Haken, H.: *Advanced Synergetics*, Springer Berlin, 2. Auflage (1987)
Haken, H.: *Principles of* Brain Functioning, Springer Berlin (1996)
Koschmieder, E. L.: *Benard Cells and Taylor Vortices*, Cambridge University Press, London (1992)
Lotka, A.: Proc. Nat. Acad. Sci. 6, 410 (1920)
Murray, J. D. Mathematical Biology, Springer Berlin (1989)
Newell, A. C. und J. A. Whitehead: J. Fluid Mech. 38, 279 (1969)
Nitschke, K. und A. Thess: Phys. Rev. E52, R5772 (1995)
Ouyang, Q. und H. L. Swinney: Chaos 1, 411 (1991)
Swift, J. und P. C. Hohenberg: Phys. Rev. A15, 319 (1977)
Uhl, C., R. Friedrich und H. Haken: Phys. Rev. E51, 3890 (1995)
Volterra, V.: Legons sur la theorie mathematiques dc la lutte pour la vie, Paris (1931)
Winfree, A. T.: Scient. Americ. **6,** 82 (1974)
Wright, E. M.: Journal f. d. reine und angewandte Mathematik, 194, 66 (1955)

Automatentheorie in der Ökologie

Albrecht Gnauck

Brandenburgische Technische Universität Cottbus, Lehrstuhl für Ökosysteme und Umweltinformatik
Postfach 10 13 44, D - 03013 Cottbus

Zusammenfassung. Zur mathematischen Beschreibung ökologischer Systeme sowie zur Entwicklung einer Ökosystemtheorie haben sich allgemeine Systemkonzepte als sehr nützlich erwiesen. Durch Verallgemeinerung und mathematische Abstraktion der realen Prozesse und Subsysteme erhält man Steuerungssysteme, die als abstrakte Automaten angesehen werden können. Auf der Basis eines solchen allgemeinen Systemkonzeptes lassen sich Zustand und raum-zeitliche Entwicklung eines Ökosystems mittels verallgemeinerter Operatoren beschreiben. Insbesondere gelingt es durch Anwendung des Systemkonzeptes stochastischer Automaten das Ökosystemverhalten anhand allgemeiner algebraischer Beschreibungen zu formulieren. Darüber hinaus ergibt sich damit eine Anknüpfung an die Theorie der künstlichen Intelligenz und an die Theorie formaler Sprachen.

Schlüsselwörter. Systemökologie, Ökosystemtheorie, Automatentheorie, Übertragungssystem, Operator, Mealy-Automat, stochastischer Automat

1 Einleitung

In der Ökologie spielt der Systembegriff in den verschiedenen Interpretationen eine zentrale Rolle (Wunsch 1962, Bertalanffy 1968, Peschel 1972, Straškraba und Gnauck 1983, Mathes et al. 1996). Im Unterschied zu den meisten Fachwissenschaften, die sich mit der Erforschung konkreter Systeme befassen, steht der mathematischen Systemtheorie ein abstraktes System im Mittelpunkt, das als Invariante einer Klasse konkreter Systeme verstanden oder mit dieser Klasse gleichgesetzt wird (Locke 1984). Eine mathematische Analyse abstrakter Systeme führt zu Erkenntnissen, die für alle konkreten Systeme der betreffenden Klasse gelten. Die mathematische Systemtheorie ist deshalb auch als generelles Beschreibungsmittel für komplexe Sachverhalte geeignet (Peschel 1965, Klir 1969, Wunsch 1970, Mesarovic et al. 1970, Patten 1971, Jeffers 1978). Die Einführung einer generalisierenden Theorie in die Wissenschaft wurde von Lange (1965) als eine Ursache für die Änderungen wissenschaftlicher Vorstellungen über die Natur angesehen. Fleishman (1982) bezeichnete diesen Prozeß als Systemperiode der Wissenschaftsentwicklung. Diese führte innerhalb der Ökologie zu neuen Teilgebieten, die unter Begriffen Systemökologie (Patten 1971, Halfon 1979, Shugart and O'Neill 1979, Odum 1983), geographische Ökologie (Mac Arthur 1972), numerische Ökologie (Legendre und Legendre 1979), kybernetische Ökologie (Straškraba 1980), theoretische Ökologie (May 1976), dynamische Ökologie (Collier et al. 1974), Netzwerk-Ökologie (Higashi and Burns 1991, Patten and Jørgensen 1995) zusammengefaßt worden sind. Während unter dem Begriff mathematische Ökologie zunächst nur statistische Ökosystemanalysen verstanden wurden (Pielou 1969), hat sich die Bedeutung dieses Begriffes in den letzten drei Jahrzehnten in Richtung Systemtheorie verschoben (Jones 1973, Innis and O'Neill 1979, Allen and Hoekstra 1992, Jørgensen 1992). Die in den Einzeltheorien verwendeten Systembegriffe (lineares, nichtlineares, zeitinvariantes, zeitvariantes, mehrdimensionales, dynamisches, verteiltes, digitales, analoges System) (Wunsch 1970) werden in den verschiedenen Wissenschaften unabhängig voneinander theoretisch begründet und angewendet. Dabei weisen die speziellen Systemklassen teilweise enge strukturelle Verwandtschaften auf oder überdecken sich bzw. stellen Sonderfälle voneinander dar. Wiegleb (1996) untersuchte verschiedene hierarchische Systemtheorien, die von Allen und Starr (1982) in die Ökosystemtheorie eingeführt wurden, unter philosophisch-wissenschaftstheoretischen, ideengeschichtlichen und perspektivisch-normativen Aspekten hinsichtlich ihrer theoretischen Implikationen und ihrer praktischen Anwendbarkeit. Müller und Nielsen (1996) betonen dagegen in ihren Analysen stärker die thermodynamischen Aspekte. Aus der Sicht des gegenwärtigen Standes der verschiedenen theoretischen Ansätze zur Beschreibung ökologischer Systeme gibt es jedoch keine prinzipiellen Unterschiede in den formalen hierarchischen Strukturen dieser Einzeltheorien.

Zur mathematischen Beschreibung von Steuerungs- und Informationsprozessen in der Ökologie sowie zu deren theoretischer Fundierung hat sich die Anwendung allgemeiner Systemkonzepte als nützlich erwiesen (Duckstein et al. 1979, Bossermann and Ragade 1982, Odum 1983). Geht man von einem universellen mathematischen Systembegriff aus, so lassen sich alle wichtigen ökologischen Systemklassen als Sonderfall dieses allgemeinen Systembegriffs auffassen. Eine allgemeine Systembeschreibung erfolgt dabei im Sinne des algebraischen Strukturbegriffs, wie er unabhängig voneinander von Levich (1982) und Gnauck (1987) verwendet wurde. Ein brauchbarer allgemeiner Systembegriff muß sich an den bekannten und in der Anwendung erfolgreich genutzten Theorien orientieren (Peschel und Wunsch 1972).

Faßt man Ökosysteme als steuerbare Übertragungssysteme (Reinisch 1974, 1982) auf, so sind der Automatenbegriff und der Begriff der Optimalität von grundlegender Bedeutung. Durch Abstraktion von den realen Prozessen und Subsystemen erhält man Systeme, die als abstrakte Automaten (Gluschkow 1963, Arbib 1968, Starke 1969, Brauer 1984) bezeichnet werden. Im Sinne der Informationstheorie stellen sie Übertragungssysteme dar, deren dynamisches Verhalten in jedem Zeit- und Raumpunkt durch Relationen zwischen den Elementen der Menge der Eingangsgrößen $\{X(\boldsymbol{R},t)\}$, der Menge der Ausgangsgrößen $\{Y(\boldsymbol{R},t)\}$ und der Menge der Zustandsgrößen $\{U(\boldsymbol{R},t)\}$ gegeben ist (Margalef 1975, Stugren 1978). Dabei werden interne und externe Informationen aufgenommen, gespeichert, verarbeitet und wieder an die Umgebung abgegeben. Das qualitative Ökosystemverhalten ist durch die im allgemeinen nichtlinearen und instationären mehrdeutigen Zuordnungen $\boldsymbol{F}$ (Übertragungs- und Überführungsoperator) und $\boldsymbol{G}$ (Ergebnisoperator, Ausgabeoperator, Evolutionsoperator) gegeben (Gnauck 1995), während die quantitative Darstellung des Ökosystemverhaltens in Form von Berechnungsvorschriften (Gleichungen) der Vorhersage künftigen Verhaltens bzw. dem Studium der Systemreaktionen für beliebige Eingangsgrößenbelegungen dient. Peschel (1978) bezeichnete diese Vorgehensweise als Hauptzweck der Verhaltensmodellierung dynamischer Systeme.

Die Automatentheorie steht nicht nur in einem engen Zusammenhang mit der Systemtheorie und Informationstheorie, sondern sie gehört im weitesten Sinne zur Theorie der künstlichen Intelligenz. Insbesondere umfaßt sie die Theorie der Algorithmen (Manes 1975), die Theorie der Programmierung (Bellman 1957), die Theorie der formalen Sprachen und Grammatiken (Arbib 1973), die Lerntheorie (Bush and Mosteller 1955), die Theorie der Berechenbarkeit von Prozessen (Hermes 1961), die Theorie der automatischen Simulation von Prozessen (Zypkin 1981), die Theorie der Simulation von Automaten durch andere Automaten (Stürz und Cimander 1972) sowie die Theorie spezieller Automatentypen (Budach und Hoehnke 1975). Ziel dieses Beitrages ist es, prinzipiell mögliche mathematische Beschreibungen für ökologische Systeme anhand eines allgemeinen, auf der Automatentheorie begründeten Systemkonzeptes zu geben.

2 Systemtheoretische Grundlagen der Automatentheorie

Ein System stellt allgemein einen nach bestimmten Gesichtspunkten abgegrenzten Bereich eines Realsystems sowie jedes seiner Abbilder dar. Den nicht zum System gehörenden Teil bezeichnet man als Umwelt, der vom System durch eine endlose Hüllfläche, den Systemrand, getrennt ist. Ein System ist allgemein aus kleineren Einheiten, den Subsystemen bzw. Elementen, zusammengesetzt. Diese stehen innerhalb des Systems untereinander in einem definierbaren Zusammenhang. Zwischen dem System und seiner Umwelt bestehen ebenfalls gewisse Relationen. Die Gesamtheit der Elemente und deren Wechselwirkungen untereinander bzw. mit der Umwelt bilden die Struktur des Systems. Allgemein bezeichnet man jede Art von Einwirkung auf das System oder auf eines seiner Elemente als Eingangsgröße (Input, Stimulus), wobei zwischen natürlichen und anthropogenen externen sowie natürlichen internen Einwirkungen unterschieden wird (Straškraba und Gnauck 1983). In Abb. 1 ist dieser allgemeine Zusammenhang unter Berücksichtigung externer und interner Störgrößen dargestellt. Jede Art der Wirkung eines Systems oder eines seiner Elemente auf andere Systeme bzw. Elemente oder auf die Umgebung bezeichnet man als Ausgangsgröße (Output, Response). Verallgemeinert man diesen Systembegriff, so erhält man durch Abstraktion ein mathematisches Modell, das in allgemeiner Weise zur Beschreibung und Untersuchung des Verhaltens realer (technischer oder natürlicher) Systeme verwendet werden kann. Ein solches System ist in der Lage, empfangene Information gemäß seiner Funktion umzuwandeln und mit anderer, auch gespeicherter Information zu verknüpfen. Die konkreten Signalverläufe der Systemgrößen werden durch Zeitfunktionen beschrieben, wobei zwischen kontinuierlichen und diskreten Zeitverläufen unterschieden wird.

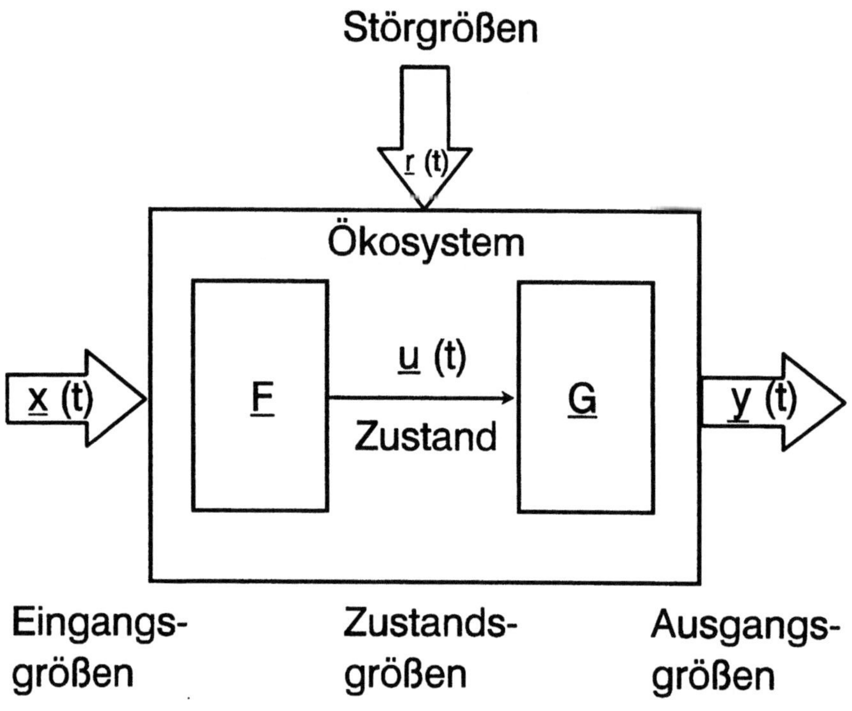

Abb. 1. Allgemeine Ökosystembeschreibung durch Variable und Operatoren

Das dynamische Systemverhalten, das heißt, die räumliche und zeitliche Entwicklung von Prozessen unter Einfluß der Anfangsauslenkungen (Störungen) und/oder einwirkenden Eingangsgrößen ist in der Veränderung von Speichern für Energie und/oder Masse und/oder Information begründet. Bei der mathematischen Systembeschreibung unterscheidet man zwischen der Eingangs-Ausgangs-Beschreibung (black-box-Modell) und Zustandsbeschreibung (white-box-Modell). In allgemeiner Form gilt für die Eingangs-Ausgangs-Beschreibung die Gleichung $y(t) = \boldsymbol{T}(x(t))$, wobei $y(t)$ der Vektor der Ausgangsgrößen und $x(t)$ der Vektor der Eingangsgrößen ist, für die der Operator $\boldsymbol{T}$ definiert ist. Fordert man zusätzlich

Linearität, Kausalität und Zeitinvarianz des Systemverhaltens, so ergeben sich für die Systembeschreibung große Vereinfachungen. Die überwiegende Zahl der makroskopischen Prozesse, bei denen Speichervorgänge für Energie und/oder Masse betrachtete werden, verwenden die kontinuierlich verlaufenden Zeit als unabhängige Variable. Kontinuierliche lineare Betrachtungen erfolgen im Zeitbereich durch Zeitfunktionen, im Frequenzbereich durch Darstellung des Frequenzganges oder im Bildbereich durch Übertragungsfunktionen. Bei der Zustandsbeschreibung erhält man eine Beschreibung der Speicherzustandes des Systems in Form von nichtlinearen Differentialgleichungen. Diese Gleichungen sind häufig nicht in geschlossener Form lösbar bzw. die Lösungen sind so komplex, daß sie nur schwer interpretierbar sind. Üblicherweise wird dann das betrachtete System in geeigneter Weise linearisiert und durch einfachere Modelle ersetzt. Diese stellen Approximationen der nichtlinearen Gleichungen dar. Insbesondere werden lineare Modelle als Näherung erster Ordnung betrachtet, falls sie auch in einer kleinen Umgebung der Lösung (Arbeitspunkt) gültig sind.

Die mathematische Beschreibung von Bewegung der Zustandsgrößen im Euklidischen Raum (Zustandsraum, Phasenraum) wird als Zustandsraummethode oder Phasenraummethode bezeichnet. Die Vorteile dieser Beschreibung gegenüber der Eingangs-Ausgangs-Beschreibung bestehen in der Berücksichtigung beliebiger Anfangswerte, in der besseren Eignung zur Simulation sowie in der kompakten mathematischen Formulierung unter Anwendung von Matrizen. Eine vollständige Eingangs-Ausgangs-Beschreibung ist in eine Zustandsbeschreibung überführbar. Soll das dynamische Systemverhalten eines realen Systems (z. B. eines Ökosystems) für einen größeren Arbeitsbereich gültig sein, müssen Approximationen höherer Ordnung verwendet werden. Diese stellen dann selbst wieder nichtlineare Systembeschreibungen dar. Dabei besteht das Ziel in der Verwendung nur solcher Modelle, deren kausales Verhalten relativ leicht beschreibbar ist und die zu einer gut erforschten Systemklasse gehören, das heißt, über deren dynamische Eigenschaften bereits allgemeingültige Aussagen vorliegen (Gnauck 1987). Für die Entwicklung mathematischer Modelle des dynamischen Systemverhaltens gibt Schwarz (1991) folgende Arbeitsschritte an:

- Definition und Abgrenzung des zu modellierenden Systems,
- Definition der beeinflussenden Umgebung,
- Abschätzung innerer und äußerer Einflüsse auf das System sowie Parameterschätzung,
- Berücksichtigung physikalischer und chemischer Bilanzgrößen,
- Berücksichtigung von Kontinuitätsgleichungen,
- Berücksichtigung der Erhaltungssätze für Masse, Energie und Impuls,
- Berücksichtigung der Hauptsätze der Thermodynamik,
- Abschätzung der Gültigkeit des Modells.

Eine Realisierung der genannten mathematischen Beschreibungen kann mittels eines Automatenkonzeptes erfolgen. Im technischen Sinne stellt ein Automat eine Maschine dar, die ihr Verhalten ohne unmittelbaren Eingriff des Menschen steuert

(Bochmann 1975). Sie enthält eine Eingabe- und eine Ausgabevorrichtung, über die sie Signale aufnimmt und abgibt. Diese Signale ermöglichen eine Kommunikation zwischen der Umwelt und dem Inneren des Automaten. Beim abstrakten Automaten wird von jeder technischen Realisierung abgesehen. Er wird als digital arbeitendes System aufgefaßt, das Information über eine Eingabevorrichtung aufnimmet, speichert, verarbeitet und über die Ausgabevorrichtung an die Umwelt abgibt. In einer idealisierten Weise kann man einen abstrakten Automaten als algebraische Struktur auffassen, die als Modell eines realen Systems gilt (Arbib 1968). Durch Analogierelationen (Morphismen) lassen sich dann Rückschlüsse von dem abstrakten auf das reale System ziehen. Für die Anwendung sind neben den determinierten Automaten auch die nicht-determinierten und die stochastischen Automaten von Bedeutung.

Allgemein bezeichnet man das Quintupel $A = (U, Y, X, f, g)$ als (determinierten) abstrakten Automaten mit $x \in X$ - Menge der Eingabesignale, $y \in Y$ - Menge der Ausgabesignale, $u \in U$ - Menge der (inneren) Zustandssignale, f ist eine eindeutige Abbildung von $U \times X$ in U (Überführungsfunktion) und g ist eine eindeutige Abbildung von $U \times X$ in Y. Der Automat A arbeitet in einer diskreten Zeitskala mit abzählbar-unendlich vielen Takten t = 1,2.... Als Takt bezeichnet man die Zeitintervalle, denen in der Reihenfolge ihres Auftretens eine positive natürliche Zahl t zugeordnet wird. Der erste Takt erhält die Zahl $t = 1$. Ändert sich das Eingangssignal, so erhöht sich der Takt t auf $t + 1$. Für die Arbeitsweise von A gilt: Ist $u(t)$ der Zustand von A und $x(t)$ das im Takt t empfangene Sig-nal, so gibt der Automat A im Takt t das Signal $y(t) = g(u(t), x(t))$ aus und nimmt im Takt t+1 den Zustand $u(t+1) = f(t+1)$ an. Automaten dieser Arbeitsweise bezeichnet man als Mealy-Automaten. Ist das Ausgangssignal nur von dem Zustand abhängig, in den der Automat A bei einer bestimmten Situation übergeht, so bezeichnet man A als Moore-Automaten. Starke (1969) faßt die Abbildungen f und g in einer auf $U \times X$ definierten Funktion γ zusammen, deren Werte in $Y \times X$ liegen. Die Überführungsfunktion und die Ergebnisfunktion von A werden als Komponenten eines geordnetes Paares $\gamma(u, x) = [\lambda(u, x), \delta(u, x)]$ betrachtet.

3 Automatentheoretische Verallgemeinerung eines Ökosystems

Wesentliche Methoden zur Lösung praktischer Probleme der Ökologie stammen aus der mathematisch geprägten Systemtheorie dynamischer Systeme. Die abstrakte Automatentheorie stellt dabei ein Hilfsmittel zur mathematischen Beschreibung für solche Systeme und Prozesse dar. Überträgt man das Modell eines abstrakten stochastischen Automaten auf ein Ökosystem (Gnauck 1987), so müssen alle wesentlichen Eigenschaften und Verhaltensweisen des realen Systems automatentheoretisch beschreibbar sein. Das gesamte Ökosystem wird als abstrakter Automat $C = [X, Y, U, H]$ betrachtet, wobei alle eintreffenden internen und externen Informationen (einzelne Signale, Signalfolgen) Elemente der Menge

$\{X\}$ und alle abgegebenen Signale Elemente von $\{Y\}$ sind. In Erweiterung früherer Überlegungen (Gnauck 1976; Gnauck and Straškraba 1980) werden stochastische Mealy-Automaten zur Beschreibung des dynamischen Ökosystemverhaltens verwendet, während stochastische Moore-Automaten das statische Ökosystemverhalten erfassen. In Anlehnung an Starke (1969) gelten folgende Definitionen:

1. Stochastischer Mealy-Automat $\boldsymbol{C}$:

   $H[u, w_u](Y' \times X') = G[u, w_u](Y') \bullet F[u, w_u](X')$
   mit $X' \subseteq X$ und $Y' \subseteq Y$.

2. Überführungsfunktion von $\boldsymbol{C}$: $F[u, w_u](X') = H[u, w_u](Y' \times X')$ mit $X' \subseteq X$.

3. Ergebnisfunktion von $\boldsymbol{C}$: $G[u, w_u](Y') = H[u, w_u](Y' \times X)$ mit $Y' \subseteq Y$.

4. Globales internes und externes Verhalten von $\boldsymbol{C}$:
   $H[u, w_u](A) = \sum u(X) \bullet H[u, w_u](A)$ mit $A \subseteq W(Y) \times W(X)$.
   $(y, w_x) \in A$

5. Eingangs-Ausgangs-Verhalten von $\boldsymbol{C}$:
   $V[u, w_u](Q) = H[u, w_u](Q \times W(X))$.

6. Internes Verhalten (Zustandsänderung) von $\boldsymbol{C}$:
   $F[u, w_u](X') = H[u, w_u](W(Y) \times W(X) X')$.

7. Einbettung von $\boldsymbol{C}_i$ in $\boldsymbol{C}$:
   $V[u_i, w_u] (W(Y)) = V[u_i, w_{ui}] (W(Y_i))$.

Zur Informationsgewinnung müssen die jeweiligen ökologischen Prozesse beobachtbar sein. Aus der Situation $[u, x]$ im Takt t und dem in diesen Takt ausgegebenen Signal $y(t)$ kann bei einem observablen $\boldsymbol{S}$-Automaten aus dem Zustand $u(t)$ der Zustand $u(t+1)$ berechnet werden. Ist umgekehrt $\boldsymbol{C}$ observabel, so gibt es genau eine Abbildung F, für die gilt: $u(t+1) = F(u, x, y)$.

Die Arbeitsweise eines als stochastischen Mealy-Automaten $\boldsymbol{C} = [X, Y, U, F, G]$ aufgefaßten Ökosystems wird in Abb. 2 am Beispiel eines limnischen Ökosystems veranschaulicht. Das System $\boldsymbol{C}$ besteht aus organischen ($\boldsymbol{C}_{ij}$, $\boldsymbol{C}_D$) und anorganischen ($\boldsymbol{C}_G$, $\boldsymbol{C}_{Nu}$, $\boldsymbol{C}_S$) Kompartimenten (Subsystemen). Die Subsysteme $\boldsymbol{C}_{ij}$ repräsentieren die verschiedenen trophischen Niveaus (Produzenten, Konsumenten), während $\boldsymbol{C}_D$ das Subsystem Detritus umfaßt. Die Subsysteme $\boldsymbol{C}_G$, $\boldsymbol{C}_{Nu}$ und $\boldsymbol{C}_S$ beschreiben die im Ökosystem vorhandenen gelösten Gase, die Nährstoffe sowie das Sediment. Zur besseren Übersichtlichkeit wurden in der Abbildung die zwischen den Subsystemen bestehenden Wechselwirkungen nicht eingetragen. Die Eingangsgrößen $\{X\}$ wirken über die jeweiligen Überführungsfunktionen F_i auf die Zustandsgrößen $\{U\}$ und ändern diese. Die Rückwirkung des Ökosystems bzw. seiner Subsysteme (Kompartimente) auf seine (ihre) Umgebung(en) wird mittels der Ausgabefunktionen G_i über die Ausgangsgrößen $\{Y\}$ realisiert. $\boldsymbol{C}$ arbeitet taktweise in einer Zeitskala, die aus einer Folge von Zeitintervallen (Takten) besteht. Sie wird im Ökosystem selbst erzeugt (ökologische Zeitskala) oder von außen aufgeprägt (Input von Nährstoff und Energie).

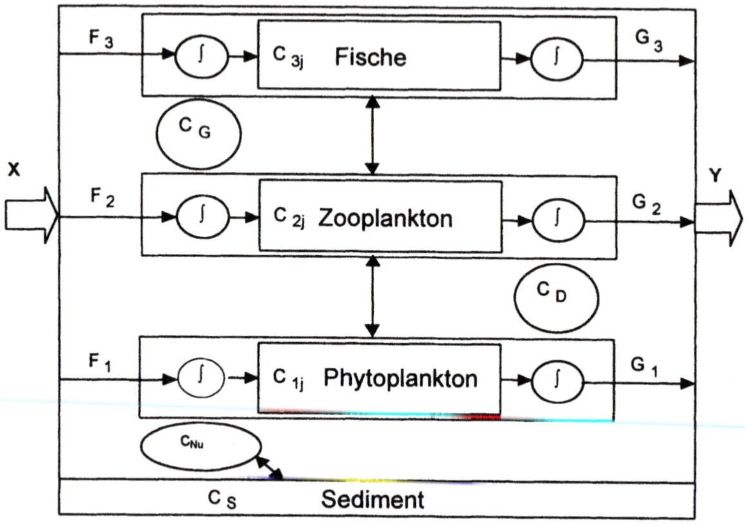

Abb. 2. Schema eines aus biotischern und abiotischen Kompartimenten bestehenden limnischen Ökosystems als stochastischer Mealy-Automat $C = [X, Y, U, F, G]$

Das durch (diskrete) Beobachtung (Monitoring) von Situationen $[u_i(t), x_i(t)]$ beschriebene interne $(u_i(t+1))$ und externe $(y_i(t))$ Verhalten eines Ökosystems ist im allgemeinen nicht eindeutig bestimmt. Einerseits existieren in einem Ökosystem meist mehrere Zeitskalen mit unterschiedlichen Taktlängen. Stimmen andererseits Beginn- und Endzeitpunkte solcher aus verschiedenen Skalen stammenden Intervalle überein, so ist das Verhalten der durch die Zeitskalen repräsentierten Ökosystemkomponenten (z.B. die Eigenbewegung) durch Beobachtung zu genau diesen Zeitpunkten mittels eines deterministischen Automaten (***D***-Automat) und *H* als eindeutiger deterministischer Abbildung beschreibbar. Steuerungen in diesen (Schalt-) Zeitpunkten verursachen Veränderungen der Eigenbewegungen von Ökosystemkomponenten (Verhalten im Kleinen). Während man bei Ein-Arten-Systemen (z. B. Reinkulturen) eindeutige Ergebnisse erhält, sind infolge unterschiedlicher Taktlängen (Eigenzeiten) bei Mehr-Arten-Systemen Beobachtungs- und Steuerungsergebnisse stets mehrdeutig, da wenigstens eine Ökosystemkomponente existiert, deren Taktzeit vom Steuerungs- und/oder Beobachtungstakt verschieden ist.Zur verallgemeinerten automatentheoretischen Beschreibung des Makroverhaltens muß das Modell eines nichtdeterministischen (***ND***) oder stochastischen (***S***) Automaten angewendet werden. Für jede mögliche Reaktion $[y(t), u(t+1)]$ besteht nur eine gewisse Wahrscheinlichkeit, daß das Ökosystem in der Situation $[u(t), x(t)]$, in der das in den vorangegangenen Takten erreichte Ergebnis ökologischer Prozeßrealisationen gespeichert ist, mit $[y(t), u(t+1)]$ reagiert. Trifft bei einem beliebi-gen Zustand $u_k(t_n)$ für $t_n \leq t \leq t_{n+1}$ und $t_n < t_{n+1}$ eine Eingangssignalfolge $x_i(t) \in X$ (z. B. Havariesituation, Belastungsänderung, Umweltänderung, interne Änderung der Prozeßgeschwindigkeiten, Änderung der Biodiversität) auf ein Ökosystem, so nimmt es am Ende des n-ten Taktes entsprechend dem Operator $\boldsymbol{F}$ einen neuen Zustand ein: $u_k(t_{n+1}) = F\,(u_k(t), x_i(t))$. Gleichzeitig werden durch $\boldsymbol{G}$ Werte der Ausgangsgrößen $y_i(t) \in Y$ erzeugt, die die Reaktionen des Ökosystems auf die Eingangssignaländerungen sowie die Rückwirkungen auf die Systemumgebung darstellen. Für Mealy-Automaten gilt $y_j(t) = G(u_k(t), x_i(t))$. Sind ein Anfangszustand $u(t)$ und die $x_i(t)$ gegeben, so können die Werte von $u(t)$ und $y(t)$ schrittweise (diskret) berechnet werden. Dies wird als Simulation bezeichnet. Die in Ökosystemen vorhandenen Rückkopplungen werden in Automaten durch Schleifenfunktionen S_i beschrieben: $S\colon Y \times U \Rightarrow X$ und $Def(S) \subseteq Y \times U$. Für interne Rückkopplungen gilt $S(y, u_i) = F(x,u_r) = x$ für $u_i \neq u_r$.

Die Abbildung eines Ökosystems durch einen stochastischen Automaten erfolgt durch eine modellmäßige Beschreibung des Systemverhaltens. Bei Eingabe von Signalfolgen (Wörtern) $w_X(t)$ in einen sich in einem gewissen Zustand $u(t)$ befindenden Automaten ist im allgemeinen nicht eindeutig bestimmt, welche Signale $w_Y(t)$ er ausgeben wird. Gleiches Verhalten von Automaten bedeutet, daß die Wahrscheinlichkeiten für die verschiedenen (Sub-)Systemantworten bei gleichen Eingangssignalerregungen übereinstimmen. Durch die Wahl (bzw. Vorgabe) eines Anfangszustandes oder einer Menge möglicher Anfangszustände (U_0) wird für einen $\boldsymbol{S}$-Automaten eine Verhaltensweise festgelegt, die jedem Eingangssignal $w_X(t)$ die Menge $V[u, w_u](y)$ zuordnet.

Für die Verhaltensweise von $\boldsymbol{C} = [X, Y, U, F, G]$ gilt:

$$\forall\, u \in U,\ \forall\, x \in X,\ \forall\, y \in Y,\ \forall\, w_X \in W(X),\ \forall\, w_Y \in W(Y)$$

$$V[u, xw_x]\,(y\, w_y) = G[u, x]\,(y) \cdot \sum_{u' \in U} F[u, x](u') \bullet V[u', w_x]\,(w_y)$$

$$= G[u, x]\,(y) \cdot V[F[u, x], w_x]\,(w_y).$$

Die durch die Eingangssignale induzierten Zustandsänderungen erfolgen entsprechend den Zustandsübergangswahrscheinlichkeiten. Die Rückwirkungen des Ökosystems auf seine Umwelt sind ebenfalls Wahrscheinlichkeitsfunktionen. Äquivalente $\boldsymbol{S}$-Automaten (Starke 1969) müssen demzufolge nicht nur realisierbare Verhaltensweisen gemeinsam haben, sondern jede Verhaltensweise des einen muß auch durch einen anderen realisierbar sein.

Eine Zusammenfassung von Subsystemen auf einem trophischen Niveau bzw. innerhalb des Gesamtsystems ist automatentheoretisch durch die direkte Summe stochastischer Automaten gegeben. Seien $\boldsymbol{C} = [X, Y, U, H]$, $\boldsymbol{C'} = [X, Y, U', H']$ stochastische Automaten mit disjunkten Zustandsmengen.

Dann gilt

$\boldsymbol{C} + \boldsymbol{C'} = [X, Y, U \cup U', H^*]$ mit $x \in X$, $\forall\, u^*, u^{**} \in U \cup U'$, $\forall\, y \in Y$ und

$$H^*[u^*, x]\,(y, u^{**}) = \begin{cases} H[u^*, x]\,(y, u^{**}), & \text{falls } u^*, u^{**} \in U \\ H'[u^*, x]\,(y, u^{**}), & \text{falls } u^*, u^{**} \in U' \\ 0, & \text{sonst} \end{cases}$$

Eine raum-zeitliche Abbildung eines Ökosystems liefert im allgemeinen nur einen Ausschnitt aus dem möglichen Zustands- und Entwicklungsspektrum bzw. aus dem gesamten ökologischen Verhalten. Umgekehrt muß aber auch die Frage beantwortet werden können, unter welchen Bedingungen ein Subsystem (Menge von Kompartimenten) noch Repräsentant eines Ökosystems ist. Dies ist dann der Fall, wenn die sog. Repräsentantenbedingung gilt:

$\forall\, u_1, u_2 \in U, \forall\, x \in X, \forall\, y \in Y, [u] \in U^{\sim} = U / \sim$ mit $u_1 \sim u_2$:

$H[u_1, x]\,(\{y\} \times [u]) = H[u_2, x]\,(\{y\} \times [u])$.

Für zwei beliebige äquivalente Zustände u_1 und u_2 eines Ökosystems erhält man die gleichen Ergebnisse, das heißt, daß das Verhalten eines Ökosystems durch verschieden Zustandsgrößen bei erfüllten Äquivalenzbedingungen gleichwertig beschrieben wird.

Eine Charakterisierung der in $\boldsymbol{S}$-Automaten realisierbaren Eingangs-Ausgangs-Relationen erfolgt durch stochastische Operatoren. Durch sie wird ein Zusammenhang zwischen endlichen Eingangssignalen und endlichen Folgen von Ausgangssignalen hergestellt, wobei sich ein System zu Beginn der Signaleinwirkung in einem bestimmten Zustand befindet und auf die Eingangs- (bzw. Stör-) Signale in bestimmter Weise reagiert. Die Formulierung dieses Zusammenhanges erfolgt meist durch black-box-Modelle. Dabei handelt es sich nur im Spezialfall determinierter stochastischer Automaten um (eindeutige) Funktionen.

Allgemein stellt eine vom Zustand $u \in U$ eines stochastischen Automaten $\boldsymbol{C}$ erzeugte Eingangs-Ausgangs-Relation eine Abbildung α ($\boldsymbol{S}$-Operator) dar, die jedem $w_x \in W(X)$ ein diskretes Wahrscheinlichkeitsmaß über $W(Y)$ eindeutig zuordnet. αw_x ist der Wert von α für $w_x \in W(X)$. Sei α ein $\boldsymbol{S}$-Operator über $[X', Y']$, $\boldsymbol{C}$ ein $\boldsymbol{S}$-Automat mit $\boldsymbol{C} = [X, Y, U, H]$ und $x \in X$. α heißt dann von x in $\boldsymbol{C}$ erzeugt, falls $X' \subseteq X$, $Y' \subseteq Y$ und $\forall\, w_x \in W(X)$, $\forall\, Q \subseteq W(Y)$ gilt $\alpha w_x\,(Q) = V[x\ w_x]\,(Q)$. Diese Vorschrift drückt aus, daß der Wert von α gleich dem durch die Verhaltensfunktion des Gesamtsystems definierten Wahrscheinlichkeitsmaß ist. Bei der Wirkung von Eingangssignalen auf ein Subsystem (Kompartiment) eines Ökosystems ergibt sich somit eine Antwort, die im Verhaltensspektrum des Gesamtsystems enthalten ist. Dadurch ist garantiert, daß die Evolution von Subsystemen in die des Gesamtsystem eingebettet ist. Praktische Bedeutung besitzen $\boldsymbol{S}$-Operatoren zur Beschreibung direkter, meist verzögerungsfreier Wirkungen in einem Ökosystem (z. B. kurzgeschlossene Stoffkreisläufe, Kurzschlußströmungen, kurzzeitige nichttoxische Einleitungen in Gewässersegmente mit hoher Fließgeschwindigkeit).

Bestandteil einer systemtheoretischen Analyse eines Ökosystems sind Untersuchungen zu seiner Stabilität. Die in der Literatur bekannten verschiedenen Stabilitätskonzepte erfassen die durch Änderungen in den Eingangsgrößen und der

Umweltbedingungen sowie durch systeminterne Prozesse bedingte Veränderungen hervorgerufenen Abweichungen vom Normalzustand und –verhalten (May 1974, Goh 1979, Odum 1983, Wissel 1989). Automatentheoretisch ist damit die Frage nach den Bedingungen verbunden, unter denen ein ***S***-Automat einen Fehler bzw. eine Störung nach einer gewissen endlichen Zeit "vergißt", das heißt, so reagiert, als ob keine Störung stattgefunden hat. Die Ökosystemantwort auf Störungen hängt nicht von der gesamten Vergangenheit, sondern nur von einem gewissen "Endstück" der Vergangenheit der Länge k > 0 ab. Für die Ausgabesignale sind daher nur die während der Zeit $t\text{-}k\text{+}1,...,t$ stattfindenden Zustandsänderungen entscheidend. Dieser oft als „Pufferungsvermögen eines Ökosystems“ bezeichnete Prozeß hat für aktive zielgerichtete Eingriffe in den Naturhaushalt eine große praktische Bedeutung. Aufgrund der unterschiedlich langen Endstücke der Systemantworten der einzelnen Kompartimente können die Steuerungsmaßnahmen auch wirkungslos bleiben bzw. der erwünschte Ökosystemzustand wird nicht erreicht. Das Verhalten von ***C*** im Takt $(t+k)$ und den nachfolgenden Takten gibt daher keinen Aufschluß über die in der Zeit $1,...t$ empfangenen Eingangssignale. Damit ist auch die Frage nach einer möglichen Rekonstruierbarkeit von früheren Ökosystemzuständen anhand von aktuellen Beobachtungen und Messungen offen. Praktische Konsequenzen ergeben sich daraus vor allem für die Renaturierung gestörter und Rekultivierung geschädigter Ökosysteme.

Eine automatentheoretische Analyse der dynamischen Eigenschaften ökologischer Systeme ist auch von unmittelbarer praktischer Bedeutung. Die Trägheit der Kompartimente eines Ökosystems führt dazu, daß die Eingangssignale die verschiedenen Kopplungen (Signalpfade) zwischen den Kompartimenten verzögert passieren. Dadurch erfolgen die Zustandsänderungen nicht sofort. Die Verzögerunmgswerte können dabei auch zufällig sein. Die Ungleichzeitigkeit der Zustandsänderungen des Signalverlaufes auf verschiedenen Pfaden vom Eingang zum Ausgang eines Kompartimentes bzw. des gesamten Ökosystems führt in manchen Fällen zum Auftreten von Fehlimpulsen während der Übergangsvorgänge. Diese werden als Hasards bezeichnet. Sie entstehen auch durch das ungleichzeitige Reagieren von Speicherelementen. Praktische Konsequenzen ergeben sich aus dieser Problematik für die Abschätzung des ökologischen Risikos anhand von Signalfolgen aus zurückliegenden Zeiträumen.

Zusammenfassend ist nachfolgend ein aquatisches Ökosystem in vereinfachter Schreibweise als stochastischer Automat $\boldsymbol{C} = [X, Y, U, H]$ formuliert. Durch die Mengen $\{X\}$, $\{Y\}$, $\{U\}$ sind die Alphabete der Eingangs-, Ausgangs- und Zustandsgrößen gegeben. H ist die Verhaltensfunktion von ***C***. Die ***S***-Automaten $\boldsymbol{C_{ij}}$ sind in die ***S***-Automaten $\boldsymbol{C_i}$ eingebettet. Die internen Ressourcen werden durch die ***S***-Automaten $\boldsymbol{C_G}$, $\boldsymbol{C_{Nu}}$, die Destruenten durch den ***S***-Automaten $\boldsymbol{C_D}$ und das Sediment durch den ***S***-Automaten $\boldsymbol{C_S}$ beschrieben. Die trophischen Niveaus $\boldsymbol{C_1,...,C_n}$ sind als Teilautomaten in ***C*** äquivalent eingebettet. Diese enthalten als äquivalente Einbettung wiederum Teilautomaten $\boldsymbol{C_{ij}}$ (z. B. Kompartimente wie Organismenpopulationen), in denen weitere **S**-Teilautomaten (Arten, Individuen) äquivalent eingebettet sind.

Ökosystem: $\boldsymbol{C} = [X, Y, U, H]$ mit $U = \{U_i, U_D, U_{Nu}, U_G\}$

Trophisches Niveau: $\boldsymbol{C_i} = [X_i, Y_i, U_i, H_i]$ $(i = 1,\ldots,n)$
mit $X_i \subseteq X$, $Y_i \subseteq Y$, $U_i \subseteq U$
und H_i ist die Einschränkung von H auf $U_i \times X_i \subseteq U \times X$.

Organismenpopulation: $\boldsymbol{C_{ij}} = [X_{ij}, Y_{ij}, U_{ij}, H_{ij}]$ $(j = 1,\ldots,m)$
mit $X_{ij} \subseteq X_i$, $Y_{ij} \subseteq Y_i$, $U_{ij} \subseteq U_i$
und H_{ij} ist Einschränkung von H_i auf $U_{ij} \times X_{ij} \subseteq U_i \times X_i$

Organismenart: $\boldsymbol{C_{ijk}} = [X_{ijk}, Y_{ijk}, U_{ijk}, H_{ijk}]$ $(k = 1,\ldots,l)$
mit $X_{ijk} \subseteq X_{ij}$, $Y_{ijk} \subseteq Y_{ij}$, $U_{ijk} \subseteq U_{ij}$
und H_{ijk} ist Einschränkung von H_{ij} auf $U_{ijk} \times X_{ijk} \subseteq U_{ij} \times X_0$

Destruenten: $\boldsymbol{C_D} = [X_D, Y_D, U_D, H_D]$

Nährstoffe: $\boldsymbol{C_{Nu}} = [X_{Nu}, Y_{Nu}, U_{Nu}, H_{Nu}]$

Gelöste Gase: $\boldsymbol{C_G} = [X_G, Y_G, U_G, H_G]$

Sediment: $\boldsymbol{C_S} = [X_S, Y_S, U_S, H_S]$

Räuber-Beute-Prozeß: $\boldsymbol{C_{2r}} = [X_{2r}, Y_{2r}, U_{2r}, H_{2r}]$, $\boldsymbol{C_{1b}} = [X_{1s}, Y_{1s}, U_{1s}, H_{1s}]$,
$\xi: X_{1s} \rightarrow X_{2r} = \xi(e) = e$, $\eta: Y_{1s} \rightarrow Y_{2r} = \eta(e)$, $\zeta: U_{1s} \rightarrow U_{2r}$,
$H_{2r}[\zeta(u_{2r})](u_{1s}) = \sum H_{1s}[u_{1s}, w_{x1s}](w_{Y1s}, u^*_{1s})$,
$\zeta(u^*_{1s}) = u_{1s}$
$\eta(w_{Y2r}) = w_{Y1s}$

Konkurrenz: $\boldsymbol{C_{11}} = [X_{11}, Y_{11}, U_{11}, H_{11}]$, $\boldsymbol{C_{12}} = [X_{12}, Y_{12}, U_{12}, H_{12}]$,
$\xi: x_{11} \rightarrow x_{12} = \text{id}$, $\zeta: u_{11} \rightarrow u_{12}$,
$H_{12}[\zeta(u_{11}), \xi(w_{x11})](w_{Y12}, u_{12}) = \sum H_{11}[u_{11}, w_{x11}](w_{Y11}, u^*_{12})$
$\zeta(u^*_{12}) = u_{12}$
$\eta(w_{Y11}) = w_{Y12}$

4 Schlußbemerkungen

Durch Anwendung des Begriffssystems und des methodischen Apparates der Systemtheorie hat sich in der Ökologie eine theoretische Entwicklung vollzogen, die, ausgehend von den Beobachtungen realer ökologischer Prozesse, das Ökosystemverhalten analysiert, mathematisch beschreibt und generalisiert. Die Darstellung der funktionellen und biozönotisch-strukturellen Komponenten und Wechselwirkungen erfolgt mit verschiedenen mathematischen Strukturen, die die dynamischen Ökosystemeigenschaften, die Kopplungsstrukturen der Subsysteme, die Speichereigenschaften des Gesamtsystems sowie die Kopplungen mit der Umwelt auf verschiedenen Aggregationsebenen beschreiben. Ein allgemeiner Systembegriff muß sich deshalb an den bekannten und in der Anwendung erfolgreich genutzten Theorien orientieren. Aus diesem Grunde erfolgt eine Erweiterung des Automatenbegriffs auf der Grundlage der Arbeiten von Gluschkow (1963), Zadeh and Desoer (1963) und Kalman et al. (1969). Der von der Mathematik geprägte präzise Automatenbegriff geht davon aus, daß in festen Zeittakten von einem als abstrakter Automat gedachten Ökosystem Symbol aus einer Eingangssymbolmenge mit einer Speichersysmbolmenge nach einer festen Vorschrift zu neuen Speichersymbolen und zu Ausgangssymbolen verknüpft werden. Diese Definition läßt aber Raum für Variationsmöglichkeiten. Ist die Verknüpfungsvorschrift mehrdeutig und wahrscheinlichkeitsbedingt, so läßt sich ein Ökosystem als stochastischer Automat charakterisieren. Quantisierungen eines stochastischen Automaten können nach der Zeit (Arbeitstakte) oder nach der Zustandsfolge gegeben werden. Da die Zeit kontinuierlich verläuft, muß die relativ grobe Arbeitstakteinteilung, wie sie z. B. bei einer Turing-Maschine explizit gegegeben ist, aufgegeben werden. Dies gilt insbesondere für die Beschreibung von hochfrequenten Zustandsübergängen und anderen schnell ablaufenden Prozessen in Ökosystemen. Die dadurch auftretenden Probleme sind einerseits durch die Eigenschaften der jeweiligen Raum-Zeitskala (Stetigkeit, Additivität, beliebig feine Unterteilung), und andererseits durch die diskrete Signalverarbeitung gegeben. Dabei verursacht die Trägheit der an einem ökologischen Prozeß beteiligten Systemkomponenten Verzögerungen in den Zustandsübergängen, wobei diese auch zufällig auftreten können. Die dadurch hervorgerufene Ungleichzeitigkeit der Zustandsänderungen führt zum Auftreten von Ökosystemzuständen, die kausal bislang nicht erklärt werden können. Aus der Chaostheorie (Casti 1979, Pahl-Wostl 1995) und der Thermodynamik (Ebeling und Feistel 1982) entlehnt bezeichnet man solche Phänomene als Bifurkationen. Diese geben Anlaß für eine Sukzession eines Ökosystems. Für die Modellierung und Simulation ökologischer Systeme ergibt sich daraus die Konsequenz, das gleichzeitige und parallele Auftreten von gewissen Bedingungen für Zustandsänderungen eines Ökosystems abzubilden, wobei auch Konkurrenzen und Nebenläufigkeiten zu berücksichtigen sind. Dies kann durch Petri-Netze geschehen (Starke 1980, Reissig 1982, Baumgarten 1990), deren Anwendungsmöglichkeiten für die Ökologie (Gnauck 1987, Sonnenschein und Gronewold 1995) aber noch ungenügend diskutiert sind.

Literatur

Allen, T.F.H. and T.W. Hoekstra, 1992: Toward a Unified Ecology. Columbia Univ. Press, Columbia.

Allen, T.F.H. and T.B. Starr, 1982: Hierarchy - Perspectives for Ecological Complexity. Univ. Chicago Press, Chicago.

Arbib, M.A., 1968: Theories of Abstract Automata. Prentice-Hall, Englewood Cliffs.

Arbib, M.A., 1973: Algebraische Theorie abstrakter Automaten, formaler Sprachen und Halbgruppen. Akademie-Verlag, Berlin.

Baumgarten, B., 1990: Petri-Netze. BI Wissenschaftsverlag, Mannheim.

Bellman, R.E., 1957: Dynamic Programming. Princeton Univ. Press, Princeton
Bertalanffy, L.v., 1968: General Systems Theory. Braziller, New York.
Bochmann, D., 1975: Einführung in die strukturelle Automatentheorie. Verlag Technik, Berlin.
Bossermann, R.W. and R.K. Ragade, 1982: Ecosystem analysis using fuzzy set theory. Ecol. Modelling **16**:3, 191-208.
Brauer, W., (ed.), Net Theory and Applications. Springer, Berlin. 1980:
Brauer, W., 1984: Automatentheorie. Teubner, Stuttgart.
Budach, L. und H.J. Hoehnke, 1975: Automaten und Funktoren. Akademie- Verlag, Berlin.
Bush, R.R. and F. Mosteller, 1955: Stochastic Models for Learning. Wiley, New York.
Casti, J.L., 1979: Connectivity, Complexity, and Catastrophe in Large-Scale Systems. Wiley, Chichester.
Collier, B.D., G.W. Cox, A.W. Johnson and P.C. Miller, 1974: Dynamic Ecology. Prentice-Hall International, London.
Duckstein, L., J.L. Casti and J. Kempf, 1979: Modeling phytoplankton dynamic using catastrophe theory. Water Resourc. Res. **15**:5, 1189-1194.
Ebeling, W. und R. Feistel, 1982: Physik der Selbstorganisation und Evolution. Akademie-Verlag, Berlin.
Fleishman, B.S., 1982: Fundamentals of Systemology. Radio and Kommunikation, Moskau (in russ.).
Gluschkow, W.M., 1963: Theorie der abstrakten Automaten. Deutscher Verlag der Wissenschaften, Berlin.
Gnauck, A., 1976: Grundlagen der mathematischen Modellierung limnischer Ökosysteme. In: Glaser, R., K. Unger and M. Koch (eds.): Umweltbiophysik. Akademie Verlag, Berlin, pp.67-75.
Gnauck, A., 1987: Kybernetische Beschreibung limnischer Ökosysteme. Habilitationsschrift, Techn. Univers. Dresden.
Gnauck, A., 1995: Systemtheorie, Ökosystemvergleiche und Umweltinformatik. In: Gnauck, A., Frischmuth, A., Kraft, A. (Hrsg.): Ökosysteme: Modellierung und Simulation. Blottner, Taunusstein, pp. 11-27.
Gnauck, A. and M. Straškraba, 1980: Theoretical Concepts of Ecosystem Models. ISEM J. **2**, 71-80.
Goh, B.S., 1979: Robust Stability Concepts for Ecosystem Models. In: Halfon, E. (ed.): Theoretical Systems Ecology. Academic Press, New York, pp. 467-487.
Halfon, E. (ed.), 1979: Theoretical Systems Ecology. Academic Press, New York.
Hermes, H., 1961: Aufzählbarkeit, Entscheidbarkeit, Berechenbarkeit. Springer, Berlin.
Higashi, M. and T. Burns, 1991: Theoretical Studies of Ecosystems: The Network perspective. Cambridge Univ. Press, Cambridge.
Innis, G.S. and R.V. O'Neill (eds.), 1979: Systems Analysis of Ecosystems. Internat. Coop. Publ. House, Fairland.

Jeffers, J.N.R., 1978: An Introduction to Systems Analysis: With Ecological Applications. Arnold, London.

Jones, R.W., 1973: Principles of Biological Regulation: An Introduction to Feedback Systems. Academic Press, New York.

Jørgensen, S.E. (1992): Integration of Ecosystem Theories: A Pattern. Kluwer, Dordrecht.

Kalman, R.E., P.L. Falb and M.A. Arbib, 1967: Topics in Mathematical Systems Theory. McGraw-Hill, New York.

Klir, G., 1969: An Approach to General System Theory. Van Nostrand, New York.

Lange, O., 1965: Wholes and Parts - A General Theory of Systems Behaviour. Pergamon Press, Oxford.

Legendre, L. und P. Legendre, 1979: Écologie numérique. Tome 1 & 2. Masson, Paris.

Levich, A.P., 1982: Set Theory, Language of the Theory of Categories and Their Use in Theoretical Biology. Moscow State Univ. Press, Moscow (in Russ.).

Locke, M., 1984: Grundlagen einer Theorie allgemeiner dynamischer Systeme. Akademie-Verlag, Berlin.

Mac Arthur, R.H., 1972: Geographical Ecology. Harper and Row, New York.

Manes, E.G. (ed.), 1975: Category Theory Applied to Computation and Control. Springer, Berlin.

Margalef, R., 1975: Ecologia. Omega, Barcelona.

Mathes, K., B. Breckling and C. Ekschmitt (Hrsg.), 1996: Systemtheorie in der Ökologie. ecomed, Landsberg.

May, R.M., 1974: Stability and Complexity in Model Ecosystems. Princeton Univ. Press, Princeton.

May, R.M., 1976: Theoretical Ecology: Principles and Applications. Blackwell, Oxford.

Mesarovic, M.D., D. Macko, and Y. Takahara, 1970: Theory of Hierarchical Multilevel Systems. Academic Press, New York.

Müller, F. und S.N. Nielsen, 1996: Thermodynamische Systemauffassungen in der Ökologie. In: Mathes, K., B. Breckling and C. Ekschmitt (Hrsg.): Systemtheorie in der Ökologie. ecomed, Landsberg, pp. 45-60.

Odum, H.T., 1983: Systems Ecology. Wiley, Chichester.

Pahl-Wostl, C., 1995: The Dynamic Nature of Ecosystems. Wiley, New York.

Patten, B.C. (ed.), 1971: Systems Analysis and Simulation in Ecology. Vol. 1. Academic Press, New York.

Patten, B.C. and S.E. Jørgensen (eds.), 1995: Complex Ecology. The Part-Whole-Relationship in Ecosystems. Prentice Hall, Englewood Cliffs, N.J.

Peschel, M., 1965: Kybernetik und Automatisierung. Verlag Technik, Berlin.

Peschel, M., 1972: Kybernetische Systeme. 2. Aufl., Verlag Technik, Berlin

Peschel, M., 1978: Modellbildung für Signale und Systeme. Verlag Technik, Berlin.

Peschel, M. and G. Wunsch, 1972: Methoden und Prinzipien der Systemtheorie. Verlag Technik, Berlin.

Pielou, E.C., 1969: An Introduction to Mathematical Ecology. Wiley-Interscience, New York.

Reinisch, K., 1974: Kybernetische Grundlagen und Beschreibung kontinuierlicher Systeme. Verlag Technik, Berlin.

Reinisch, K., 1982: Analyse und Synthese kontinuierlicher Steuerungssysteme. Verlag Technik, Berlin.

Reissig, W., 1982: Petrinetze. Springer, Berlin.

Schwarz, H., 1991: Nichtlineare Regelungssysteme. Oldenbourg München Wien.

Shugart, H.H. and R.V. O'Neill (eds.) 1979: Systems Ecology. Dowden, Hutchinson and Ross, New York.

Sonnenschein, M. und A. Gronewold, 1995: Diskrete Petrinetze für individuenbasierte Modelle. In: Gnauck, A., A. Frischmuth und A. Kraft (Hrsg.): Ökosysteme: Modellierung und Simulation. Blottner, Taunusstein, pp. 109-130.

Starke, P.H., 1969: Abstrakte Automaten. Deutscher Verlag der Wissenschaften, Berlin.

Starke, P.H., 1980: Analyse von Petri-Netz-Modellen. Teubner, Stuttgart.

Straškraba, M., 1980: Cybernetic Categories of Ecosystem Dynamics. ISEM J. **2**, 81-96.

Straškraba, M. und A. Gnauck, 1983: Aquatische Ökosysteme - Modellierung und Simulation, Fischer, Jena/Stuttgart.

Stugren, B., 1978: Grundlagen der allgemeinen Ökologie. Fischer, Jena.

Stürz, H. und W. Cimander, 1972: Automaten. Verlag Technik, Berlin.

Wiegleb, G., 1996: Hierarchische Systemtheorie in der Ökologie. In: Mathes, K., B. Breckling and C. Ekschmitt (eds.): Systemtheorie in der Ökologie. ecomed, Landsberg.

Wissel, C., 1989: Theoretische Ökologie. Springer, Berlin.

Wunsch, G., 1962: Moderne Systemtheorie. Akad. Verlagsges. Geest & Portig, Leipzig.

Wunsch, G., 1970: Systemanalyse. Verlag Technik, Berlin.

Zadeh, L. and C.A. Desoer, 1963: Linear System Theory. The State Space Approach. McGraw-Hill, New York.

Zypkin, J.S., 1981: Grundlagen der Theorie automatischer Systeme. Verlag Technik, Berlin.

Problemlösung durch Simulation im Umweltbereich

Rolf Grützner

Rolandstraße 25a, 13156 Berlin

Zusammenfassung. Die Gewährleistung eines umfassenden Umweltschutzes verlangt den Einsatz innovativer Ansätze und Methoden. Die Simulation ist eine dazugehörige Problemlösungsmethode. Umweltmodellierung und –simulation umfassen die klassischen Gebiete: Schadstoffausbreitung in den Umweltmedien Luft, Wasser und Boden, wasserwirtschaftliche Systeme, Analyse und Steuerung umweltrelevanter technischer Prozesse und Ökosysteme. Diese Gebiete werden zunehmend durch integrierte Systemmodelle ergänzt. Sie verknüpfen verschiedene Problemstellungen aus den klassischen Bereichen, z. B. die Ausbreitung von Substanzen und ihre Wirkung auf Ökosystemkomponenten oder die Verknüpfung von ökologischen und ökonomischen Systemmodellen. Die Analyse dieser Prozesse, in Verbindung mit soziologischen Fragestellungen, stellt eine weitere Herausforderung der modernen Systemtheorie sowie der Modellierung und Simulation dar. Der Stand auf den unterschiedlichen Gebieten, methodische Ansätze und Probleme werden untersucht. Dazu gehören als wichtigste Werkzeuge die Simulationssysteme. Ausgewählte Systeme werden verglichen und bewertet, Grundbegriffe der Modellbildung und Simulation behandelt, so daß der Leser einen Einblick in die Anwendungsbereiche und Probleme erhält.

Schlüsselwörter. Simulation, Simulationssystem, Simulator, Umweltmodellierung, Modell, Umweltbereich, Umweltsystem, Systemkopplung, Ökosystemmodell, Kompartiment, Schadstoffausbreitung, Prozeßsteuerung, Soziologie, Softwarewerkzeug

1 Einleitung

Die ständig wachsende Weltbevölkerung und die beschränkte Zahl von natürlichen Ressourcen, die für die Aufrechterhaltung des Lebens, im abgeschlossenen System Erde notwendig sind, führen zu erheblichen Konflikten. So werden Ressourcen verbraucht, in ihren Eigenschaften verändert und verschmutzt. Um zu gewährleisten, daß menschliches Leben gegenwärtig und zukünftig in hoher Qualität möglich ist, müssen der Verbrauch und die Veränderung von Ressourcen minimiert werden, mit andern Worten – die Einwirkung des Menschen auf die Umwelt muß auf einem möglichst niedrigen Niveau gehalten werden. Dieses Ziel ist – neben erzieherischer Einflußnahme – nur durch den Einsatz modernster wissenschaftlicher Methoden und Geräte erreichbar. Eine solche Methode bildet die

Simulation. Mit ihrer Hilfe ist es möglich, Abläufe und Prozesse im Umweltbereich oder Einwirkungen auf die Umwelt zu untersuchen und so zu gestalten, daß Auswirkungen auf sie gering gehalten werden. Der Vorteil der Simulation besteht darin, daß die erforderlichen Untersuchungen – die Experimente – nicht in der Realität vorzunehmen sind, sondern mit Hilfe von Modellen der realen Systeme. Werden mathematische Modelle verwendet, dann können zur Experimentdurchführung Computer eingesetzt werden. Auf diese Weise können umfangreiche Untersuchungen relativ einfach erfolgen. Es ergibt sich aber ein erhebliches Problem, die Erstellung des Modells. Vom Modell muß verlangt werden, daß es das Verhalten des realen Systems adäquat nachbildet – eine Forderung, die im Umweltbereich nicht immer einfach zu erfüllen ist. Dennoch existiert eine sehr große Zahl brauchbarer Modelle.

Zur Durchführung der Simulationsexperimente auf dem Computer werden *Simulationssysteme* und *-programme* benötigt. Ihre Architektur und Funktionalität ist abhängig von der Art und Weise der Modellbeschreibung, ob es sich z. B. um gewöhnliche, partielle Differentialgleichungen oder andere Beschreibungsformen handelt. Untersuchungen im Umweltbereich benötigen in der Regel große Datenmengen, die in Datenbanken oder Geoinformationssystemen gespeichert werden. Die Kopplung von Simulationssystemen mit Datenbanken oder Geoinformationssystemen ist deshalb eine Notwendigkeit. Dazu laufen umfangreiche Forschungsarbeiten.

2 Grundlagen der Simulation

Unter Simulation wird das Experimentieren mit Modellen verstanden, mit dem Ziel, Aussagen über das Verhalten der realen Systeme zu gewinnen, die durch Modelle beschrieben werden. Einer Simulation liegen somit mehrere Komponenten zugrunde:

- ein reales System, es kann existieren oder nur erdacht sein,
- ein Untersuchungsziel – eine Problemstellung,
- ein Modell des realen Systems, das dessen Verhalten zur Realisierung des Untersuchungszieles adäquat beschreibt,
- ein Experimentiersystem: bestehend aus Computer und Simulationssystem oder Simulationsprogramm.

Simulation ist eine Problemlösungsmethode und dadurch gekennzeichnet, daß die Aufgabenstellung nicht unmittelbar auf der Ebene des realen Systems, sondern mittelbar unter Verwendung eines Modells realisiert wird (Abb. 1).

Zur Realisierung dieser Vorgehensweise muß vom Modell ein Verhalten gefordert werden, das dem des realen Systems adäquat ist. Man spricht von der Gültigkeit des Modells innerhalb eines Gültigkeitkeitsbereiches. Vier Ebenen sind entscheidend:

- *Strukturgültigkeit*
  die Struktur des Modells entspricht der Struktur des realen Systems.

- *Verhaltensgültigkeit*
  für die Menge der Anfangs- und Eingabewerte ergibt sich im Gültigkeitsbereich des Modells ein adäquates dynamisches Verhalten.
- *Empirische Gültigkeit*
  die Simulationsergebnisse im Gültigkeitsbereich des Modells entsprechen den Meßwerten des realen Systems.
- *Anwendungsgültigkeit*
  die Modellbeschreibung entspricht dem Simulationsziel, es werden Daten gewonnen, die zur Problemlösung beitragen.

reales System	**Modell**
1. Problem <--> Fragestellung an das System. Wie ist das Systemverhalten?	Problem <--> Frage an das Modell: Wie ist das Modellverhalten? Modellverhalten adäquat dem Systemverhalten?
2. Experimente mit dem realen System	Experimente mit dem Modell
3. Problemlösung (Antwort auf Fragestellungen) ergibt sich aus den Experimentierergebnissen	Problemlösung (Antwort auf Fragestellungen) ergibt sich aus den Experimentierergebnissen nach einer Systembewertung

das ist u. U. nicht realisierbar, weil:
zu teuer
zu gefährlich
System nicht existiert oder
nicht verfügbar

⟹ deshalb Problemstellung 1. auf Modellebene lösen, d.h. das Modell muß das Verhalten des realen Systems adäquat widerspiegeln.

Abb. 1. Vorgehensweisen zur Lösung einer Problemstellung: Entweder Experimente am realen System oder Simulationsexperimente

Der Nachweis dieser Gültigkeitskategorien erfolgt durch eine *Modellvalidierung*. Das ist ein schwieriger Prozeß. In dem Ausmaße, in dem sich das Modell im Validierungsprozeß bewährt, wächst das Vertrauen in die Gültigkeit des Modells. Unter *Verifikation* wird der Nachweis einer korrekten Implementation eines Modells im Rechner verstanden, das heißt, die fehlerfreie Erstellung des Rechenmodells aus einer mathematischen Beschreibung.

An dieser Stelle seien die Begriffe *System* und *Modell* definiert. Ein System besteht aus einem oder mehreren strukturell verbundenen Elementen, deren Zustände von anderen Elementen (oder sich selbst) abhängen und die die Zustände anderer

Elemente oder sich selbst beeinflussen. Ein System enthält somit Elemente und eine Struktur. Beides sind notwendige Bestandteile eines Systems. Die Menge der Relationen zwischen den Systemelementen bestimmt die Struktur des Systems. Wird ein System durch eine Differentialgleichung modelliert (gedämpft schwingende Masse an einer Feder), so stellt die Gleichung $x''m + x'f + x\,d = 0$ die Systemstruktur dar. Sie drückt die Beziehungen zwischen den wirkenden Kräften (den Komponenten des Systems) in Form des Kräftegleichgewichtes für eine gedämpfte Schwingung mit: m schwingende Masse, f Federkonstante und d Dämpfungsfaktor aus. Im folgenden werden ausschließlich dynamische Systeme betrachtet, das heißt, solche, die von der Zeit abhängen und durch Zustände beschreibbar sind. Ein System hat einen Zweck bzw. es ist möglich, ihm einen Zweck zuzuordnen. So hat ein Pkw den Zweck Personen zu befördern, aber nicht Kaffee zu kochen. Ein System hat eine Systemgrenze, wodurch es von seiner Umgebung – der Systemumwelt – getrennt wird. Bei der Modellierung muß eine Systemgrenze definiert werden, indem z. B. eine Oberfläche um das System gelegt wird, durch die möglichst schwache Interaktionen mit der Systemumgebung stattfinden. Unter einem Modell ist ein System zu verstehen, das als Repräsentant eines komplizierten Originals auf Grund mit diesem gemeinsamer, für eine bestimmte Aufgabe wesentlicher Eigenschaften von einem dritten System benutzt, ausgewählt oder geschaffen wird, um letzterem die Erfassung oder Beherrschung des Originals zu ermöglichen oder zu erleichtern bzw. es zu ersetzen (Wüsteneck 1963).

Systeme und analog dazu ihre Modelle werden entsprechend des Wertebereiches unterschieden, den die Größen und die Zeit annehmen. *Kontinuierliche Modelle* besitzen eine kontinuierliche Zeitmenge; ihre Modellgrößen haben Intervalle von reellen Zahlen als Wertebereiche. Modelle dieser Art bestehen in der Regel aus Differentialgleichungen. Sie werden beispielsweise zur Modellierung von Ausbreitungsvorgängen und ökologischen Systemen eingesetzt. Modelle heißen diskret, wenn ihre Größen einen diskreten Wertebereich besitzen. In *kombinierten Modellen* sind kontinuierliche und diskrete Modellkomponenten verbunden. Modelle werden entsprechend der Art und Weise ihrer Gestaltung unterschieden, z. B. in physikalische Modelle (z. B. Nachbildung eines physikalischen Systems: schiefe Ebene, Pendel), graphische Modelle (z. B. Bilder, Plastiken), literarische Modelle (z. B. Gedichte), akustische Modelle (z. B. Notentexte, gesprochene Worte), mathematische Modelle u.a. Im folgenden sind ausschließlich mathematische Modelle von Interesse. Alle Modelle erfordern eine Darstellung, das heißt, eine Modellbeschreibung. Bei mathematischen Modellen sind das die unterschiedlichsten Notationsformen der Mathematik (z. B. für Gleichungen, Matrizen, Graphen, Algorithmen). Zur Modellbeschreibung für die Simulation wird eine Simulationsbeschreibungssprache oder Simulationssprache benötigt. Sie beschreiben die Beziehungen zwischen den Modellgrößen.

In einem Simulationsexperiment werden die Simulationsmodelle ausgeführt. Dazu werden sie zuvor in ein Rechenmodell, ein auf dem Rechner ausführbares Modell, überführt. Bei der Simulation erfolgt keine explizite Berechnung der gewünschten

Größen. Während man bei einer Berechnung Werte in die Gleichung einsetzt und die Ergebnisse unmittelbar durch ausrechnen gewinnt, wird bei der Simulation, ausgehend von einem Zeitpunkt t_{i-1} und dem zugehörigen Systemzustand S_{i-1}, die Veränderung des Zustandes ΔS während eines Zeitschrittes Δt ermittelt und der Zustand des Systems $S_i = S_{i-1} + \Delta S$ zum nächsten Zeitpunkt $t_i = t_{i-1} + \Delta t$ bestimmt. Auf diese Weise erfolgt, ausgehend vom Anfangszustand, die Bestimmung der Systemzustände zu jedem Zeitschritt bis zum Eintreten einer Abbruchbedingung. Durch die wiederholte Berechnung von Folgezuständen ergibt sich, für einen simulierten Zeitraum, ein Bild über das Verhalten des Modells unter den jeweiligen experimentellen Bedingungen.

Dieser Ablauf wird bei der Computersimulation durch ein Softwaresystem – einen *Simulator* oder eine *Simulationsmethode* – gesteuert. Die Methode realisiert als Basismethode die Ermittlung der zeitabhängigen Modellgrößen und steuert das Fortschreiben der Simulationszeit. Die Basismethoden unterscheiden sich entsprechend der Modellklasse: kontinuierlich, diskret, kombiniert. Zu diesen Methoden kommen weitere hinzu, die bei der Simulation notwendige Umformungen und Auswertungen übernehmen (z. B. Darstellungsmethoden, statistische Auswertungsmethoden).

3 Der Umweltbereich – Definition und Probleme

Unter Umwelt sei die auf den Menschen als Bestandteil der Biosphäre bezogene Umgebung verstanden. Sie besteht aus der natürlichen und der künstlichen Umwelt. Die künstliche Umwelt enthält die von den Menschen geschaffenen Systeme und Produkte, das heißt, Produktionsprozesse, Maschinen und Anlagen, Städte, Gebäude, Verkehrswege und Verkehrssysteme, Werkstoffe sowie andere Objekte. Sie verursacht eine Belastung der natürlichen Umwelt - die Umweltbelastung. Die natürliche Umwelt umfaßt die Biosphäre, Klimasphäre, Hydrosphäre und die Lithosphäre mit dem belebten Teil der Pedosphäre (Abb. 2). Alle Systeme der natürlichen und der künstlichen Umwelt sowie die menschliche Gesellschaft stehen in Wechselwirkung. Die Modellbildung und Simulation im Umweltbereich ist eine interdisziplinäre Aufgabe unterschiedlichster Fachgebiete: Biologie, Ökologie, Medizin, Chemie, Physik, Meteorologie, Mathematik, Informatik, Ingenieurwissenschaften, Soziologie, Umwelttechnologie, Umwelt- und Naturschutz sowie Jura. Allein daraus ergeben sich viele Probleme. Das Grundproblem resultiert jedoch aus den vorhandenen Wissenslücken über die Gestaltungsprinzipien, die Strukturen und Dynamik der nichtlinearen Umweltsysteme. Hinzu kommen (Grützner 1995):

- die hohe Komplexität und ungenaue Information über Wirkbeziehungen,
- die Natur besteht aus selbstorganisierenden adaptiven Komponenten mit unvollständig erforschten Strategien, (Straškraba 1983, Straškraba 1995);
- ungenau vorliegende Systemdaten und schlecht definierte Systemkomponenten (ill-defined),
- große Datenmengen mit räumlicher oder räumlich-zeitlicher Abhängigkeit,

- die realen Systeme können meist nur in Feldstudien beobachtet werden, kontrollierte Experimente sind häufig nicht möglich,
- die Reaktionszeiten in der Natur sind oft lang (Jahre, Jahrzehnte), im Gegensatz dazu haben andere Systemkomponenten sehr kurze Reaktionszeiten – steife Systeme,
- synergetische und antagonistische Effekte treten auf.

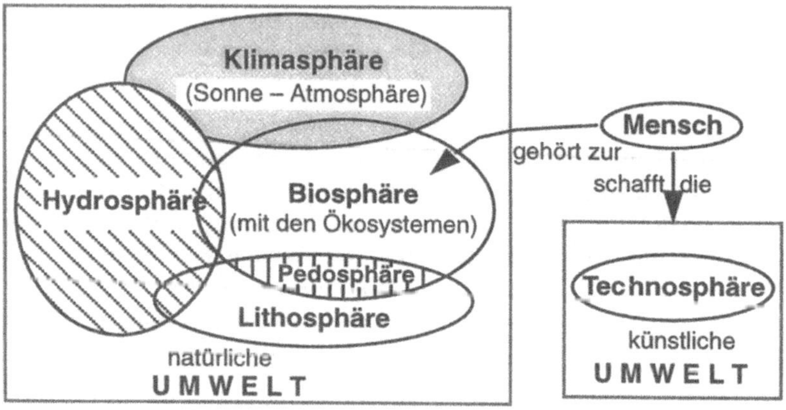

Abb. 2. Umwelt als Umgebung des Menschen

Die Modelle sind Approximationen der realen Systeme. Es besteht ständig die Notwendigkeit zur Verbesserung ihrer Genauigkeit. Eine wichtige Forderung für die Bewertung von Maßnahmen im Umweltschutz ist, daß die Modelle sowohl das vergangene als auch das zukünftige Verhalten adäquat beschreiben. Das verlangt eine genügend feine, der Zielstellung angepaßte Strukturmodellierung. Dem stehen jedoch verschiedene Fakten entgegen:

- das fehlende Wissen über die Interaktionen der Zustandsgrößen,
- eine ungenügend genaue Auflösung der räumlichen Variabilität oder der biologischen Diversität,
- ein ungenügendes Auflösungsvermögen und zu geringe Genauigkeit der benutzten Meßgeräte bei Systembeobachtungen, so daß gewisse dominante Verhaltensweisen nicht identifiziert werden können. Dadurch kann u.a. die oben beklagte Lücke im Systemwissen durch Messungen nicht geschlossen werden.

Es existieren somit immer Attribute des Systems, die sein Verhalten bestimmen aber unterhalb der Auflösungsgenauigkeit des Modells liegen. Ihr Einfluß ist gegenwärtig (ungewollt) in die Modellparameter einbezogen, das heißt, die betroffenen Modelle sind damit nicht strukturadäquat. Diese Klasse von Modellen kann objektiv auch als *unvollständig definiert* oder *ill-defined* bezeichnet werden.

Es ist jedoch klar, daß sich aus diesem Sachverhalt einige wesentliche Fragen ergeben. Das betrifft insbesondere die Vorhersage des Systemverhaltens, z. B.: Wie werden sich zukünftig die Einflüsse solcher Attribute, die selbst einschließlich ihrer Wirkung unbekannt sind, auf das Systemverhalten auswirken? Werden sie gar zu bestimmenden Größen? Bei der Vorhersage des Verhaltens von einigen Systemen existiert deshalb eine Reihe von Problemen. Dafür einige Beispiele:

- Wie wird das Verhalten eines Umweltsystems verändert, wenn völlig neue Substanzen eingebracht werden bzw. Eingriffe erfolgen?
- Wie wird der Zeitpunkte bestimmt, zu dem die Zerstörung des Bodens irreversibel wird?
- Die Bestimmung des Ablaufes von klimatischen Veränderungen. Es existieren nur Modelle mit unzureichenden Rückkopplungsschleifen.

Die Probleme werden noch dadurch verschärft, daß Systeme im Umweltbereich (z. B. ökologische und sozio-ökologische Systeme) selbstorganisierend und evolutionär sind. Diese Effekte überlagern sich mit den oben genannten.

4 Simulation zur Analyse von Umweltsystemen

Die Anwendungbereiche der Modellbildung und Simulation lassen grundsätzlich zwei Einsatzgebiete mit unterschiedlichen Zielrichtungen erkennen. Eines ist die Erforschung von Umweltsystemen. Hier steht das Aufdecken von Wirkungszusammenhängen im Mittelpunkt. Das andere Gebiet ist die Untersuchung und Abschätzung von anthropogenen Einflüssen und ihren Auswirkungen auf die Umwelt (Abb. 3). Beide Gebiete sind durch Forschungsarbeiten und Untersuchungen zur Methoden- und Werkzeugentwicklung zum Einsatz von Rechnern zu ergänzen. Neben der Vorhersage von Umweltschäden resultieren die zu untersuchenden Problemstellungen häufig aus Planungsaufgaben. Die Ergebnisse von Simulationsstudien dienen als Entscheidungshilfe bei Planungsalternativen. Ein Beispiel für die Anwendung der Simulation im Rahmen lang-, mittel- und kurzfristiger Planungsaufgaben mit Umweltbezug wird in (Sydow 1986) dargestellt. Dabei geht es um die Entwicklung von Szenarien, in denen die Auswirkungen spezieller Investitionsalternativen zur Emissionsminderung von Produktionsanlagen bzw. Waldschutzmaßnahmen abgeschätzt werden sollen. Ein anderes Anwendungsbeispiel wird von Grebe (1997) angegeben. Die Auswirkungen einer regionalen Gesetzgebung auf die Wirtschaftsentwicklung und den Umweltzustand werden simulativ analysiert.

Auch im globalen Rahmen dient die Simulation zur Untersuchung von Entwicklungen und zur Vorhersage von Fehlentwicklungen auf sozialen, wirtschaftlichen und ökologischen Gebieten. Eine interessante Plattform für solche Untersuchungen bildet z. B. das System FUGI (offiziell genutzt für Entscheidungsfindungen in UNO-Gremien). Mit seiner Hilfe werden auf der Grundlage der nationalen unabhängigen Volkswirtschaften Analysen des Energieverbrauches, der CO_2-Emission, von Kriegen, Menschenrechtsverletzungen und Umweltschäden durchführt,

(Onishi 1993, 1994). Es arbeitet in der Version 7.0 mit ca. 30.000 Gleichungen und den Daten von 180 Staaten.

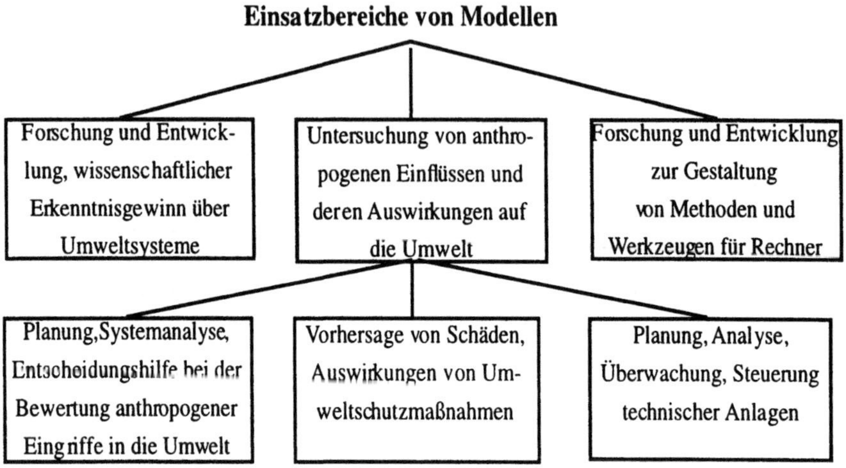

Abb. 3. Einsatzbereiche von Modellen

Umweltmodelle lassen sich neben ihrem Einsatzbereich auch nach anderen Kriterien klassifizieren. Eine gebräuchliche Klassifikation unterscheidet nach der Klasse der Phänomene, die sie nachbilden:

- Modelle zur Nachbildung der räumlichen Ausbreitung von Schadstoffen, Energie und Strahlung in Umweltmedien, ausgehend von einer Emissionsquelle (*Ausbreitungsmodelle*),
- Modelle zur Nachbildung und Bewertung von Immissionen (*Belastungsmodelle*),
- Modelle zur Nachbildung von Wirkungsketten (z.B. Nahrungsbeziehungen) und der Dynamik in Ökosystemen (*Ökosystemmodelle*),
- Modelle zur Nachbildung von Schadwirkungen auf Lebewesen auf biologisch/medizinischer Ebene (biologisch/medizinische, physiologische, ökotoxikologische Modelle),
- Modelle zur Nachbildung von klimatischen Vorgängen und deren Beeinflussung durch Menschen (*Klimamodelle*),
- Modelle zur Nachbildung der Nutzung und Belastung von Ressourcen, z. B. Wasser, Boden, Nahrung (wasserwirtschaftliche Modelle, Ressourcenmodelle),
- Modelle zur Nachbildung der Wechselwirkungen von Umwelt, Ökonomie und Gesellschaft (*umweltökonomische* und *sozio-ökonomische Modelle*),

- Modelle zur Nachbildung von technischen Prozessen und deren gezielte Beeinflussung zur Minimierung von Ressourcenverbrauch und Emissionen (*Prozeßmodelle*),
- Modelle für übergreifende Untersuchungen in den genannten Anwendungsgebieten, z. B. Ausbreitungsmodelle in Verbindung mit Ökosystemmodellen zur Nachbildung der Auswirkung von Emissionen auf Ökosysteme (*integrierte Umweltmodelle*).

Diese Unterteilung kann präzisiert werden, indem die Modelle den Umweltbereichen, wie sie in Abb. 2 gegeben sind, zugeordnet werden. In Tabelle 1 sind den Umweltbereichen wesentliche modellierte Phänomene zugeordnet.

Tabelle 1. Modelle und Umweltbereiche

Natürliche Umwelt	**Integrierte Modelle beider Umweltbereiche, enge Kopplung zwischen natürlicher und künstlicher Umwelt**	**Künstliche Umwelt**
• Stoff- und Energiekreislaufmodelle • Ökologische Modelle, Populationsentwicklungen, Wirkungsketten, Wachstumsmodelle, Modelle von Regulationsprozessen • Wassermodelle (Grund- und Oberflächenwasser) • Bodenmodelle • Klimamodelle • Meteorologische Modelle • Ozonmodelle • Landschaftsmodelle	• Ökologisch-ökonomische Modelle • Ökologisch-sozioökonomische Modelle • Schadwirkungsmodelle, ökotoxikologische Modelle, biologisch/medizinische Modelle, physiologische Modelle, Ressourcenbilanz- und -entwicklungsmodelle • Technikfolgenabschätzung	• Ökonomische Modell Finanzmodelle, Ökobilanzierung • Modelle zur Steuerung technische Prozesse • Verkehrs-, Logistikmodelle • Schadstoffausbreitungsmodelle • Ressourcenverbrauchs- und Bedarfsmodelle, erneuerbare Energien, nachwachsende Rohstoffe • Produkt-Life-Time-Analyse • Sozio-ökonomische Modelle • soziologische Modelle Raum-, Landschaftsplanungs- und –entwicklungsmodelle

Die Modelle der künstlichen und natürlichen Umwelt bilden in einer ersten Stufe ausschließlich die Prozesse aus ihrem Bereich ab. In einer zweiten Stufe berücksichtigen sie den Einfluß des jeweils anderen Umweltbereiches. Das erfolgt als Eingabe ohne Rückwirkung, es ist eine *lose Systemkopplung*. In der dritten Stufe erfolgt eine enge Kopplung der natürlichen und künstlichen Umwelt, das heißt, mit Rückkopplung. Diese Modelle heißen *integrierte Modelle*. Nach einer Studie der Gesellschaft für Mikroelektronik (GME) des VDI/VDE wurden die Ökosystemmodelle, die Ausbreitungsmodelle, die wasserwirtschaftlichen Modelle und die technischen Prozeßmodelle als die wichtigsten Modellklassen im Umweltbereich hervorgehoben.

4.1 Ökosystemmodelle

Ökosystemmodelle sind von größter Bedeutung, weil durch sie die Wirkung der Schadstoffe auf die Biosphäre beschrieben werden kann. Sie ist das größte und umfassendste Ökosystem der Erde und der Raum, in dem sich alles Leben abspielt der die Lebensqualität bestimmt. Es werden Modelle genutzt, die

- ökologische Prozesse ohne anthropogene Einwirkungen nachbilden. Das sind mathematische Modelle von Ökosystemen auf den Aggregationsebenen: genetische Prozesse, molekulare Modelle und von der Populationsdynamik bis hin zu Ökosystemen.
- die Belastung durch die Noosphäre zusätzlich erfassen.

Bei der Untersuchungen der anthropogenen Umweltwirkungen sind die letzteren Modelle von höchster Bedeutung. Einen Überblick über die ökologische Modellbildung geben Hall (1977), Jørgensen (1992), Odum (1994) und Haefner (1996) sowie Rauch (1984) mit Orientierung auf simulative Nutzung. Flüsse und Seen gehören zu den am intensivsten untersuchten Ökosystemen. Tabelle 2 gibt eine Übersicht über die relative Häufigkeit der modellierten Gebiete.

Tabelle 2. Anwendungsgebiete von Ökosystemmodellen ohne anthropogen bedingte Störungen (Jørgensen 1992)

Ökosystem / Anwendungsbereich	**Relative Häufigkeit**
Flüsse	0,125
Seen, Teiche, Staubecken	0,125
Mündungsgebiete, Buchten - Ästuare	0,125
Küstenbereiche	0,075
offene Meere	0,075
Feuchtgebiete	0,075
Weidegebiete, Grasland	0,1
Wüstengebiete	0,025
Wald	0,1
landwirtschaftlich genutzte Gebiete	0,125
Savannen	0,05
alpine Gebiete oberhalb der Baumgrenze	0,0
arktische Ökosysteme	0,0

Sie bilden die Auswirkungen von Schadstoffen und von Eingriffen in die Natur (z. B. Gebäude, Flußregulierungen, Abholzung) nach. Simulative Untersuchungen beziehen sich vorwiegend auf ausgewählte Teilbereiche:

- molekularbiologische Untersuchungen (das sind u. a. Fragestellungen der Bioinformatik),
- Populationsentwicklungen,
- Wachstumsmodelle,
- Lebensgemeinschaften in Gewässern und auf dem Land, im Boden, im Wald, der Wald selbst,
- Nahrungsketten und Konkurrenzbeziehungen,
- Stoffkreisläufe (z. B. Stickstoffhaushalt im Boden, Phosphor-, Schwefelkreisläufe); Stoffflüsse.

Werden die Anwendungen von Modellen im ökologischen Bereich betrachtet, in denen die anthropogenen Einflüsse berücksichtigt werden, so ergibt sich nach Tabelle 3 eine veränderte relative Häufigkeit der Modellnutzung. Die Ermittlung der Schadwirkung auf die Ökosysteme, die Minimierung der Schäden und die Elastizität der Ökosysteme stehen im Mittelpunkt der Untersuchungen. Elastizität ist die Fähigkeit von Ökosystemen, bestimmte Schadstoffe aufzunehmen, ohne das ökologische Gleichgewichte zu beeinträchtigen. Es werden grundsätzlich zwei Arten von Schadwirkungen unterschieden:

- eine Schädigung erfolgt erst oberhalb einer gewissen Mindestkonzentration (Schwellwert),
- eine permanente Schädigung erfolgt schon ab kleinsten Dosen (Lineare Dosis-Wirkungs-Beziehung, z. B. karzinogene Stoffe, radioaktive Strahlung).

Tabelle 3. Anwendungsgebiete von Ökosystemmodellen mit anthropogen bedingten Störgrößen (Jørgensen 1992)

Anwendungsbereich	**Relative Häufigkeit**
Sauerstoffgleichgewicht	0,119
Eutrophierung	0,119
Schwermetallverschmutzung	0,095
Pestizideinwirkung	0,095
Schutz von Nationalparks	0,071
Grundwasserverschmutzung	0,095
CO_2	0,119
saurer Regen	0,095
globale oder regionale Verteilung der Luftverschmutzung	0,119
Veränderung des Mikroklimas	0,071

Die Modellierung von Schadwirkungseinflüssen kann auf drei Ebenen ausgeführt werden. Auf der *molekularen*, der *ökotoxikokinetischen* sowie auf der Ebene der *Populationsdynamik* und *Ökosysteme*. Auf molekularer Ebene wird die Wirkung der Substanzen infolge ihrer Reaktionen mit den Enzymen der Nukleinsäure und anderen Biomolekülen simulativ untersucht. Durch Untersuchungen an unterschiedlichen Spezies wurde festgestellt, daß dabei spezifische Interaktionen ablaufen, wobei auch metabolische Veränderungen zu beachten sind Details (Steinberg 1995). Die Methoden der molekularen Modellierung und Molekularchemie nehmen deshalb bei der Bestimmung biologischer Effekte durch Schadwirkungen eine wachsende Bedeutung ein.

Bei ökologischen Modellen werden zwei Modellierungsansätze unterschieden, der *kompartimentorientierte Ansatz* und der *individuenorientierte Ansatz*. Im ersten Fall werden aus der potentiell unendlichen Vielfalt der physikalischen, chemischen, biotischen und der anderen Objekte eines Raumausschnittes der Biosphäre bestimmte Teilmengen ausgewählt und als Gesamtheit – als Kompartiment – des Systems definiert. Das Charakteristische ist, daß verschiedene Individuen, z. B. die zu einer Population gehörenden Organismen einer Art, zu einer Gesamtheit zusammengefaßt werden. Es wird von den Individuen abstrahiert und das Kompartiment als Ganzes hinsichtlich quantitativer Veränderungen analysiert. Alle Individuen einer Art besitzen in einem Kompartiment die gleichen Eigenschaften und zu einem Zeitpunkt denselben Zustand. Der Ansatz hat dort seine Stärken, wo sehr viele einander ähnliche Objekte zu modellieren sind. Sie werden dann zu einem Kompartiment zusammengefaßt. Modelle auf der Basis von Lotka-Volterra-Gleichungen (Berryman 1992, Cellier 1991) gehören dazu. Ein Beispiel sind die Räuber-Beute Modelle, mit denen beispielsweise die Populationsentwicklung des Kompartimentes "Hasen auf einer Weide" unter dem Fraßdruck von Füchsen, dem Räuberkompartiment, beschrieben werden kann. Die Grenzen des Ansatzes zeigen sich, wenn die Anzahl der Organismen gering oder die Interaktionen zwischen den Organismen bedeutsam werden. In diesen Fällen wird der zweite, der individuenorientierte Ansatz genutzt (Breckling 1989, Uchmanski 1995).

Der individuenorientierte Ansatz beruht darauf, das jedes Individuum einer Population in Interaktion mit anderen Individuen (Hunger, Paarung, Verdrängung) modelliert wird. Die Dynamik des Systems wird durch die Interaktionen, Aktionen und den Lebenszyklus zwischen Geburt und Tod geprägt. Der Ansatz erlaubt die simulative Erforschung komplexer Zusammenhänge in Bereichen, die nur schwer einer Formalisierung durch Kompartimentbildung zugänglich sind. Anwendungsbeispiele sind: Ökosysteme mit einer sehr geringen Zahl von Organismen, die Entfaltung räumlicher und zeitlicher Differenzierungen, Habitatsuntersuchungen, Nischenbesiedlung, Überlebensstrategien, informelle Aspekte individuellen Verhaltens: z. B. von Vögel- und Bienenschwärmen, Ameisen (Lorek und Sonnenschein 1995, Millonas 1993, Wolff 1995) und die Bewertung des Aussterberisikos bei kleinen Populationen (Wissel 1990, 1993).

Im forstwirtschaftlichen Bereich wird heute aus praktischen Erfordernissen vom Rein- zu Mischwaldbeständen übergegangen. Die bisher genutzten Kompartimentmodelle werden durch strukturadäquate Einzelbaummodelle ersetzt (für jeden

Baum ein eigenes Modell). Die Modelle der einzelnen Bäume interagieren in der gleichen Weise, wie sich die Baumindividuen im Wald beeinflussen. Moderne forstwirtschaftliche Einzelbaummodelle repräsentieren erfolgreich den individuenorientierten Ansatz (Pretzsch 1992). Mit diesem Ansatz kann u. a. die Wirkung von Schadstoffen auf die verschiedenen Baumarten adäquat nachgebildet werden. Zu bedenken ist, daß die Modellvalidierung, ebenso wie die Erzielung statistisch gesicherter Simulationsergebnisse nicht anhand eines einzigen Simulationslaufes möglich ist. Hierzu sind Simulationsexperimente mit einer Vielzahl von Simulationsläufen notwendig. Fragen der Validierung und der Sensivitätsanalyse individuenorientierter Modelle bilden einen schwierigen Gegenstand der Forschung.

4.2 Schadstoffausbreitung

Bei zahlreichen Umweltschutzaufgaben ist die Ermittlung der Immissionen, die durch umweltrelevante Emissionen verursacht werden, eine zentrale Aufgabenstellung. Die meisten Umweltprobleme werden durch die Emission von Schadstoffen verursacht, die sich in den Umweltmedien Luft, Wasser und Boden nach unterschiedlichen Gesetzmäßigkeiten ausbreiten. Jedoch besitzen auch die Emissionen von Energie (in Form von Abwärme, Lärm, Erschütterungen, Strahlung) und ihre Ausbreitung eine erhebliche Umweltrelevanz. Zur Untersuchung derartiger Problemstellungen werden Ausbreitungsmodelle geschaffen, die von der Emission ausgehend die räumliche Ausbreitung der Schadstoffe oder der Energie im jeweils betrachteten Medium nachbilden und damit geeignet sind, die resultierenden orts- und zeitabhängigen Immissionen zu prognostizieren. Die betrachteten Schadstoffe können dabei gasförmig, fest, flüssig, chemisch resistent oder aktiv sowie radioaktiv sein. Bei Ausbreitungsmodellen lassen sich folgende Zielrichtungen unterscheiden:

- *Ersatz von Immissionsmeßstellen*: an Stellen, an denen keine Meßstation verfügbar ist, wird die Immission berechnet,
- *Rückschlüsse auf erhöhte/unerlaubte Emissionen*: wenn Meßstationen erhöhte Immissionen registrieren, kann mit Hilfe der Ausbreitungsmodelle auf den Ort der Emission zurückgeschlossen werden,
- *Standortplanung/Genehmigungsverfahren*: auf der Basis der bekannten Immissionssituation werden die Zusatzbelastung durch die zu erwartenden neuen Emissionen berechnet,
- *Katastrophenvorsorge*: Simulation von Störfällen und Berechnung der resultierenden Immissionen sowie Berechnung der aktuellen Belastung bei einem akuten Störfall.

Diese Zielstellungen gelten für Ausbreitungen in allen Umweltmedien. Im folgenden werden die spezifischen Ansätze kurz vorgestellt.

a) Atmosphärische Schadstoffausbreitung

Ausbreitungssimulationen im Medium Luft gehören zu den ältesten Untersuchungen, die im Umweltbereich durchgeführt werden und bilden das klassische Anwendungsgebiet. Das Basismodell bildet die Advektions-Diffusions-Gleichung, eine Anwendung ist z. B. das THD-Modell (Klug 1984):

$$\frac{\partial c}{\partial t} = -v\nabla c + \nabla\left[K_x \cdot \frac{\partial c}{\partial x} + K_y \cdot \frac{\partial c}{\partial y} + K_z \cdot \frac{\partial c}{\partial z}\right] - D_w - D_d - C + S$$

mit c - mittlere Stoffkonzentration, t – Zeit, K_x, K_y, K_z - Diffusionskoeffizienten für die drei Ausbreitungsrichtungen, v - Windvektor mit den Komponenten u, v, w, D_w - Ablagerung von trockenen Substanzen (z. B. Staub), D_d - Ablagerung durch Feuchtigkeit (z. B. Regenauswaschungen), C - Konzentrationsveränderung durch chemische Reaktionen, S - vorhandene Basiskonzentration an Schadstoffsubstanzen, ∇ - Differential- oder Nablaoperator.

Die Bestimmung des Windfeldes ist eine wesentliche Voraussetzung für die Berechnung. Es kann auf Grund meteorologischer Meßdaten, durch Windmodelle oder durch die Anwendung der Strömungsgleichungen (Navier-Stokes-, Kontinuitäts- und Gasgleichungen) unter Beachtung der Orographie der untersuchten Region ermittelt werden (Kaufmann 1994). Zur Bestimmung der Ablagerungen sowie der chemischen Reaktionen kommen in der Regel für D_w, D_d und C hochkomplexe Modellsysteme zum Einsatz, z.B. (Tesche 1992, Graziani 1994, Sydow 1997). Die Anwendung der Grundgleichungen erfolgt angepaßt an unterschiedliche Raum- und Zeitbereiche, die sogenannten *Modellscales*. Für beide Bereiche wird nach Mikroscale, Mesoscale und Makroscale unterschieden.

Eine weitere Unterteilung kann nach der Art des Lösungsansatzes der Advektions – Diffusions-Gleichung erfolgen. Eine Klassifikation entsprechend des Lösungsansatzes ist gegeben durch:

- *Modelle mit momentenreduzierter Gleichung*,
- Die Schadstoffverteilung in gewissen Ebenen, z. B. y-Richtung, wird als normalverteilt angenommen, das Windfeld ändert sich nur mit der Zeit. Dieser Ansatz reduziert den Rechenaufwand. Ein Anwendungsbeispiel ist z. B. das für Genehmigungsverfahren vorgeschriebene Verfahren TA-Luft (Beckert 1994),
- *Modelle mit Eulerschen Differenzenverfahren* (z. B. Marsal 1989),
- Bei großräumigen Gradienten kann Pseudodiffusion in der Größenordnung der physikalischen Diffusionskoeffizienten auftreten,
- *Modelle mit Lagrangescher Advektion*,
- Ein rechenzeitaufwendigerer Ansatz ohne Pseudodiffusion, aber mit möglichen Fehlern im Ankunftszeitpunkt der Schadstoffwolke,
- *Modelle mit Umverteilung der Konzentration* auf benachbarte Gitterpunkte zur Verminderung der Pseudodiffusion. Bei höherer Genauigkeit als bei Eulerschen Modellen ergeben sich aber höhere Rechenzeiten,
- *Teilchenmodelle*. Die Schadstoffkonzentration wird bestimmt durch Verfolgung von Massepartikeln auf ihrer Trajektorie. Der Rechenzeitaufwand ist

hoch. Anwendungen und vergleichende Wertung verschiedener Ansätze (Uliasz 1994).

Zur Lösung der Gleichungssysteme bei Ausbreitungsrechnungen mit komplexen Randbedingungen wird in der Regel auf Hochleistungsrechner zurückgegriffen.

b) Schadstoffausbreitung im Grundwasser

Prozesse im Boden- und Grundwasserbereich sind mit vielen Bereichen des täglichen Lebens und der Industrie direkt oder indirekt verknüpft. Von Bedeutung sind die Trinkwasserversorgung, die Braunkohlegewinnung und -verarbeitung sowie Altlasten und Deponien. So gefährden Altlasten und Deponien in zunehmendem Maße das Grundwasser, wobei wegen der großen Zeitkonstanten solcher Prozesse die schädliche Wirkung unter Umständen oft bis zu 100 Jahren später erfolgen kann (Gräber 1997). In den Boden- und Grundwasserzonen finden entweder einzeln oder getrennt physikalische, chemische und biologische Prozesse statt, die durch die oben erwähnten Faktoren massiv verändert werden können. Deshalb bilden Modelle zur Simulation dieser Prozesse eine große Rolle. Im folgenden wird schwerpunktmäßig die Modellierung und Simulation von Strömungen im Grundwasserbereich betrachtet (Wurzelzone, vadose Zone, d. i. Wurzelzone und das Aquifer). Strömungen in diesen Komponenten, zwischen ihnen und den umgebenden Komponenten werden als Grundwasserströmungen bezeichnet.

Grundwassermodellierung und -simulation ist eine rechnergestützte Methode zur mathematischen Analyse der Mechanismen und der Steuerung der Grundwassersysteme sowie der Bewertung der aktuellen und künftigen Veränderungen dieser Systeme z. B. durch den Einfluß von Förderbrunnen, von Entwässerungssystemen in Bergwerken, Baugruben, durch die Sanierung von Altlasten und Deponien sowie durch die Verschmutzung des Bodens, der Atmosphäre und von Oberflächengewässern. Für die überwiegende Mehrheit hydrologischer Prozesse lassen sich folgende Grundaufgaben angeben: Beschreibung von physikalischen (Strömung und Stofftransport im Untergrund), chemischen (Stoffaustausch und -umsetzung) und biologischen Prozessen. Die Grundgleichungen sind die des Energie- und Massenerhaltungsgesetzes sowie des Stoff- und Energietransportes. Sie bilden ein System gekoppelter partieller Differentialgleichungen (Gräber 1997). Bei der Modellbildung muß für jeden Wasserinhaltsstoff bzw. jede Stoffgruppe (bei nichtmischbaren Stoffprozessen) und für jede Phase des Mehrphasensystems „Boden" das Gleichungssystem aufgestellt werden. Das Mehrphasensystem „Boden" spiegelt die unterschiedlichen Bodenarten wider. Zu diesen Grundgleichungen kommen noch die chemischen und biologischen Reaktionsgleichungen hinzu. Das Gleichungssystem besteht somit aus einer Vielzahl gekoppelter Modellbausteine, die spezielle Systemkomponenten repräsentieren. Von Angelus (1994, 1996) wurde der Prozeß der Modellbildung, der Modellparametrisierung, der Modellvalidierung und derModellnutzung teilweise automatisiert. Entsprechend einer Zielbeschreibung (einer Modellhypothese) werden die verschiedenen Modellbausteine so zu einem Modell zusammengefügt, daß die Hypothese erfüllt wird. Dazu wird die Konstruktionsmethode der künstlichen Intelligenz zur Modellkonfiguration genutzt. Die automatisierte Prüfung von Modellhypothesen und Szenariountersuchungen ist mit diesem Ansatz möglich. Die große Bausteinvielfalt, sowie die sehr große Datenmenge (geologische, hydrologische, chemische und biologische) verlangen mindestens die Kopplung der Simulation mit einem Geoinformationssystem. Heijde (1992a) schlägt sogar den Entwurf einer spezialisierten Grundwassermodellier- und -simulationsworkstation vor. Auf diesem Konzept, erweitert um Bewertungsfunktionen, Oberflächengewässermodelle und die Kopplung mit einem Geoinformationssystem, basiert das mit vielen Modellier-, Simulations- und Visualisierungsmethoden ausgestattete System EIS/GWM (Dendrou 1995).

Zur Klassifikation der sogenannten *klassischen* Grundwassermodelle und ihrer Lösungsansätze sei auf Heijde (1992b) verwiesen. Sie haben heute einen Stand erreicht, der die Beschreibung einer Vielzahl weiterer Eigenschaften und deren Kombinationen ermöglicht. Sie werden *neue Modelle* genannt und erlauben:

- spezielle Randbedingungen (Evapotranspiration, Strömung ungesättigter Komponenten, raum- und zeitabhängiger Input/Output),
- Prozesse zur Lösung von Substanzen, zum radioaktivem Zerfall, Prozesse im chemischen Gleich- und Ungleichgewicht, (Grove 1987, Wagner 1987),
- biologische Abbauprozesse (Borden 1986),
- Mehrphasenströmungen (Schäfer 1996),
- Strömungen in Festgesteinbrüchen, in Karst.

Auf Grund der räumlichen und zeitlichen Variabilität von Grundwassersystemen bezüglich relevanter geologischer, hydrologischer und chemischer Eigenschaften, behaupten sich auch stochastische Prozeßmodelle, z. B. (Heijde 1992a).

Eine weitere Eigenschaft dieser Systeme sind fehlende oder unscharfe Daten sowie Kenntnisse über Prozesse, insbesondere über biologische Prozesse. Durch moderne Methoden wie z. B. Fuzzy-Logik und neuronale Netze kann eine Unterstützung bei der Analyse solcher Systeme (ill-defined) erfolgen. Auch zwingt die Komplexität der Gleichungssysteme zur Parallelisierung der Simulation. Hier seien einige der existierenden und nutzbaren Simulationsmodelle mit unterschiedlicher Komplexität genannt. Das Softwaresystem FEFLOW: ohne Wechselwirkungen der Inhaltsstoffe und keine Kopplung mit den Prozessen in der ungesättigten Zone (Diersch 1992, FEFLOW 1993), PHREEQE: chemisches Gleichgewicht, vielseitiger und flexibler Anwendungsbereich (Parkhurst 1980), HYDROGEOCHEM: aufwendiger physikalischer Stofftransport gekoppelt mit geochemischen Modellen (Yeh 1991). Zu dieser Gruppe gehört auch das System CoTAM (Hamer 1993). Weitere Informationen über existierende Modelle und Systeme sind erhältlich über: International Ground Water Modeling Center, Colorado School of Mines, Golden, Colorado, 80401, U.S.A. oder vom Institute of Applied Geosciences TNO, P.O. Box 6012, 2600 JA Delft, The Netherlands.

4.3 Prozeß- und Produktionssteuerung

Ein großer Teil der Probleme im Umweltbereich wird durch technische Prozesse verursacht, die die Umwelt durch Ressourcenverbrauch und Emissionen schädigen. Ansatzpunkte zur Minimierung der Umweltbelastung bilden vor allem die Steuerung und Regelung der Prozesse. Modellgestützte Verfahren können einen wesentlichen Beitrag zur umweltorientierten Prozeßoptimierung leisten (Gilles 1988, Früh 1989, Keller 1996). Der Ansatz basiert auf mathematischen Modellen, mit deren Hilfe technische Prozesse simuliert werden. Die Prozesse umfassen einzelne Verfahren, z. B. den Müllverbrennungsprozeß, die Energieversorgung eines Gebäudes bis hin zur Gestaltung ganzer Fabrikanlagen oder Industriekomplexe, die Simulation von Verkehrssystemen u. a.. Die Prozeßsimulation wird nicht nur zur Steuerung von existierenden Prozessen eingesetzt (Keller 1996), sondern auch zur Planung von neuen Prozessen und Industrieanlagen, das heißt, zu ihrer Auslegung und zur Ermittlung der Steuerstrategien (Wirth 1996). Vorrangig werden dabei umweltbezogene Kriterien (Minimierung von Schadwirkungen und Ressourcenverbrauch) in die Betrachtung einbezogen, um eine umweltverträgliche Gestaltung zu sichern (Cartledge 1993). Das erfordert eine vergleichende Analyse von Alternativen und komplexen Szenarien (z. B. Ozonverminderung). Auch schließt es Wirtschaftlichkeitsuntersuchungen über den Einsatz alternativer Energiesysteme unter Beachtung aller vor- und nachgelagerten Prozesse (Grüttner 1996) und Entwicklungen ein.

In vielen Bereichen (z. B. Verfahrenstechnik, Energieerzeugung, Verkehr) werden Prozeßmodelle auch zur Schulung des Bedienungspersonals eingesetzt. Das ist wesentlich günstiger als eine Schulung am laufenden Prozeß, da ausbildungsrelevante Situationen und damit verbundene Aktionen des Bedienungspersonals im Normalbetrieb selten auftreten. Zum anderen können Stör- und Notfälle, die in bezug auf Umweltschutz besondere Relevanz besitzen, sehr einfach trainiert werden.

Anwendungsbereiche für die Simulation von technischen Prozessen, alternativen Prozeßstrategien und Szenarien mit Umweltwirkung sind die Produktionsprozesse allgemein, die verfahrenstechnische Produktion, der Energieerzeugungsbereich, z.B. die Modelle *EFOM-ENV*, *PERSUS-IPR* für eine umweltorientierte Planung und Betriebsweise (Fichtner 1996), die Müllverbrennung (Keller 1996), die Abwasserreinigung in Kläranlagen Jungblut 1996, Kaufmann 1994, Alex 1995 mit dem allgemein akzeptierten Modell »*Sludge Model No.1*« und der gegenwärtig weiterentwickelten Version »*Activated Sludge Model No.2*«, Verkehrssysteme mit Umweltwirkung (Hilty 1996a, 1996b) und andere Prozesse. Zur Unterstützung bei der Bewertung der Umweltwirkung kann die Informatik durch geeignete Werkzeuge beitragen. Ansätze verkörpern die Systeme *EXCEPT* (Ranze 1995) und auch exupro (Müller 1996). In den Bereich der Simulation technischer Prozesse sind auch die Stoffstromanalysen (Schmidt 1995, Siestrup 1995) einzuordnen. Ein bekanntes Softwaresystem ist *UMBERTO*. Es dient zur komplexen Bewertung der

Umweltwirkung eines Produktes, ausgehend von seiner Produktion, über den Gebrauch bis hin zum Recycling, d. i. „life-cycle-analysis". Über die Gesamtheit dieser Prozesse werden die Stoffumwandlungen und die umweltrelevanten Stoffströme erfaßt und als Bewertungsgrundlage für die Prozeß- und Produktgüte genutzt. Erst ein solcher umfassender Ansatz bietet die Gewähr für eine fundierte Umweltbewertung von Produkten (Grey 1995). Allerdings sind dazu in der Regel Änderungen in bisherigen technologischen Abläufen – während der Produkt- und Produktionsplanung – notwendig, um die erforderlichen Daten zu erfassen. Weiter Arbeiten und Methoden (z. B. Fuzzy-Petri-Netze) sind in den Berichten über die jährlichen Symposien „Informatik für den Umweltschutz" zu finden.

4.4 Soziologische Aspekte in Umweltmodellen

Im Rahmen von Umweltanalysen nimmt das menschliche Leben eine besondere Stellung ein. Nicht allein die Veränderungen der Umwelt, sondern vor allem ihre Wechselwirkungen mit den Menschen und zwischen ihnen sind von erheblicher Bedeutung. Bei derartigen Untersuchungen stehen die Wechselwirkungen zwischen der Wirtschaft (Produktion, Verkehr, Landwirtschaft, Landesplanung u. a.), der Ökologie und der menschlichen Gemeinschaft mit ihren vielfältigen Aspekten (soziale Sicherheit, Konsum, Gesundheit, Mobilität, Migration, Kriminalität, Kriege u.a.) im Vordergrund. Zum Verständnis seien einige Fragestellungen aus diesem Bereich angegeben:

- Welche Auswirkung auf den Arbeitsmarkt und die wirtschaftlich-finanzielle Situation hat ein Bauverbot von Ferienwohnungen, (Grebe 1997),
- Untersuchungen zur Entscheidungsfindung in der Regionalplanung mit dem Softwaresystem RegioPlan+ (Grebe 1997),
- Welche Auswirkungen haben Umweltzerstörung und Wirtschaftsentwicklung auf länderübergreifende Migrationsprozesse (Onishi 1994)?
- Welche Auswirkung hätte eine Erhöhung des Bezinpreises auf 5,00DM/l auf die Volkswirtschaft, den Lebensstandard und die Umwelt?
- Welche Auswirkung hat die Errichtung einer Stadtautobahn auf die Umwelt, die Sozialstruktur der Bevölkerung und den Verkehr in der betroffenen Region?

Zur Beschreibung und Analyse solcher hochgradig vernetzter Systeme ist ein ganzheitlicher Ansatz notwendig. Mathematische Modelle spielen dabei eine wachsende Rolle, obwohl bis zu ihrem breiten Einsatz noch ein großer Schritt erforderlich ist. Derartige Ansätze nutzten u.a. schon Buhr (1981) und Odum (1994). Beherrschbar wird die Komplexität jedoch erst durch neuere Modellierkonzepte – modular-hierarchische oder objektorientierte Konzepte (Hill 1996). Die mathematischen Beschreibung basiert auf unterschiedlichen Ansätzen:

- *Empirische Modelle.* Z. B. das System FUGI zur Untersuchung der Wechselwirkungen zwischen CO_2-Ausstoß, Umweltzerstörung, Bevölkerungsmigration und wirtschaftlichem Wachstum in 180 Staaten der Erde (Onishi 1994).

- *System Dynamics Konzept nach Forrester.* Die klassische Methode wurde in der Vergangenheit vielfach angewandt. Sie nutzt zur Beschreibung Systeme expliziter gewöhnlicher Differentialgleichungen (Grebe 1997, Odum 1994).

- *Zellularautomaten.* Zellularautomaten bilden einen wirkungsvollen Ansatz zur Modellierung von Lebens-, Wachstums-, Besiedelungs- und Migrationsprozessen in den unterschiedlichsten Anwendungen. Ein weiteres großes Anwendungsgebiet ist auch die Modellierung von physikalischen, chemischen, soziologischen Systemen.
  Im Rahmen des *US Geological Surveys Global Change Research Program* erfolgt die Bearbeitung eines räumlichen Modells zur Beschreibung der Wechselwirkungen Mensch – Landschaft für die Unterstützung von Entscheidungen (Kirtland 1994). Es werden Topologie, Klima, Vegetation, Verkehr und Ökonomie berücksichtigt.
  Im *Buffalo Project* werden in einem räumlich differenzierten Modell die Zusammenhänge zwischen Straßenverkehr, Industrie. und Bevölkerungsentwicklung untersucht (Dibble 1996). Die für die Modelle notwendigen Daten werden aus Satellitenaufnahmen, Straßenkarten, statistischen und soziologischen Studien gewonnen.
  Eigene Untersuchungen existieren zur Bevölkerungsmigration von Rostock und dem Umland. Nach 1989 setzte eine Abwanderung aus der Stadt ein. Der Prozeß wurde durch ein einfaches Modell beschrieben und mit den wenigen Daten aus den Folgejahren validiert. Als Kriterien für die Attraktivität eines Teilgebietes dienten: Einkaufsmöglichkeiten, Einwohnerdichte und Verkehrsanbindung (Wittmann 1997).

- *Neuronale Netze und Fuzzy-Ansätze.* Untersuchungen der Wechselwirkungen zwischen Landschaft, Habitatsbesiedlung und anthropogenen Einwirkungen (Lutze, 1997).

5 Simulationssysteme – Softwarewerkzeuge zur Simulation

Es sei vorausgesetzt, daß die Simulationsexperimente mit dem Computer durchgeführt werden. Der Nutzer wird durch Simulationssysteme bei der Modellbildung, der Durchführung der Simulationsexperimente sowie der Ergebnisanalyse und -visualisierung unterstützt. Ein Simulationssystem bildet eine vollständige Arbeitsumgebung für die Problemlösung durch Modellbildung und Simulation. In allen drei Arbeitsphasen werden eine Vielzahl von Methoden zur Verfügung gestellt. Unter einer Methode sei ein programmierter Algorithmus verstanden. Dazu gehört der Simulator als Basismethode mit den Hauptaufgaben: Steuerung der Zustandsberechnung und Zeitfortschreibung einschließlich der numerischen Integrationsmethoden. Hinzu kommen allgemeine Methoden, z.B. Editoren, zur Erzeugung von Zufallszahlen, für die Durchführung von Stabilitätsanalysen, Parameterstudien, Visualisierungen, Animation, Statistik.

Während herkömmliche Simulationssoftware häufig ein monolithisches System darstellt, wird in modernen Systemen eine modulare, offene Struktur angestrebt. Für diese Systeme sind neben den seit längerem bestehenden Forderungen nach Trennung von Modell- und Experimentbeschreibung folgende Eigenschaften kennzeichnend:

- Interaktion in allen Phasen des Ablaufes der Modellbildung und Simulation,
- weitgehende graphische Unterstützung (Modellbeschreibung, Debugging - Trace, Ergebnisdarstellung und -animation),
- objektorientierte Modellbeschreibung,
- Verfügbarkeit von Modell-, Methoden-, Daten- und Experimentbanken,
- wissensbasierte Unterstützung bei der Modellerstellung, der Simulationsdurchführung, der Ergebnisinterpretation und -auswertung.

Während die ersten vier Eigenschaften sich langsam in den Systemen durchsetzen, sind zur Realisierung der letzgenannten Eigenschaft noch erhebliche Forschungsarbeiten erforderlich.

Bedingt durch die spezifischen Eigenschaften der Umweltsysteme werden immer mehr erweiterte und innovative Modellbeschreibungen eingesetzt. Sie setzen sich z.B. aus Modellkomponenten zusammen, die aus unterschiedlichen mathematischen Ansätzen bestehen. Das kann die Kopplung von Differentialgleichungen mit individuenorientierten Beschreibungen oder die Kopplung von Fuzzy-Systemen mit neuronalen Netzen (Lutze 1997) sein. Derartige Ansätze bilden ein heterogenes Modell. Werden in einer Modellbeschreibung Fuzzy-Systeme, neuronale Netze, genetische Algorithmen oder qualitative Modelle verwendet, so spricht man auch von *Softcomputing* – ein nicht sehr glücklich gewählter Begriff. Für Softcomputing und heterogene Modelle existiert in der Regel keine kommerzielle Simulationssoftware. Diese Modelle müssen durch spezielle, vom Anwender entwickelte Programme, abgearbeitet werden. Solche Simulationsprogramme heißen *spezielle Simulationssysteme*. Sie sind dadurch gekennzeichnet, daß nur ein Anwendungfall – ein spezielles reales System – mit ihrer Hilfe untersucht werden kann (z. B. die Bildung und Ausbreitung von Sommersmog in einer Stadt und dem Umland). Die Anpassung des Modells an einen Anwendungsfall ist häufig nur durch unterschiedliche Parameterangaben möglich (z. B. im System RegioPlan+ zur Analyse von Entscheidungen in der Raum- und Stadtplanung, Grebe 1997).

Simulationssysteme, mit denen eine Klasse von Systemen untersucht werden kann (z. B. alle realen Systeme, die durch gewöhnliche Differentialgleichungen beschreibar sind) heißen *allgemeine Simulationssysteme*. Mit ihnen können z. B. alle Ökosysteme untersucht werden, die durch explizite gewöhnliche Differentialgleichungssysteme beschreibbar sind. Die Art und Weise der Modellbeschreibung, das heißt, die Modellbeschreibungs- oder Simulationssprache, besitzt eine sehr große Bedeutung. Je besser und einfacher die Beschreibung eines realen Systems möglich ist, umso schneller und genauer kann das Modell erstellt werden. Der Modellierprozeß wird vereinfacht. Daraus folgt, eine universelle Modellbeschreibungs- oder Simulationssprache ist nicht sinnvoll. Eine Simulationssprache ist die

Sprache zur Beschreibung eines Modelles, die durch ein Simulationssystem bereitgestellt wird. Sie ist fest mit einem Softwaresystem verknüpft. Eine Modellbeschreibungssprache ist eine Sprache zur Modellbeschreibung, die unabhängig von einem speziellen Simulationssystem ist. Dazu gehört z. B. die mathematische Notation eines dynamischen Systems – also die Beschreibung durch mathematische Gleichungen. Es existieren jedoch auch spezielle Sprachen zur Modellbeschreibung, z. B. DYMOLA, Bondgraphen. Die Beziehung zwischen den verschiedenen Beschreibungsformen von Modellen zeigt Abb. 4.

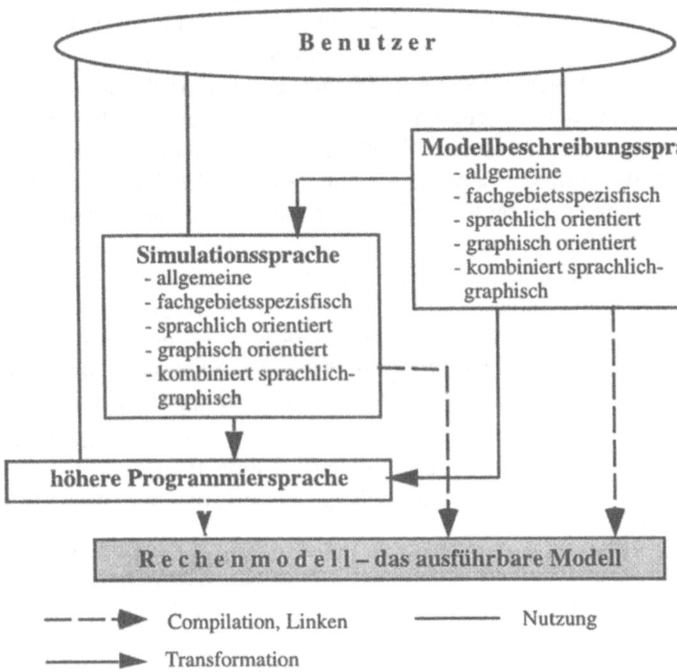

Abb. 4. Beziehungen zwischen unterschiedlichen Modellbeschreibungsformen

Von modernen Modellbeschreibungs- und Simulationssprachen sollten folgende Anforderungen erfüllt sein:

- modular-hierarchischer Modellaufbau, das heißt, objektorientierte Modellbeschreibung,
- heterogene Modellbeschreibung,
- Kombination von graphischer und sprachlicher Modellbeschreibung,
- Trennung von Modell- und Experimentbeschreibung,
- umfassende Modelldokumentationskonzepte.

In der Regel sind diese Anforderungen bei existierenden Beschreibungskonzepten und Simulationssystemen erst teilweise realisiert.

5.1 Simulationssysteme – ein kurzer Überblick

Obwohl die auf dem Markt befindlichen Simulationssprachen für kontinuierliche Systeme bezüglich ihrer Syntax im Detail differieren, sind sie überwiegend von der Continuous System Simulation Language (CSSL) abgeleitet. Sie wurde vom CSSL-Committee 1967 spezifiziert (Augustin 1967). Im besonderen bauen sie auf den Gleichungen zur Zustandsraumbeschreibung auf, das heißt, auf Systemen von expliziten gewöhnlichen Differentialgleichungen erster Ordnung: $\dot{x} = f(x,u,t)$. Mit diesem Konzept wurde 1967 ein Versuch zur Standardisierung der Simulationsmodellbeschreibung unternommen, der jedoch nicht erfolgreich war. Eine Standardisierung einer Modellbeschreibungssprache wird erst heute realisiert. Anfang 1998 war mit der Verabschiedung eines IEEE-Standards der Sprache VHDL-AMS zu rechnen (Moser 1997). Ihr Einsatz im Umweltbereich ist nach eigenen ersten Prüfungen möglich. Eine genauere Untersuchung steht noch aus. Eine wesentliche Annahme des CSSL-Konzeptes besteht darin, daß die Gleichungen nicht in der Reihenfolge ihrer Ausführung notiert werden müssen – es ist eine deklarative Beschreibung, keine exekutive. Die notwendige Sortierung ist Aufgabe des Simulationssystems. Allerdings sind Probleme bei den algebraischen Gleichungen durch das Auftreten *algebraischer Schleifen* möglich. Eine algebraische Schleife hat folgenden Aufbau: *tatara* = *f(tamtata)*, *tamtata* = *g(tatara)* Zur Berechnung wird ein sogenanntes Implizitelement eingeführt, das den Zyklus aufbricht, eine Größe vorgibt und dann solange iteriert, bis eine akzeptable Lösung gefunden wurde.

Im folgenden werden einige allgemeine Simulationssysteme und die zugehörigen Modellbeschreibungen skizziert. Aus Platzgründen wird ein einfaches Räuber–Beute-System als Modell des vorgestellten Beispielsystems genutzt (Bossel 1994), um ausschließlich die unterschiedlichen Modellbeschreibungen vorführen zu können:

$$BZU = \left(\frac{1}{KAPA}\right)(KAPA - B) \cdot 0.08 \cdot B$$

$$BAB = FRESSEN \cdot 0.002$$

$$RZU = FRESSEN \cdot 0.0004$$

$$RAB = R \cdot 0.2$$

$$\frac{dB}{dt} = BZU - BAB$$

$$\frac{dR}{dt} = RZU - RAB$$

$$FRESSEN = R \cdot B$$

$$KAPA = 1400$$

$$R_0 = 2 \quad B_0 = 2500.$$

Es werden nur Softwaresysteme vorgestellt, die für den Einsatz im Umweltbereich relevant sind. Schwerpunkte der Anwendung sind ökologische Systeme, das heißt, die mathematische Beschreibungen basieren auf gewöhnlichen Differentialgleichungssystemen.

Ithink

Das kommerzielle System Ithink oder STELLA (STELLA: eine Variante von Ithink mit gleicher Funktionalität aber einer ausführlicheren Dokumentation für den Bildungsbereich) ist ein allgemeines Simulationssystem für kombinierte Systeme. Es ist für die Simulation ökologischer Systeme sehr gut geeignet.

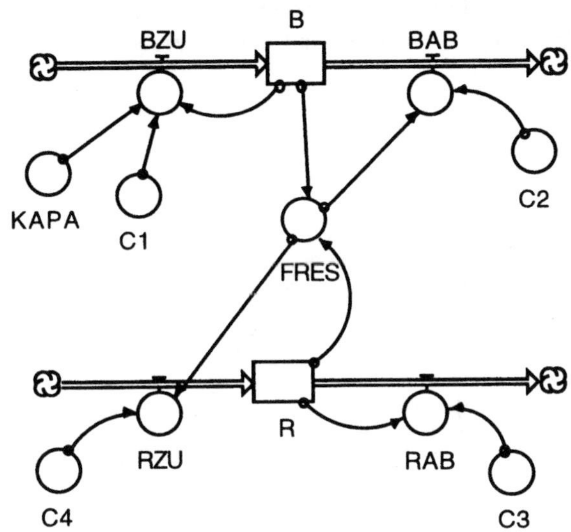

Abb. 5. Graphische Modellbeschreibung mit Ithink

Die Modellierung erfolgt top-down. Der Modellierer notiert alles, was er weiß. Noch unbekannte Komponenten werden automatisch mit einem Fragezeichen als „unfertig spezifiziert" gekennzeichnet. Zu notieren sind Konstanten, algebraische Gleichungen (Hilfsgleichungen) und die Flüsse. Entsprechend der graphischen Modellbeschreibung und den übrigen Eingaben werden die Zustandsgleichungen automatisch generiert. Sie sind in einem speziellen Fenster anzeigbar.

In Abb. 5. werden die Modellbeschreibung und in Abb. 6. das Simulationsergebnis als Phasendiagramm (R über B dargestellt) angegeben. Die graphische Beschreibung von Zustandsgleichungen durch das System Ithink basiert auf den sogenannten Forresterdiagrammen und nutzt das Gedankenkonzept „des Flusses in und aus Zuständen". Diese flußorientierte Modellvorstellung ist weit verbreitet, verständlich und mit graphischen Mitteln einfach umsetzbar. Den einzelnen graphischen Elementen sind in Abb. 5. folgende Gleichungen zugeordnet, wobei die Ausdrücke für B(t) und R(t) vom Simulationsystem automatisch erstellt werden:

```
BZU=(1/KAPA)*(KAPA-B)*C1*B;
BAB=FRES*C2;
B(t) = B(t - dt) + (BZU - BAB) * dt      INIT B = 2500;
RZU = C4*FRES;
RAB = C3*R;
R(t) = R(t - dt) + (RZU - RAB) * dt      INIT R = 2;
FRES = B*R
C1 = 0.08,   C2 = 0.002,   C3 = 0.2,   C4 = 0.0004,
KAPA = 1400
```

Nachteilig ist, daß große Modelle unübersichtlich werden, insbesondere weil keine modular-hierarchische Beschreibung möglich ist. Teilmodelle sind nicht mehrfach nutzbar. Eine Trennung von Modell- und Experimentbeschreibung existiert nicht.

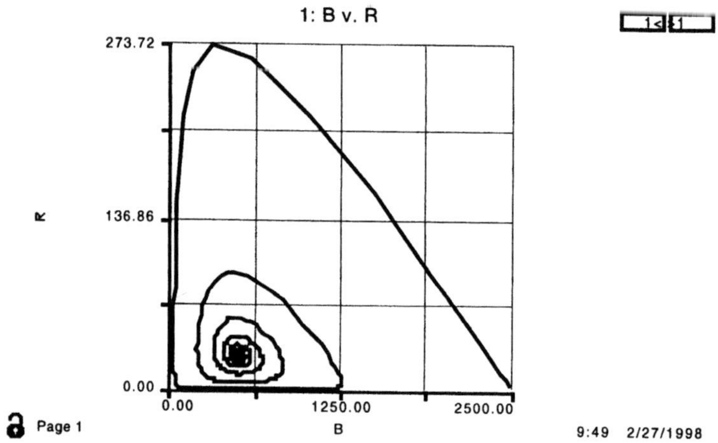

Abb. 6. Simulationsergebnis als Phasendiagramm mittels Ithink

Ithink bietet, insbesondere in seiner letzten Version 5.0, vielfältigste Unterstützungen bei der Analyse: Parametervariation, Sensitivitätsanalyse, mehrfache Experimentdurchführung, Arbeit mit Dateien, unterschiedliche graphische Ergebnisdarstellungen u.a. Allerdings ist die korrekte Modellierung von Ereignissen schwierig. Das System ist im PC-Bereich einsetzbar.

EXTEND

EXTEND ist ein kommerzielles allgemeines Simulationssystem für die Analyse kombinierter Systeme für den PC-Bereich. Es erlaubt die graphische und programmiersprachliche (Sprache ModL) Modellbeschreibung. Das Grundkonzept beruht auf der Verfügbarkeit von Modellbausteinen in einer Standardbibliothek, die zu den Nutzermodellen zusammengefügt werden. So existieren u. a. Modellbausteine zum Aufbau von Zustandsgleichungen (System Dynamics Konzept). Eigene Bibliotheken sind anschließbar, eigene Bausteine sind mit Hilfe von ModL programmierbar. EXTEND bildet damit ein offenes System mit dem modular-hierarchisch modelliert werden kann, so daß übersichtliche Modelldarstellungen entstehen. Eine Trennung von Modell- und Experimentbeschreibung existiert nicht. EXTEND ist im Umweltbereich nutzbar, z. B. für die Modellierung von ökologischen Systemen (ein Kompartiment kann ein Block sein), Transportprozessen mit Schadstoffausstoß, betriebliche Abläufe, Simulation und Steuerung von technischen Systemen. Die graphische Modellbeschreibung des Beispiels zeigt Abb. 7. Weitere Wertungen von EXTEND werden durch (Page 1997) vorgenommen.

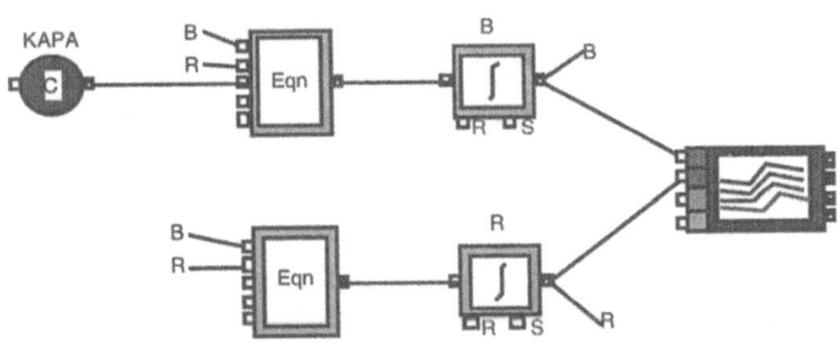

Gleichung des oberen Eqn.-Blockes:

Output = (KAPA-B) / KAPA * 0.08 * B - (0.002 * B * R)

Gleichung des unteren Eqn.-Blockes:

Output = 0.0004 * B * R - 0.2 * R

Kapazität:

KAPA = 1400

Anfangswerte:

$B_0 = 2500; R_0 = 2$

Abb. 7. Beispiel einer graphischen Strukturbeschreibung in EXTEND

ModelMaker

ModelMaker, ein allgemeines Simulationssystem (c/o CHEM Research GmbH, Frankfurt) erlaubt eine graphische Modellbeschreibung. Zustandsgleichungen und Ereignisse sind modellierbar. ModelMaker ist für die Modellierung von Ökosystemen, Wachstumsprozessen, Finanzprozessen und ähnlichen Systemen einsetzbar. Nachteilig ist jedoch die Form der Modellbeschreibung, die der gedanklichen Vorstellung eines durch Zustandsgleichungen beschriebenen Systems – dem Fluß in und aus einem Zustand – nicht entspricht. Auch eine blockorientierte Beschreibung ist nicht erkennbar. Damit existiert ausschließlich eine graphische Darstellung einer Struktur, die kein äquivalent im beschriebenen Modell besitzt. Ein Modellierer, der zuvor mit Ithink gearbeitet hat, vermißt das saubere flußorientierte Beschreibungskonzept. Er wird durch diese Form der Modellbeschreibung in keiner Weise unterstützt. Die Abb. 8. zeigt das Beispiel als ModelMaker - Modell. Die Handhabung und Funktionalität ist ansonsten vergleichbar mit Ithink und EXTEND.

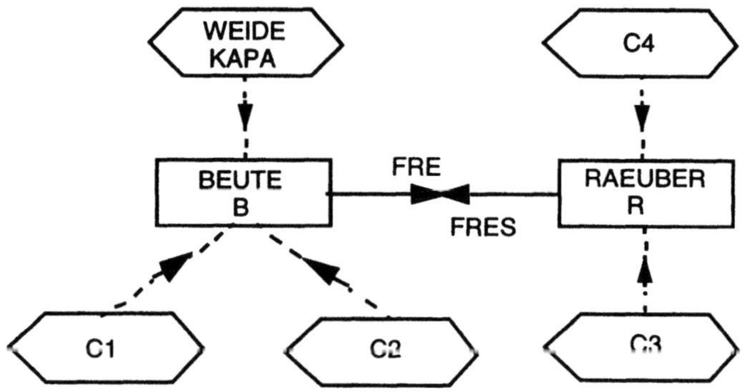

folgende Gleichungen sind den beiden Zustandsblöcken zugeordnet:

BEUTE: dB/dt = (1/KAP)*(KAP–B)*C1*B – FRE*C2 INIT = 2500
RAEUBER: dR/dt = C4*FRE – R*C3 INIT = 2

den Flüssen zwischen den Zustandsgrößen sind die Gleichungen zugeordnet:

Fluß B → R: FRE = R*B
Fluß R → B: FRES = B*R

Konstante:

C1 = 0.08 C2 = 0.002 C3 = 0.2 C4 = 0.0004
KAP = 1400

Abb. 8. Modellbeschreibung mit ModelMaker

ACSL: Advanced Continuous Simulation Language
Das kommerzielle allgemeine Simulationssystem ACSL erlaubt die Analyse von kontinuierlichen Systemen mit Ereignissen. Im Vergleich mit den drei obigen, ist es das leistungsfähigste, aber auch teuerste. Es nutzt eine sprachliche und graphische Modellbeschreibung und erlaubt eine umfassende Behandlung von Systemen gewöhnlicher Differentialgleichungen. Verfügbar sind eine Reihe von Bibliotheken und Methodenbanken, die vorwiegend für technische Systeme aber auch für Umweltuntersuchungen von Interesse sind. Dazu gehören u.a. die ACSL-BIOMED Toolbox für physiologische, pharmakologische, toxikologische und medizinische Anwendungen sowie die ACSL-OPTIMIZE Funktion zur Optimierung und Sensitivitätsanalyse. Die Einbindung von C-Code Programmen ist möglich. Einen weiten Einsatzbereich bildet die Simulation technischer Prozesse, die Steuerung und Regelung von Prozessen einschließlich der Einbindung von realen technischen Komponenten in den Simulationsvorgang, d.h. „Hardware in the Loop". Umweltfragen sind dabei einbeziehbar. Die einfache Simulationssprache

ACSL des gleichnamigen Systems erlaubt eine schnelle und übersichtliche Modellbeschreibung, ein Beispiel zeigt Abb. 9.

```
PROGRAM Hase-Fuchs
"Beschreibung: Räuber-Beute-System"
INITIAL $"-------------Anfangsinitialisierung-------------------"$
      ALGORITHM    ialg =        9   $"RKF9"
      CINTERVAL    cint =      0.2   $"Schrittweite in Wochen"
      CONSTANT     tend =   100.00   $"Zeitbegrenzung in Wochen"
      CONSTANT
      CONSTANT     HasZ =   2500.0   $"Hasenanfangswert"
      CONSTANT     FuchsZ =    2.0   $"Fuchsanfangswert"
      CONSTANT     Wb =     1400.0   $"Weidekapazitaet"
      CONSTANT     HZu =      0.08   $"Wichtung Hasenwachstum"
      CONSTANT     FAb =       0.2   $"Wichtung Respirationsverluste"
      CONSTANT     THas =   - 0.002  $"Wichtung Treffen Hase - Fuchs"
      CONSTANT     TFuchs = 0.0004   $"Wichtung Treffen Hase - Fuchs"
END $" of INITIAL"

DYNAMIC
      DERIVATIVE $"--------------Gleichungen------------------"
      Fw = Wb - Has                  $"Freie Weidekapazitaet
      Hwr = Fw/Wb*HZu*Has            $"Nettowachstumsrate der Hasen
      Vr = FAb * Fuchs               $"Respirationsverluste der Fuechse
      Treff = Has * Fuchs
      Has = INTEG (THas * Treff + Hwr, HasZ)
      Fuchs = INTEG (TFuchs * Treff - Vr, FuchsZ)

      "------------------- Abbruchkriterium------------------------"
      TERMT(T .GE. tend, 'Zeit ueberschritten')
      END $"of DERIVATIVE"
   END $"of DYNAMIC"
END $"of PROGRAM"
```

Abb. 9. ACSL-Beispielmodell

Literatur

Angelus, A. et al., 1994: Rechnergestützte Konfigurierung hydrogeologischer Modelle. Workshop: 4. Treffen des AK „Werkzeuge für Simulation und Modellbildung in Umweltanwendungen“, Halle. In: Keller, H.B., R. Grützner und A. Angelus (eds.): Wissenschaftliche Berichte, FZKA 5552, Forschungszentrum Karlsruhe. pp. 9-20.

Angelus, A., A. Kathe und I. Senf, 1996: Wissensbasierte Modellierung von Migrationsprozessen in der Hydrologie. Informatik für den Umweltschutz, 10. Symposium, Hannover, 1996. In: Lessing, H. und W. U. Lipeck (eds.): Umweltinformatik Aktuell. Metropolis Verlag, Marburg, pp. 368-376.

Augustin, D.C., M. S. Fineberg, B. B. Johnson, R. N. Linebarger, F. J. Sanson and J. C. Strauss, 1967: The SCI Continuous System Simulation Language (CSSL). Simulation **9**, 281-303.

Alex, J., 1995: Dynamische Simulation der Abwasserreinigung. Workshop des AK „Werkzeuge für Simulation und Modellbildung in Umweltanwendungen", Braunschweig, In: Keller, H.B., R. Grützner und R.; Paul, W. (eds.): Forschungszentrum Karlsruhe. pp. 27-38.

Beckert, A., 1994: Implementation und Anwendung des Berechnungverfahrens für die Schadstoffausbreitung in der Atmosphäre, den Vorschriften der TA-Luft entsprechend. Rostocker Informatik-Bericht, Vol. 15, pp. 25 -40.

Berryman, A. A., 1992: The Origins and Evolution of Predator-Prey Theory. Ecology **75**(5), 1530-1535.

Borden, R. C. and P. B. Bedient, 1986: Transport of Dissolved Hydrocarbons Influenced by Reaeration and Oxygen-Limited Biodegradation, 1. Theoretical Development. Water Resource Research **22**(13), 1973-1982.

Bossel, H., 1994: Modeling and Simulation. Vieweg, 1994.

Breckling, B. und K. Mathes, 1989: Systemmodelle in der Ökologie: individuenorientierte und kompartimentbezogene Simulation, Anwendung und Kritik. Verhandlungen der Gesellschaft für Ökologie, Osnabrück, pp. 635-646.

Buhr, W. und R. Pauck, 1981: Stadtentwicklungsmodelle - Analytische Instrumente empirisch orientierter Simulationsansätze zur Lösung von Projektions- und Planungsproblemen der Städte. Schriften zur öffentlichen Verwaltung und öffentlichen Wirtschaft, Vol. 39, Nomos Verlagsgesellschaft, Baden-Baden.

Cartledge, B., 1993: Energy and the Environment. Oxford University Press, Oxford.

Cellier, F. E., 1991: Continuous System Modeling. Springer, New York, Berlin, Heidelberg.

Dendrou, B. and S. Dendrou, 1995: Environmental Impact System for Contaminant Migration Simulations & Risk Assessment. Report of Micro-Engineering Inc., P.O. Box 1344, Annandale, VA 22003.

Dibble, C., 1996: Representing Individuals and Societies in GIS. Report of the NCGIA Initiative 19 - GIS and Society: The Social Impactions of How People, Space, and Environment Are Represented in GIS. Department of Geography, Univ. of California. email: cath@geog.ucsb.edu.

Diersch, H. J., 1992: Interactive Graphic Based Finite-Element Simulation System FEFLOW for Modeling Groundwater Flow and Contaminant Transport Processes. Report der Gesellschaft für wasserwirtschaftliche Planung und Systemforschung, Berlin.

FEFLOW, 1993: Simulationssystem für Grundwasserströmungs und Stofftransportprozesse. Computerprogramm der Gesellschaft für wasserwirtschaftliche Planung und Systemforschung, Berlin.

Fichtner, W. et al., 1996: Entwicklung eines entscheidungsunterstützenden Instrumentariums für umweltrelevante Problemstellungen bei Energieversorgungsunternehmen. Informatik für den Umweltschutz. 10. Symposium, Hannover, In: Lessing, H. und U. W. Lipeck, (eds.): Umweltinformatik Aktuell. Metropolis Verlag, Marburg, pp. 418-427.

Früh, K. F., 1989: Informationsorientierte Prozeßleittechnik für die Chemische Industrie. atp - Automatisierungstechnische Praxis **31**(7), 301-305.

Gilles, E. D., 1988: Auf dem Weg zu einer modellgestützten Prozeßleittechnik. atp - Automatisierungstechnische Praxis **30** (6 und 7), pp. 265-270 und 326-331.

Graziani, G., 1994: Survey of long range transport models. In: Zannetti, P. (ed.): Environmental Modeling. 2 Vols.: Computational Mechanics Publications. Southampton, Boston,. pp. 103-142.

Gräber, P. W., 1997: Modellierung und Simulation von Grundwasserprozessen. In: Grützner, R. (Hrsg.): Modellierung und Simulation im Umweltbereich. Vieweg, Wiesbaden, pp. 249-264.

Grebe, N., 1997: Simulation zur Entscheidungsunterstützung in der Raumplanung. Dissertation, Universität Rostock, Fachbereich Informatik.

Grey, D., 1995: Dynamische Ökobilanzen, dargestellt am Beispiel eines produktreycelten Motorenbauteiles. 9. Symposium Informatik für den Umweltschutz, Berlin, 1995. In: Kremers, H. und W. Pillmann (eds.): Umweltinformatik Aktuell. Metropolis Verlag, Marburg, pp. 811-820.

Grove, D. B. and K. G. Stollenwerk, 1987: Chemical Reactions Simulated by Groundwater Quality Models. Water Resouces Research **23**(4), 601-615.

Grüttner, F., 1996: Modellierung regionaler und lokaler Energie-Umwelt-Systeme mit vorgelagerten Prozeßketten zur Bereitstellung von nachwachsenden Energieträgern. Dissertation. Universtät Rostock, Fakultät für Ingenieurwissenschaften.

Grützner, R., A. Häuslein und B. Page, 1995: Werkzeuge für die Umweltmodellierung und -simulation. In: B. Page and M. Hilty (eds.): Umweltinformatik - Informatikmethoden für Umweltschutz und Umweltforschung. Handbuch der Informatik. Oldenbourg, München, pp. 191-218.

Haefner, J. W., 1996: Modeling Biological Systems - Principles and Applications. Chapman & Hall, New York.

Hall, A. S. C. and J. W. Day, 1977: Ecosystem Modeling in Theory and Practice. John Wiley & Sons, New York.

Hamer, K. und R. Sieger, R., 1993: Anwendung des Modells CoTAM zur Simulation von Stofftransport und geochemischen Reaktionen. Verlag Ernst & Sohn. Hannover.

Heijde, P. K. M. v. d., 1992a: Developments in Computer Technology Enhancing the Application of Groundwater Models. In: P. Melli and P. Zannetti (eds.): Environmental Modelling. Computational Mechanics Publication, Southampton, Boston, pp. 23-33.

Heijde, P. K .M. v. d., 1992b: Computer Modeling in Groundwater Protection and Remediation. In: P. Melli and P. Zannetti (eds.): Environmental Modelling. Computational Mechanics Publications. Southampton, Boston, pp. 1-21.

Hill, D. R. C., 1996: Object-Oriented Analysis and Simulation. Addision-Wesley, Reading, New York.

Hilty, L.M., 1996a: Umweltorientierte Verkehrsmodellierung. Informatik für den Umweltschutz, 10. Symposium, Hannover, 1996. In: H. Lessing und U. W. Lipeck (eds.): Umweltinformatik Aktuell. Metropolis Verlag, Marburg, pp. 18-35.

Hilty, L. M., 1996b: Verkehrsund Logistikmodellierung unter Umweltaspekten im Forschungsprojekt MOBILE. In: H. B. Keller, R. Grützner und R. Hohmann (eds.): Workshop 6. Treffen des AK »Werkzeuge für Modellbildung und Simulation für Umweltanwendungen«. Magdeburg,. Forschungszentrum Karlsruhe. FZKA 5829.

Jørgensen, S. E., 1992: Recent and Future Development in Environmental Modelling. in: P. Melli and P. Zannetti (eds.): Environmental Modelling. Computational Mechanics Publications, Southampton, pp. 351-372.

Jungblut, J. et al., 1996: Simulation eines komplexen biologischen Abwasserreinigungsverfahrens. 10. Symposium Simulationstechnik, ASIM'96, Dresden. In: Krug, W (ed.): Fortschritte in der Simulationstechnik. Vieweg, Braunschweig, pp. 393-398.

Kaufmann, P. and R. O. Weber, 1992: Cluster Analysis of Wind Fields in Complex Terrain. In: J. M. Baldasano et al. (eds.): Pollution Control and Monitoring. Air Pollution II. Computational Mechanics Publications. Southampton, Boston, pp. 253-260.

Keller, H. B., B Müller und T. Weinberger, 1996: Maschinelle Modellierung im Umweltbereich am Beispiel der thermischen Abfallbehandlung. Informatik für den Umweltschutz, 10. Symposium, Hannover, 1996. In: H. Lessing und U. W. Lipeck (eds.): Umweltinformatik Aktuell. Metropolis Verlag. Marburg, pp. 377-386.

Kirtland, D., L. Gaydos, K. Clarke, L. De Cola, W. Acevedo and C. Bell, C., 1994: An Analysis of Human-Induced Land Transformations in the San Francisco Bay/Sacramento Area. World Resource Review **6**: 206-217.

Klug, W., 1984: A Comparison between four different Interregional Air Pollution Models. NATO Berichte 1555. Springer, Berlin.

Lorek, H. und M. Sonnenschein,1995: Using Parallel Computers to Simulate Individual-Oriented Models in Ecology: A Case Study. Modelling and Simulation - ESM, 1995. SCS-Publication, pp. 526-531.

Lutze, G. und R. Wieland, 1997: Fuzzy in der Landschaftsmodellierung. In: Grützner, R. (ed.): Modellierung und Simulation im Umweltbereich. Fortschritte in der Simulationstechnik. Vieweg, Wiesbaden, pp. 233-248.

Marsal, D., 1989: Finite Differenzen und Elemente. Springer, Berlin.

Millonas, M. M., 1993: Cooperative Phenomena in Swarms. In: N. Boccara et al. (eds.): Cellular Automata and Cooperative Systems. pp. 507-518.

Moser, E., 1997: VHDL-AMS as a Unified Modelling Language for Discrete and Continuous Systems – Status Report. In: A. Kuhn und S. Wenzel, S. (eds.): Simulationstechnik. 11. Symposium Fortschritte in der Simulationstechnik. Vieweg, Wiesbaden, pp. 201-206.

Müller, M. und K. C. Ranze, 1996: exupro: Konzeption eines Systems zur ökologischen Bewertung alternativer Produktionspläne. 10. Symposium Informatik für den Umweltschutz, Hannover, 1996. In: H. Lessing und U. W. Lipeck (eds.): Umweltinformatik Aktuell. Metropolis Verlag, Marburg, pp. 428-438.

Odum, H. T., 1994: Ecological and General Systems - An Introduction to Systems Ecology. Colorado University Press, Colorado.

Onishi, A., 1993: FUGI Global Model 7.0 - A New Frontier Science of Global Economic Modelling. Economic & Financial Computing, 3(1), 3-67.

Onishi, A., 1994: Global Model Simulation: A New Frontier of Economics and Systems Science. Soka University, Institute for System Science, Hachiojishi, Tokyo, pp.: 1-251.

Page, B. et al., 1997: Ein Anwendungsvergleich ausgewählter graphischer Modellierungswerkzeuge in der Expositionsanalyse von Chemikalien in der Umwelt. In: R. Grützner (ed.): Modellierung und Simulation im Umweltbereich. Fortschritte in der Simulationstechnik. Vieweg, Wiesbaden, pp. 147-172.

Parkhurst, D. L., D. C. Thorstenson and L. N. Plummer, 1980: PHREEQE - computer program for geochemical calculation. Report of U. S. Geological Survey, Water Resources Invest. Report 210.

Pretzsch, H., 1992: Konzeption und Konstruktion von Wuchsmodellen für Rein- und Mischbestände. Ludwig-Maximilians-Universität München, Lehrstuhl für Waldwachstumskunde. Forstliche Forschungsberichte München, Nr. 115.

Ranze, K. C.1995: Erweiterung des Expertensystems EXCEPT durch unscharfe Modellierung. In: H. B. Keller, R. Grützner und W. Paul (eds.): Workshop 5. Treffen des AK »Werkzeuge für Simulation und Modellbildung in Umweltanwendungen«, Braunschweig. Forschungszentrum Karlsruhe, Forschungsberichte FZKA 5622, pp. 51-60.

Rauch, H., 1985: Modelle der Wirklichkeit – Simulation dynamischer Systeme mit dem Microcomputer. Heise Verlag, Hannover.

Schäfer, G., R. Helmig und P. Le Thiez, P., 1996: Vergleich numerischer Mehrphasenströmungsmodelle zur Simulation von NAPL - Migrationsvorgänge in porösen Medien. 10. Symposium Simulationstechnik, Dresden, 1996. In: W. Krug (ed.): Fortschritte in der Simulationstechnik. Vieweg Verlag, Wiesbaden, pp. 350-355.

Siestrup, G., A. Tuma und H. D. Haasis, 1995: Stoffstrommanagment in verteilten Produktionssystemen. 9. Symposium Informatik für den Umweltschutz, Berlin. In: H. Kremers und W. Pillmann (eds.): Umweltinformatik Aktuell. Metropolis Verlag, Marburg , pp. 821-828.

Schmidt, M. und A. Schorb, 1995: Stoffstromanalysen in Ökobilanzen und Öko-Audits. Springer, Berlin, Heidelberg, New York.

Steinberg, C. et al., 1995: Ökotoxikologische Testverfahren. Handbuch des Umweltschutzes 79, Erg.Lfg. 6/95; Chemie und Umwelt II-3.: Ecomed Verlag, Landsberg.

Straškraba, M., 1995: Cybernetic Theory of Ecosystems. In: A. Gnauck, A. Frischmuth und A. Kraft (eds.): Ökosysteme: Modellierung und Simulation. Eberhard Blottner Verlag, Taunusstein, pp. 31-52.

Straškraba, M. und A. Gnauck, 1983: Aquatische Ökosysteme – Modellierung und Simulation. Fischer, Jena.

Sydow, A., 1986: Models and Multicriterial Control of Complex Environmental Systems. In: Proceedings of the 2nd European Simulation Congress. Antwerpen, pp. 14-16.

Sydow, A., T. Lux, P. Mieth, M. Schmidt and S. Unger, 1997: The DYMOS Model System for the Analysis and Simulation of Regional Air Pollution. In: R. Grützner (Hrsg.), 1997: Modellierung und Simulation im Umweltbereich. Vieweg, Wiesbaden, pp. 209-221.

Tesche, T. W., 1992: Application of Photochemical Models. in: P. Melli and P. Zannetti (eds.): Environmental Modelling. Computational Mechanics Publications, Southampton, Boston, pp. 88-118.

Uchmanski, J. and V. Grimm, 1995: Individual-Based Modelling: A New Approach to Description of Ecological Systems. In: A. Gnauck, A. Frischmuth und A. Kraft (eds.): Ökosysteme: Modellierung und Simulation. Eberhard Blottner Verlag, Taunusstein, pp. 93-108.

Uliasz, M., 1994: Lagrangian particle dispersion modeling in mesoscale applications. in: P.Zannetti (ed.): Environmental Modeling. Computational Mechanics Publications. Southampton, Boston, pp. 71-101.

Wagner, B. J.and S. M. Gorelick, 1987: Optimal Groundwater Quality Managment under Parameter Uncertainty. Water Resources Research **23**(7), 1162-1174.

Wirth, S. und A. Kobylka, 1996: Effiziente Simulation in der Fabrikplanung durch adaptive Kopplung von Planungstools. 10.Symposium Simulationstechnik ASIM'96, Dresden. In: W. Krug (ed.): Fortschritte in der Simulationstechnik.: Vieweg, Wiesbaden, pp. 101-106.

Wissel, C.; T. Stephan, T. and S. H. Zaschke, 1990: Modelling Extinction and Survival of Small Populations. In: Remmert, H. (ed.): Minimal Animal Populations. Springer, Berlin, pp. 67-103.

Wissel, C. und S. H. Zaschke, 1993: Ein Modell zu Überlebenschancen von Kleinpopulationen. Verhandlungen der Gesellschaft für Ökologie. Fischer, Jena.

Wittmann, J., 1997: Ein Modell zur regionalen Besiedelungsdynamik auf der Basis eines zellularen Automaten. Umweltinformatik'97; 11. Internationales Symposium der GI, Strasbourg, 1997. In: W. Geiger et al. (eds.): Umweltinformatik Aktuell. Metropolis Verlag, Marburg, pp. 588-597.

Wolff, W. F.: Individuenorientierte Modelle für Watvögelkolonien in den Everglades: In: A. Gnauck, A. Frischmuth und A. Kraft (eds.): Ökosysteme: Modellierung und Simulation. Eberhard Blottner Verlag, Taunusstein, pp. 205-243.

Wüsteneck, K. D., 1963: Zur philosophischen Verallgemeinerung und Bestimmung des Modellbegriffes. Deutsche Zeitschrift für Philosophie, Heft 12.

Yeh, G. T. and V. S. Tripathi, 1991: A Model for Simulating Transport of Reactive Multispecies Components: Model Development and Demonstration. Water Resources Research **27**(12), 3075-3095.

Variabilität von ökologischen Prozessen - Validität von ökologischen Modellen

Alfred Schultz

Zentrum für Agrarlandschafts-und Landnutzungsforschung e.V., Institut für Landschaftsmodellierung
Eberswalder Str. 84, D-15374 Müncheberg

Zusammenfassung Der Beitrag beleuchtet die Bedeutung der Variabilität von ökologischen Prozessen für die Validität von ökologischen Modellen. Der Begriff der Validität von ökologischen Modellen wird diskutiert und in seiner offensichtlichen Abhängigkeit von Problemstellung, Datenlage und Kontext des Modells behandelt. Unterschiedliche potentielle Fehlerquellen seitens des betrachteten realen Systems und seitens des verfolgten Modellierungsansatzes werden dargestellt. Die möglichen Auswirkungen der zeitliche Variabilität und der räumlichen Heterogenität von ökologischen Messungen und Beobachtungen auf die Validität von ökologischen Modellen - repräsentiert durch Modelltriebkräfte, Modellzustandsvariable und Modellparameter - werden anhand von Beispielen dargestellt. Insgesamt wird für eine problembezogene und inhaltliche, heuristische Sicht bezüglich der Validität eines ökologischen Modells plädiert. Der Beitrag schließt mit Schlußfolgerungen für die Entwicklung und Validation von raumbezogenen Simulationsmodellen.

Schlüsselwörter. Agroökosystem, Modell, Validation, Validität, Zustandsvariable, Variabilität, Agrarlandschaft, Modellparameter, Modellgüte, Simulation, neuronales Netz, Geostatistik

1 Einleitung

Die intensivere Reflexion ökologischer Probleme im öffentlichen Bewußtsein und die vielen Innovationen in der Computerhard- und -software in den vergangenen Jahren haben zur Entwicklung zahlreicher ökologisch orientierter Simulationsmodelle geführt. Einschlägige Modellregister wie zum Beispiel das CAMASE-Register für Agroökosystemmodelle (CAMASE 1998) und das noch umfangreichere Register der Universität-Gesamthochschule Kassel für allgemeine ökologische Modelle (REM 1998) verzeichnen Hunderte von Einträgen. Begleitet wird diese schon von Biswas (1978) in einer Buchbesprechung ironisch vorhergesagte zahlenmäßig exponentielle Zunahme von Modellen durch eine größere inhaltliche

Detailliertheit und gewachsene zeitliche und räumliche Bezugsrahmen. Die Mehrheit dieser Modelle sind allerdings Entwicklungen im wissenschaftlichen Bereich. Nur wenige Anwendungen sind bis jetzt mit wirklichen praktischen Auswirkungen verbunden. Ein Grund dafür ist sicher in der Komplexität und Unübersichtlichkeit vieler Modelle zu suchen, die Entscheidungsmacher davon abhält, Modelloutputs zu vertrauen und sie zu nutzen. Erfahrungen zeigen, daß gerade im biologisch-ökologischen Bereich der zu große Umfang und die mangelnde Transparenz von Modellen nachteilig wirken, weil sie derzeit offenbar noch mit den verbreiteten, sehr praktisch orientierten Arbeitstechniken dieser Fachgebiete kollidieren. Der potentielle Nutzen von Modellen ist auch für den biologisch-ökologischen Bereich unstrittig. Wie sie jedoch konkret beschaffen sein sollten, ist Gegenstand der Diskussion. So fragt beispielsweise Sharov (1996) bezogen auf forstliche Schaderregermodelle: "Sollen wir fortfahren mit der Erarbeitung dieser 'Monster', oder ist es besser, zu einfacheren Modellen zurückzukehren?" Für viele Fragestellungen besteht in der Tat kein Zwang, riesig große Modelle zu entwikkeln oder sich auf einen Modelltyp festzulegen. Offenbar können sehr unterschiedliche Modellansätze zu sehr ähnlichen Modellaussagen bezüglich einer begrenzten Frage führen. Das zeigen z. B. Refsgard und Knudsen (1996) in einer Validationsstudie, in der sie einen konzeptionellen, einen physikalisch basierten und einen gemischten Ansatz vergleichen, für hydrologische Modelle sowie Schultz (1997), der algorithmische Ansätze und neuronale Netze, für ausgewählte Prozesse in Agroökosystemen vergleicht. Obwohl es paradox erscheint, ist es nicht so, daß gute Vorhersagen ausschließlich mit einem Modell erzielt werden können, das mechanistisch korrekt ist (Rykiel 1996). Ebenso richtig ist, daß auch vermeintlich mechanistisch korrekte Modelle falsche Vorhersagen liefern können. Validität eines Modells und Validität von Modellvorhersagen bzw. –schlußfolgerungen sind deshalb nicht unbedingt dasselbe. Daß das so ist, hängt vor allem mit der natürlichen Variabilität, der räumlichen Heterogenität, der Dynamik sowie der eingeschränkten Beobachtbarkeit ökologischer Prozesse zusammen.

Ziel der vorliegenden Arbeit ist es, das Spannungsverhältnis zwischen Variabilität ökologischer Prozesse und der Validität von ökologischen Modellen darzustellen und dabei vor allem die potentiellen Unsicherheitsquellen von biologisch-ökologisch orientierten Simulationsmodellen in ihrer Bedeutung für die Wahl geeigneter Modellansätze und sinnvoller Validitätskriterien näher zu charakterisieren. Die Schlußfolgerungen orientieren sich besonders an raumbezogenen ökologischen Simulationsmodellen.

2 Modellentwicklung und Validation

2.1 Modellvalidität und Modellvalidation

Unter dem summarischen Begriff Validität eines Simulationsmodells wird allgemein die Fähigkeit verstanden, das mögliche Verhalten eines realen Systems nachzubilden bzw. zu berechnen - ausgedrückt durch spezielle Maßzahlen oder andere Gütekriterien. Die mit dem Nachweis dieser Fähigkeit verbundenen Maßnahmen werden als Validation bezeichnet. Zu inhaltlichen Aspekten von Validation und Validität gibt es zwar mittlerweile ein sehr voluminöses Schrifttum, aber keineswegs eine allgemein akzeptierte und operationalisierte Auffassung. Was Validität und Validation letztlich praktisch beinhalten, hängt in nicht geringem Maß auch von der modellphilosophischen Sicht der Modellentwickler ab. Es fällt immer wieder auf, daß die Notwendigkeit von sorgfältigen Modellvalidationen beschworen, aber am Ende jedoch oft nur ein visueller Vergleich von Modelloutputs mit Beobachtungsdaten angestellt wird. Daran hat sich in den letzten Jahren wenig geändert. Eine ausführliche Diskussion begrifflicher Inhalte und praktischer Arbeitstechniken findet man in der neueren Literatur bei Rykiel (1996).

Es ist offensichtlich, daß Validität eine relative Modelleigenschaft ist, das heißt, sich immer auf konkrete Einschränkungen hinsichtlich Problemstellung, Datenquellen, inhaltlichen Kontext sowie räumliche und zeitliche Skale bezieht. Insofern ist der Begriff Validität auch semantisch durchaus richtig gewählt, als er Gültigkeit bedeutet und nicht Wahrheit. Weiterhin ist unstrittig, daß aposteriori-Erklärungen immer einfacher sind als apriori-Vorhersagen. Diese Diskrepanz läßt sich desto mehr verkleinern, je sicherer man sein kann, allgemeine Ursache-Wirkung-Beziehungen darzustellen und nicht spezielle Beobachtungsdaten zu beschreiben. Das trifft nicht nur für offensichtlich beschreibende Ansätze wie Regressionsmodelle oder neuronale Netze, sondern auch für analytisch-mechanistische Modelle zu. Es ist ein deshalb ein Trugschluß anzunehmen, daß die Validationsprobleme bei mechanistischen Modellen grundlegend einfacher wären, weil ja Ursache-Wirkung-Beziehungen dargestellt sind. Auch hier spielen konkrete Datenquellen, Kontext und Skalen eine wesentliche Rolle. Jedes Modell beruht überdies auf empirischen Annahmen und gerade die sehr komplexen analytischen Modelle enthalten oftmals zahlreiche Parameter, deren numerische Ausprägungen wiederum auf der Grundlage empirischer Daten geschätzt werden müssen. Die oft formulierte Forderung, die Spannweite der möglichen Situationen sowohl bei der Parameterschätzung zu berücksichtigen, um zu möglichst robusten Modellen zu gelangen, als auch bei der Validation, um die erforderliche Validationskonsistenz zu gewährleisten, ist im Grunde unrealistisch, weil die Grenzbereiche von Modellinputs und Parametern selten durch reale Messungen oder Beobachtungen abgedeckt werden können.

2.2 Modellvalidität und Problemstellung

Modellvalidität ist unmittelbar mit der Problemstellung verbunden, zu deren Lösung das Simulationsmodell beitragen soll. Welcher Aufwand bei der Validation von ökologischen Modellen zu leisten und welche Genauigkeit möglich ist, läßt sich deshalb nicht allgemeingültig beantworten. Angesichts des derzeitigen Erkenntnisstandes ist es offensichtlich so, daß bestimmte ökologische Sachverhalte gut analysierbar und modellierbar sind, während sich andere einer geeigneten formalen Beschreibung bislang eher entziehen. So ist es beispielsweise einfacher, lokal begrenzte Agroökosystemprozesse wie den Bodenfeuchteverlauf oder das Biomassewachstum unter landwirtschaftlichen Nutzflächen zu modellieren, als das räumlich explizite Auftreten und die mengenmäßige Verbreitung mobiler biotischer Komponenten wie Säugetiere. Selbst in ein und demselben Modell werden unterschiedliche Zustandsvariablen bei Vergleichen von simulierten mit Meß- oder Beobachtungswerten oftmals unterschiedlich genau getroffen, das heißt, für eine Problemstellung eignet sich ein Modell, für eine andere nicht. Deshalb muß auch zwischen der Validität eines Modells für eine spezielle Systemeigenschaft und einer universellen Validität unterschieden werden.

Was Validität konkret bedeutet, hängt sehr von der beabsichtigten Nutzung ab. Bei Modellen für die operationale Anwendung (Steuerung, Entscheidungsunterstützung) ist ein grundsätzlich anderes Vorgehen angebracht als bei Modellen mit rein wissenschaftlicher Ausrichtung (Wissensdokumentation und Wissenssynthese). Im Falle von Modellen für praktische Anwendungen ist Validation vor allem ein Schätz- bzw. Genauigkeitsproblem, bei dem Zuverlässigkeit und Robustheit eine Rolle spielen. Hier sind Vergleichsdaten unbedingt nötig. Bei wissenschaftlichen Anwendungen ist Validation eher ein Testproblem, bei dem das Modell als komplexe Hypothese aufgefaßt werden kann. Hier kann, wenn allein der wissensaggregierende Aspekt von Bedeutung ist, sogar gänzlich auf Vergleichsdaten verzichtet werden.

2.3 Modellvalidität und Daten

Messungen und Beobachtungen von Zustandsvariablen im Realsystem dienen sowohl als Basis für die Schätzung von Parametern in Prozeßgleichungen, als Startwerte für Simulationsrechnungen, als auch als Vergleichswerte für die Modellvalidation. Die Forderung nach Repräsentativität oder Allgemeingültigkeit der Daten für Modellentwicklung und -validation ist in der Regel nicht erfüllbar. In kaum einem anderen Sachbereich herrscht ein vergleichbar großes Maß an natürlicher Variabilität und räumlicher Heterogenität einerseits sowie an durch Subjektivität bei der Anlage und Realisierung von Meß- oder Beobachtungsprogrammen induzierter Variabilität andererseits. Die durch Messungen und Beobachtungen von ökologischen Prozessen gewonnenen Daten haben deshalb nur eine relative Genauigkeit und weisen immer eine bestimmte Streuung auf. Bei Parameteradaptationen und Validationsuntersuchungen wird oft vernachlässigt, daß nicht nur das Modell einen gewissen Fehler hervorruft, sondern daß die Vergleichsdaten selbst auch fehlerbehaftet sind. Deshalb sind punktscharfe Vorhersagen von deutlich geringerer Aussagekraft als Intervallvorhersagen. Ziel sollte deshalb sein, möglichst große Überlappungsbereiche zwischen den Konfidenzintervallen der Vergleichsdaten und den Fehlerintervallen der Modelle zu erzielen, wobei der Idealzustand identischer Intervalle praktisch sicher nicht zu realisieren ist.

2.4 Modellvalidität und Kontext

Alle ökologischen Modelle stehen für bestimmte sachliche, räumliche und zeitliche Zusammenhänge. Sie sind also in gewisser Weise spezifisch, weil diese Zusammenhänge als explizite oder implizite Randbedingungen fungieren, und sie sind deshalb auch nicht uneingeschränkt verallgemeinerbar. Zahlreiche Untersuchungen zur Übertragbarkeit von Modellen belegen, daß eine Anwendung von Modellen in einem anderen sachlichen, räumlichen oder zeitlichen Zusammenhang selten konfliktfrei erfolgen kann.

Bei Modellierungen im ökologisch-biologischen Bereich gibt es oft Unterschiede zwischen den räumlichen und zeitlichen Skalen, auf denen Prozesse tatsächlich ablaufen, auf denen sie praktisch beobachtet werden können und für die sie im Sinne der Problemstellung modelliert werden. Daten bzw. Informationen können oft nicht in dem räumlichen oder zeitlichen Zusammenhang ermittelt werden, für den sie eigentlich benötigt werden. Abb. 1 soll verdeutlichen, daß diese "Skalenverschiebungen" oder "Skalensprünge" in jeweils beide Richtungen auftreten können. Es gibt Situationen und Ansätze, bei denen von lokalen Detailbeobachtungen und detailliertem Prozeßwissen auf globales Verhalten geschlossen werden soll, und es gibt ebenso Situationen und Ansätze, bei denen aus aggregierten Beobachtungen detaillierte Mechanismen und individuelles Verhalten rekonstruiert werden sollen. Das bedeutet, daß die Validität eines Modells zwar in erster Linie vom Modellierungsziel, aber auch vom räumlichen und zeitlichen Bezug des Modells abhängt. Ein unterschiedlich aggregiertes Prozeßverständnis muß deshalb zwangsweise zu unterschiedlichen Validitätskriterien auf unterschiedlichen räumlichen und zeitlichen Skalen führen.

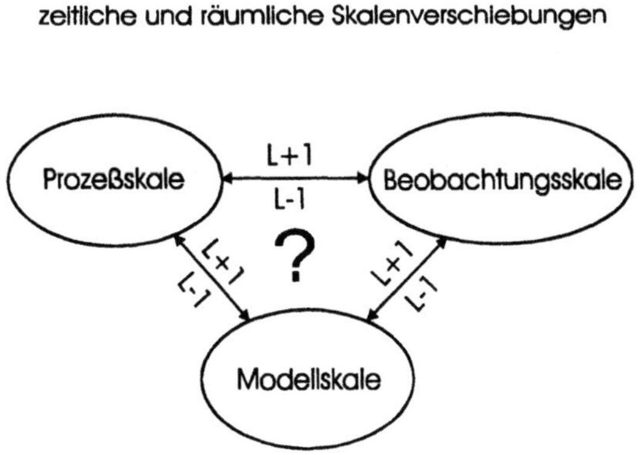

Abb. 1. Zeitliche und räumliche Skalenverschiebungen

Ein herausgehobenes Problem für die Validität von ökologischen Modellen stellt der Fall dar, wenn die Modelle nicht vordergründig für die Situationsanalyse in einem fixierten räumlichen und zeitlichen Kontext, sondern für Vorhersagen des zukünftigen Verhaltens unter unbekannten Bedingungen genutzt werden sollen, dar. Ökologische Systeme sind u. a. durch ihre Entwicklungsfähigkeit und ihre Fähigkeit zur Selbstorganisation und Selbstadaptation charakterisiert, was dazu führen kann, daß insbesondere der Informationsgehalt von Beobachtungswissen mit der Zeit an Wert verliert. Das bedeutet, daß aus der aktuellen Validität eines Modells nicht mit Sicherheit auf ein ebensolches Verhalten in einem veränderten zeitlichen Kontext extrapoliert werden kann (Power 1993). Mit diesem Problem sind beispielsweise Modelle zum Studium der Auswirkungen von Klimaveränderungen konfrontiert.

3 Variabilität von ökologischen Beobachtungen - Fehlerquellen von Modellen

Validität von ökologischen Modellen im Sinne von Genauigkeit wird durch unterschiedliche Fehlerquellen beeinflußt. Von der Seite des zu modellierenden Prozesses wirken vor allem die natürliche räumliche Heterogenität und die zeitliche Variabilität von ökologischen Zustandsvariablen sowie systematische und zufällige Meß- und Beobachtungsfehler. Im mathematisch-statistischen Sinn sind gemessene oder beobachtete ökologische Zustandsvariablen oft verzerrt und weisen eine hohe Fehlervarianz auf. Von der Seite des Modells wirken vor allem der konkret gewählte Modellansatz und die benutzten mathematisch-kybernetischen Verfahren (Algorithmen, adaptierte Parameter, numerische Verfahren). Es ist erst einmal nicht zu erwarten, daß ein Modell genauer ist als die Daten, die für die Modellentwicklung und -anwendung benutzt werden. Da die Effekte einzelner Fehlerquellen aufgrund von Kombinationswirkungen nachträglich nur schwer separierbar sind, ist es wichtig, über ein möglichst genaues Bild einzelner Fehlerbeiträge zu verfügen. Im folgenden soll an einigen Beispielen dargestellt werden, welche Unsicherheiten durch Modelltriebkräfte, gemessene Zustandsvariablen des realen Systems und Modellparameter in ein Modell eingebracht werden können.

3.1 Variabilität von Modelltriebkräften

Als Triebkräfte werden hier solche zeitlich und räumlich veränderlichen Variablen bezeichnet, die von außen auf das zu modellierende System einwirken ohne selbst vom System beeinflußt zu werden (z. B. Witterungselemente wie Niederschlag, Temperatur, Strahlung). Von 1993 bis 1996 wurden an 9 verschiedenen Meßpunkten in einem kleinen Ausschnitt der Agrarlandschaft Chorin (15 km ×10 km) bis auf 1996 jeweils in der Hauptvegetationszeit vom 01.04. bis 30.09. Niederschlagsmessungen durchgeführt, um die Variabilität dieser für Pflanzenstreß- und

Wasserhaushaltsberechnungen außerordentlich wichtigen Größe abschätzen zu können. Abb. 2 gibt einen Überblick über die Lage der Meßpunkte.

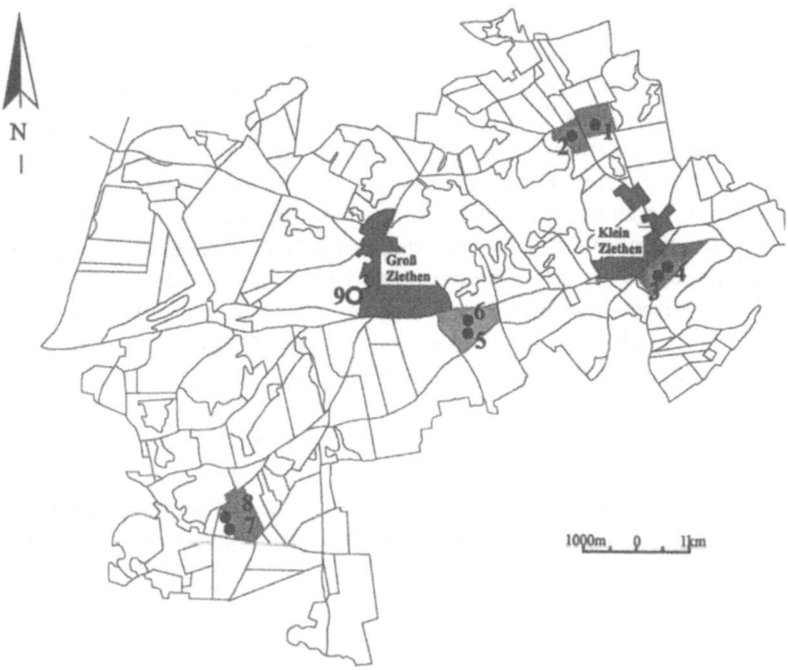

Abb. 2. Lage der Niederschlagsmeßstellen in der Agrarlandschaft Chorin

Tabelle 1 enthält die gemessenen Niederschlagssummen in den jährlichen Beobachtungszeiträumen. An Meßstelle 9 wurde der Niederschlag mit einer automatischen Kleinwetterstation, an den Meßstellen 1 bis 8 mit Hellmann-Niederschlagsmessern erfaßt. Das heißt, die gemessenen Unterschiede in den Niederschlagssummen resultieren aus lokalen Unterschieden, sind bezüglich Meßpunkt 9 jedoch auch im Meßverfahren begründet.

Tabelle 1. Gemessene Niederschläge [mm] an 9 Meßstellen in der Agrarlandschaft Chorin

Meßstelle/ Meßzeitraum	**MS1**	**MS2**	**MS3**	**MS4**	**MS5**	**MS6**	**MS7**	**MS8**	**MS9**
1.4.-30.9.1993	317.6	321.3	291.1	294.4	283.6	306.6	300.4	303.8	-
1.4.-30.9.1994	303.7	303.8	295.9	287.1	293.6	304.4	-	-	347.6
1.4.-30.9.1995	391.9	396.7	399.1	376.7	388.8	379.4	373.5	379.9	403.9
29.4.-28.10.1996	377.9	387.6	401.9	386.2	363.0	381.5	319.6	323.4	391.5

Die maximalen Differenzen zwischen dem kleinsten und größten Wert innerhalb der Meßpunkte 1 bis 8 betragen in der Reihenfolge der Jahre 37.7 mm, 17.3 mm, 25.6 mm und 82.3 mm. Das entspricht relativen Unterschieden bezogen auf den jeweils kleineren Wert von 13.3 %, 6.0 %, 6.9 % und 25.8 %. Im Vergleich zu Meßpunkt 9 ergeben sich von 1994 bis 1996 Unterschiede von maximal 60.5 mm, 30.4 mm bzw. 10.4 mm. Diese entsprechen relativen Unterschieden von 21.0 %, 8.1 % bzw. 2.7 %. Es ist anzunehmen, daß sich diese Variabilität in einem Simulationsmodell, das im wesentlichen auf Niederschlagsinputs beruht, bis zum Modelloutput fortschreiben würde. Bei simulierten Bilanzgrößen für einen Landschaftsausschnitt bzw. ein Gebiet, die auf einer von diesen als repräsentativ aufgefaßten Meßreihe beruhen, wären dann auch - egal ob tatsächlicher Unterschied, verfahrensbedingter oder subjektiv beeinflußter Meßfehler - Fehler in vergleichbarer Größenordnung zu erwarten. Niederschlag ist zweifelsfrei eine der Triebkraftvariablen, die kleinräumig am meisten variiert. Die Annahme jedoch, daß durch den Einfluß der Triebkräfte eine Variabilität in den Outputs des ökologischen Modells von bis zu 20 % erzeugt wird, erscheint dennoch durchaus realistisch.

3.2 Variabilität von ökologischen Zustandsvariablen

Als Zustandsvariablen werden solche systeminternen, zeitlich und räumlich veränderlichen Variablen bezeichnet, deren konkrete Ausprägungen das zu modellierende System charakterisieren (z. B. Wasser- und Nährstoffgehalte, Artenzahlen, Individuendichten).

Auf standörtlich homogen kartierten Ackerflächen (Versuchsstation Hohenfinow) wurden von 1993 bis 1997 im Frühjahr und nach der Ernte im Spätsommer Beprobungen hinsichtlich Bodenfeuchte und mineralischem Stickstoff unter Winterweizenflächen in der Bodenschicht 0 - 90 cm durchgeführt, um die kleinräumige Heterogenität solcher Messungen zu untersuchen. Die Probenahme erfolgte in einem Quadrat mit 10 m Kantenlänge und jeweils 4 Einstichen im 10 cm Abstand um jeden Eckpunkt und um den Diagonalenschnittpunkt des Quadrates. Abb. 3 summiert die Meßergebnisse für die Bodenfeuchte aus jeweils 20 Wiederholungen zu verschiedenen Terminen in der Schicht 0 - 90 cm in einem Box-Plot.

Die Variabilitäten der Messungen resultieren zum überwiegenden Teil aus den vorhandenen Unterschieden im realen System. Durch Blindproben konnte gezeigt werden, daß bei der Bodenfeuchte Verfahrensfehler hinsichtlich der ermittelten Unterschiede weitgehend vernachlässigbar sind. Die festgestellten numerischen Ergebnisse zeigen, daß es sowohl Variationsunterschiede zwischen den untersuchten Merkmalen als auch zwischen den Terminen gibt. Auch hier kann man von einer Streuung der Meßwerte von 20 - 30 % ausgehen.

Bei Bodenstickstoffmessungen fiel auf, daß selbst auf einer so kleinen Fläche anders als bei der Bodenfeuchte Mittelwerte und Streuungsmaße entgegen der standörtlichen Homogenitätsannahme erheblich von Ausreißern und Extremwerten beeinflußt werden. Für zwei Termine im Jahr 1995 wurden das Stichprobenmaterial zufällig geteilt und zweimal analysiert (Stichprobe 1 und 2) sowie zweimal statistisch ausgewertet (vollständige und reduzierte Stichprobe).

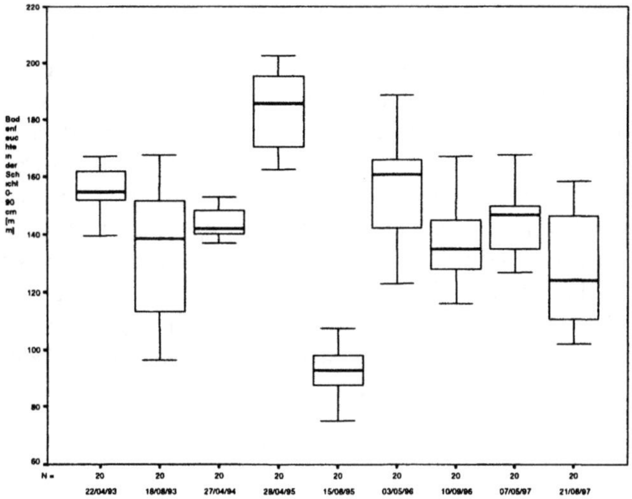

Abb. 3. Boxplot von kleinräumigen Bodenfeuchtemessungen

Die reduzierten Stichproben wurden dabei aus den vollständigen Stichproben durch Ausschluß von Ausreißern und Extremwerten gebildet. Als Ausreißer werden Werte aufgefaßt, die mehr als das 1.5 × (75%-Perzentil - 25%-Perzentil)-fache vom 25 %- bzw. 75 %-Perzentil entfernt liegen. Als Extremwerte werden Werte aufgefaßt, die mehr als das 3.0 × (75%-Perzentil - 25%-Perzentil)-fache vom 25 %- bzw. 75 %-Perzentil entfernt liegen. Tabelle 2 faßt die Ergebnisse zusammen.

Tabelle 2. Statistische Maßzahlen für Bodenstickstoffmessungen

		Mineralischer Bodenstickstoff 0-90 cm [g/m²]							
Datum	**Stich-probe**	**Vollständige Stichprobe**				**Reduzierte Stichprobe**			
		n	$\overline{x}$	s	95%-Konf.-intervall	n	$\overline{x}$	s	95%-Konf.-intervall
28.04.95	1	20	7.06	11.61	1.63 - 12.49	18	3.69	1.35	3.02 – 4.36
	2	20	5.25	5.86	2.51 - 8.00	19	4.00	1.73	3.16 – 4.83
15.08.95	1	20	1.56	0.57	1.29 - 1.83	17	1.35	0.17	1.26 – 1.44
	2	20	1.55	0.45	1.34 - 1.76	19	1.48	0.33	1.33 – 1.64

Der Ausschluß weniger Ausreißer und Extremwerte reduziert die Streuung erheblich, kann aber parallel auch zu einer wachsenden Mittelwertdifferenz zwischen zwei Stichproben führen (15.08.1995). Hier wird deutlich, daß bei bestimmten Zustandsvariablen auch ein nicht vernachlässigbarer Verfahrensfehler möglich ist.

Allgemein gilt für Zustandsvariablen wie Bodenfeuchte oder -nährstoffgehalte, die einer erheblichen Dynamik in einer kurzen Zeit unterliegen, daß sie Intervallwerte darstellen und mit einer Streuung behaftet sind, die sich sowohl zeitlich als auch räumlich verändern kann, und die durchaus einen beträchtlichen Teil der absoluten Meßwerthöhe annehmen kann. Für Langzeitvorhersagen bestimmter Zustandsvariablen verkleinert sich der Einfluß der Streuung von Anfangswerten über den Simulationszeitraum zwar wieder, weil während des Simulationszeitraumes Zustände wie Sättigungen oder maximale Entnahmen auftreten, die anfängliche Unterschiede nivellieren können. Für die Ermittlung von Prozeßgleichungen, die Schätzung von Parametern oder den Modellvergleich sind jedoch umfangreichere und längere Meßreihen erforderlich, um die Streuung zu verringern. Durch geeignete Stichprobenverfahren muß für eine hohe Treffgenauigkeit und eine definierte Streuung gesorgt werden. Nur so läßt sich die Variation in den Outputs zuverlässig schätzen und die Güte der Simulationsergebnisse bewerten.

3.3 Variabilität von Modellparametern

Als Modellparameter werden Konstanten bezeichnet, die bestimmte Eigenschaften des realen Systems repräsentieren und für einen zeitlich und räumlich begrenzten Ausschnitt des realen Systems keinen Veränderungen unterliegen (z. B. Sorten- und Standorteigenschaften, aber auch Parameter in Reaktionsgleichungen). Da Modellparameter in der Regel aus Messungen und Beobachtungen von Zustandsvariablen abgeleitet oder geschätzt werden, trifft das unter 3.2 über Zustandsvariablen Gesagte im wesentlichen auch für Modellparameter zu.

4 Validität von Modellen - Modellgüte

Im folgenden wird anhand einiger ausgewählter Beispiele dargestellt, welche Genauigkeit verschiedene agrarökologische Modelle aufweisen und welche Probleme bei der Interpretation von Modellresultaten auftreten können. Obwohl die Beispiele speziell aus dem agrarökologischen Bereich sind und nur bestimmte Modelltypen umfassen, ist dennoch eine gewisse Verallgemeinerung auf ökologische Modelle insgesamt möglich.

4.1 Simulation des Bodenfeuchteverlaufs mit einem algorithmischen Modell

Das nachfolgende Beispiel zeigt Ergebnisse von Bodenfeuchtesimulationen auf der Grundlage von Messungen innerhalb eines langjährigen Feldversuchs in der Versuchsstation Hohenfinow. Der Versuch beinhaltet eine 6-feldrige Fruchtfolge (Winterweizen, Wintergerste, Winterraps, Winterroggen, Mais, Kartoffeln). Von 1992 - 1997 wurden kontinuierlich Bodenfeuchtemessungen durchgeführt. Die kartierten Standortsunterschiede zwischen den einzelnen Feldern werden im Modell zwar berücksichtigt, sind jedoch gering. Für die Simulationen wurde das algorithmische Einschicht-Bodenfeuchtemodell BOWAEIN (Schultz 1994) benutzt. Das Transpirationsverhalten der einzelnen Fruchtarten wird über fruchtartspezifische Transpirationskoeffizienten gesteuert, die als konstante Parameter wirken (Mirschel et al. 1995). Ansonsten gibt es keine zu adaptierenden Parameter im Modell. Die Anwendung ist deshalb als klassischer unabhängiger Test aufzufassen, d.h. die Anwendung des Modells auf Daten, die nicht in die Erarbeitung des Modells eingeflossen sind. In Tabelle 3 ist die Modellgüte - ausgedrückt als Wurzel aus der mittleren quadratischen Abweichung von simulierten und gemessenen Bodenfeuchtegehalten [mm] in der Schicht 0 - 90 cm - summarisch dargestellt. Abweichungen unter 20 mm sind leicht, Abweichungen über 30 mm sind deutlich schattiert hervorgehoben.

Tabelle 3. BOWAEIN - Modellgüte für den Bodenfeuchtegehalt in der Bodenschicht in Abhängigkeit von Erntejahr, Feld und Fruchtart (KA - Kartoffeln, WW - Winterweizen, WG - Wintergerste, WR=Winterroggen)

Erntejahr	1992	1993	1994	1995	1996	1997	1992-97
Feld 1	12.51 Mais	14.65 KA	31.69 WW	40.58 WG	27.62 Raps	34.40 WR	31.82
Feld 2	22.71 WR	-	**22.64** KA	31.93 WW	21.22 WG	31.35 Raps	26.87
Feld 3	39.93 Raps	17.69 WR	25.77 Mais	30.00 KA	30.20 WW	11.34 WG	27.15
Feld 4	-	12.65 Raps	28.08 *WR*	*26.73* Mais	17.66 KA	17.47 WW	22.73
Feld 5	26.94 WW	14.89 WG	19.10 Raps	20.66 WR	30.98 Mais	25.53 KA	22.15
Feld 6	19.78 KA	15.00 WW	23.16 WG	26.38 Raps	37.94 WR	33.02 Mais	**26.93**

Es ist offenbar weder eine durchgängige Jahres-, eine Feld- noch eine Fruchtartensystematik bezüglich der erreichten Modellgüte erkennbar. Die Testresultate lassen vermuten, daß es vor dem Hintergrund der konkreten Datenlage anscheinend Kombinationen aus Witterungsverlauf, Standorteigenschaften und angebauter Fruchtart gibt, die besser als andere durch das Simulationsmodell getroffen werden. Anders gesagt: Das Modell hält zwar generell eine relative Genauigkeit von 20 % ein, eignet sich aber nicht gleich gut für alle Anwendungsfälle. Diese Erkenntnis ist nicht auf BOWAEIN beschränkt, sondern auch von anderen ökologischen Modellen bekannt.

4.2 Simulation des Biomassewachstums mit einem Neuronalen-Netz-Modell

Das nachfolgende Beispiel beschäftigt sich mit der Simulation des oberirdischen Biomassewachstums von Wintergetreide mit Neuronalen-Netz-Modellen. Abbildung 4 faßt die Anpassungsgüten für unterschiedlich komplizierte Netze im Falle der Biomasseentwicklung von Winterroggen zusammen.

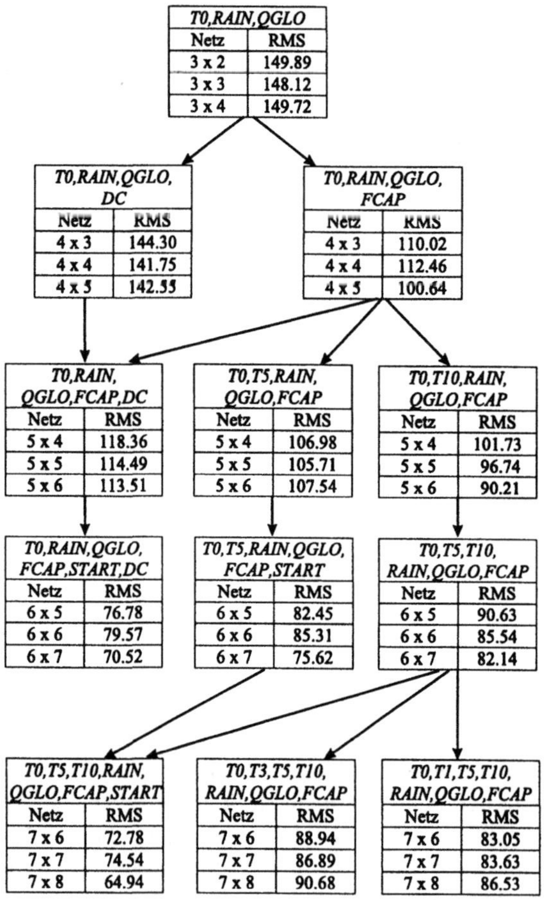

Abb. 4. Modellgüte verschiedener Neuronaler-Netz-Modelle zur Simulation des Wachstums der oberirdischen Biomasse von Winterroggen (Wurzel der mittleren quadratischen Abweichung [g/m²]) in Abhängigkeit von Witterungselementen, Standortparametern und Feldbeobachtungen

Ziel bei dieser Anwendung ist es, das oberirdische Biomassewachstum mit Hilfe von flächendeckend verfügbaren meteorologischen Standardvariablen und Bodenparametern zu modellieren, um auf dieser Grundlage Stoffbilanzen für größere agrarisch genutzte Gebiete erstellen zu können. Es wurden verschieden komplizierte Backpropagation-Netzwerke mit jeweils einer verborgenen Schicht konstruiert, bei denen unterschiedliche Kombinationen von aggregierten Witterungsdaten, Bodenparametern und Feldbeobachtungen als Eingangsvariablen dienten.

Als Bodenparameter wird die Feldkapazität in der Bodenschicht 0 - 90 cm (FCAP) verwendet, als Feldbeobachtungen werden der Startwert der Bodenfeuchte in der Bodenschicht 0 - 90 cm (START) und die Bestandesentwicklung (DC) verwendet. Um dynamische Aspekte zu berücksichtigen zu können, wurden Temperatursummen über die Schwellen 0 °C, 1 °C, 3 °C, 5 °C und 10 °C (T0, T1, T3, T5, T10) sowie Globalstrahlungssummen (QGLO) und Niederschlagssummen (RAIN) gebildet. Im Gegensatz zu Abschnitt 4.1 sind die hier dargestellten Anpassungsgüten nicht Ergebnis eines Tests mit unabhängigen Daten, sondern Ausdruck des Trainingserfolges der neuronalen Netze für eine vorgegebene Datenmenge und stehen somit für die potentiell erreichbare Genauigkeit.

Zur Kennzeichnung der Anpassungsgüte der Netze wurden die Wurzeln aus der quadratischen Abweichung von simulierten und gemessenen Werten berechnet. In den Tabellenköpfen sind die Eingangsvariablen benannt. In der ersten Spalte erscheint die Netzarchitektur. Die Angabe 5 × 4 entspricht 5 Eingangsvariable × 4 verborgene Knoten. In der zweiten Spalte erscheint das Gütemaß. Verfolgt man den Pfad der Netzwerkarchitekturen auf der rechten Seite von Abb. 4 und den auf der linken Seite, so ist erkennbar, daß ein ähnlicher Lernerfolg auf verschiedene Art und Weise erzielt werden kann. Sowohl durch die detailliertere Berücksichtigung der Witterung durch eine größere Anzahl verschiedener Temperatursummen als auch durch die Hinzunahme von Feldbeobachtungen verbessert sich der Trainingserfolg der Netze. Um ein bestimmtes vorgegebenes Genauigkeitsniveau bei der Biomassesimulation zu erreichen (hier z. B. ca. 100 g/m²), gibt es demnach mehrere Wege. Ein Vergleich der Genauigkeit von neuronalen Netzen mit algorithmischen Modellen der AGROSIM-Modellfamilie (Wenkel und Mirschel 1995), die den physiologischen Ursache-Wirkung-Prozeß der Kohlenstoffassimilation nachbilden, hat gezeigt, daß die neuronalen Netze in ihrer rein numerischen Genauigkeit weit komplizierteren algorithmischen Modellen ebenbürtig sind (Schultz 1997) - natürlich ohne deren Erklärungspotential zu besitzen.

4.3 Simulation der Bodenfeuchteverteilung mit einem geostatistischen Modell

Die meisten ökologischen Probleme sind auf natürliche Weise raumbezogen, das heißt, sie sind überhaupt nur in einem räumlichen Kontext sinnvoll darstellbar oder aber interpretierbar. Da Messungen und Beobachtungen jedoch selten flächig realisiert werden können, ist es außerordentlich wichtig, über Verfahren zu verfügen, mit deren Hilfe man in der Lage ist, von punktbezogenen Daten auf zuverlässige flächenbezogenen Aussagen zu schließen. Dabei spielt die Art und Weise, wie die Ausgangsdaten gewonnen und dann weiterverarbeitet werden, eine große Rolle, weil sich der Aufwand zur Gewinnung von Primärinformationen und die Zuverlässigkeit der Modellaussagen nicht in jedem Fall direkt proportional verhalten. Die Allokation von Meß- und Beobachtungspunkten in der Fläche erfordert deshalb neben der Einhaltung von formalen Kriterien zur Versuchsplanung auch Standortkenntnis und Erfahrungswissen.

Das folgende Beispiel zeigt ausgewählte geostatistische Auswertungsergebnisse einer großräumigen Beprobung verschiedener Bodenzustandsvariablen in der Agrarlandschaft Chorin nach Abschluß der Vegetationsperiode (6.11.1996). Die Ausgangsdaten wurden nach zwei verschiedenen Methoden erhoben. In der ersten Variante wurden die Beprobungspunkte systematisch in einer Rasteranordnung mit einer Maschenweite von 500 m in der Landschaft verteilt (insgesamt 100 Punkte). In der zweiten Variante wurden die Probepunkte auf der Grundlage einer Schlag- und Bodenkarte des Gebietes empirisch so verteilt, daß alle unterschiedlichen Schläge erfaßt wurden und die Wahl des Punktes als repräsentativ für den Schlag angenommen wurde (insgesamt 94 Punkte). Auf großen Schlägen wurden mehrere Probepunkte ausgewählt. Die Werte für alle Probepunkte sind das Ergebnis einer Mischprobe aus 10 zufälligen Einstichen in einem Umkreis von 5 m um den jeweiligen Probepunkt. Abb. 5 zeigt das für das gesamte Gebiet interpolierte Ergebnis der Ermittlung der Bodenfeuchteverteilung in der Schicht 0 - 60 cm für beide Probenahmestrategien. Für die geostatistische Auswertung wurde eine spezielle für die FAO entwickelte Software genutzt (Bogaert et al. 1995). Auf der Grundlage der Analyse der Meßergebnisse in den einzelnen Punkten wurden zusammengesetzte Variogramm-Modelle für beide Varianten abgeleitet und geschätzt (Nugget-Effekt + Sinus-Komponente + sphärische Komponente). Die konkrete Datenlage bewirkt, daß unterschiedliche Variogramm-Modelle resultieren. Unter Zuhilfenahme der Variogramm-Modelle wurden dann mittels 2D-Cokriging unter Einbeziehung der Feldkapazität und des permanenten Welkepunktes als Covariablen Feuchtewerte für die gesamte Fläche geschätzt. Um typische Feuchteverteilungsmuster besser zu erkennen, wurden aus den Schätzwerten Klassen gebildet und als Konturplots mit ArcView dargestellt.

Die visuelle Auswertung von Abb. 5 offenbart, daß aufgrund der unterschiedlichen Probepunktallokationen und der darauf basierende Modellwahl augenscheinlich sehr unterschiedliche Verteilungsmuster geschätzt werden. Im Falle der hier exemplarisch dargestellten Bodenfeuchteverteilung lassen sich in Kenntnis des angebauten Fruchtartenspektrums und der detaillierten Standortskenntnis in Verbindung mit der Lage der Probepunkte retrospektive Erklärungen für die unterschiedlichen Muster finden. Bei anderen Bodenzustandsvariablen und geringerer Standortskenntnis würde das nicht ohne weiteres gelingen. Das Beispiel zeigt, daß gerade bei räumlichen Problemen die Qualität der Primärdaten und das darauf aufbauende Auswerteverfahren die Modellentwicklung und nachfolgende Simulationsergebnisse nachhaltig beeinflussen kann.

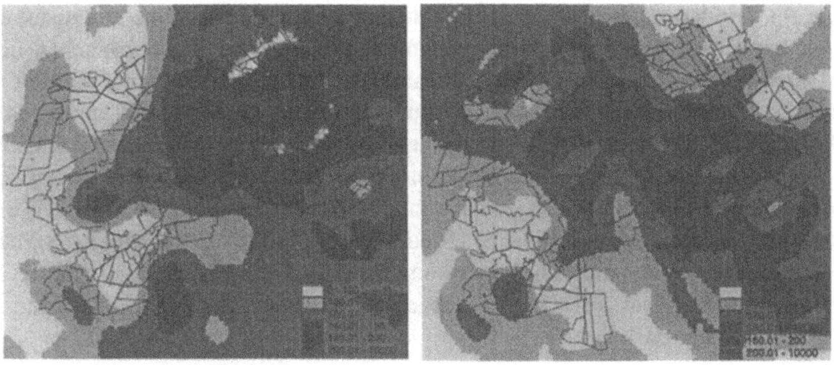

Abb. 5. Verteilung der Bodenfeuchte in der Schicht 0 - 60 cm [mm] in der Agrarlandschaft Chorin nach Ende der Vegetationsperiode (links systematische Anordnung der Probenahmepunkte, rechts intuitiv-empirische Anordnung der Probenahmepunkte)

5 Schlußfolgerungen

5.1 Entwicklung ökologischer Simulationsmodelle

Die Variabilität von ökologischen Prozessen und die Unsicherheitsquellen in ihrer Beobachtung zwingen zu Beschränkungen und Verallgemeinerungen hinsichtlich der zu modellierenden Phänomene. Obwohl die Entwicklung von ökologischen Simulationsmodellen deshalb von einem gewissen Maß an Unsicherheit begleitet wird, ist es möglich, solche Modelle zu entwickeln, deren Vorhersagegenauigkeit im Bereich der Genauigkeit der korrespondierenden Beobachtungen und Messungen der einzelnen Zustandsvariablen des betrachteten natürlichen Systems liegt. Das heißt, relative Abweichungen zwischen gemessenen und simulierten Werten im Bereich von 10 - 25 % sind einerseits durchaus als "normal" zu betrachten, andererseits jedoch auch als erreichbar. Der Modellierungserfolg hängt von der Wahl eines geeigneten Komplexitätsniveaus ab, das einerseits mit dem Modellierungsziel harmonieren sollte, aber andererseits auch die konkrete Datenlage zu berücksichtigen hat. Die Erhöhung der räumlichen und zeitlichen Auflösung von Modellen sowie ein umfangreicherer mathematisch-kybernetischer Aufwand mögen im Einzelfall zwar bessere numerische Ergebnisse liefern, ziehen aber sofort Probleme bei der Übertragbarkeit der Modelle in einen anderen räumlichen, zeitlichen oder auch sachlichen Kontext nach sich. Für Szenarienanalysen oder Variantenvergleiche, wo oftmals relative Informationen genügen, ist diese Genauigkeit völlig ausreichend. Bei der Entwicklung von ökologischen Simulationsmodellen sollte deshalb Ziel sein, nicht möglichst große und detailreiche Modelle zu entwickeln, sondern komplexe Zusammenhänge so auf überschaubare Bausteine zu reduzieren, daß es möglich wird, vor allem Wechselwirkungen zwischen unterschiedlichen Systemkomponenten abzubilden. Dafür gibt es eine Vielfalt von Modellansätzen. Kaum eine Fragestellung erzwingt einen logisch notwendigen Modellansatz. Die Unterschiede zwischen koexistierenden Modellansätzen liegen vor allem im unterschiedlichen Erklärungspotential, weniger in der numerischen Genauigkeit bei der Vorhersage von ökologischen Zustandsvariablen. Wissenschaftlich orientierte ökologische Modellierung sollte auf Systemverständnis, Erklärungsvermögen und Theoriebildung, praktisch orientierte ökologische Modellierung vor allem auf Überschaubarkeit, Systemwechselwirkungen und Robustheit orientieren.

5.2 Praxis der Validation

Validation ist ein nötiger Bestandteil bei der Entwicklung von ökologischen Modellen um zu zeigen, daß nicht spezielle Daten mit einem speziellen mathematisch-kybernetischen Verfahren nachgebildet werden, sondern daß das Modell über ein bestimmtes Generalisierungsvermögen in Form zeitlicher und räumlicher Robustheit verfügt. Angesichts der Vielzahl existierender Modelle ist insbesondere bei praktischen Anwendungen die Bereitschaft von anderen Personen, sich für ein bestimmtes Modell zu entscheiden, ein nicht zu unterschätzendes Argument für die Validität eines Modells. Es sollte immer klar unterscheiden werden, wofür die entwickelten ökologischen Modelle genutzt werden sollen. In der Reihenfolge Steuerung des Realsystems, Abschätzung von Nutzungs- und Gestaltungsrisiken sowie Wissensaggregation ist ein abnehmender Validationsaufwand erforderlich. Die Überbetonung von Validation angesichts limitierten empirischen Wissens oder die einseitige Fixierung auf numerische Genauigkeit als absoluten Maßstab können den Nutzen von Modellierung ebenso überdecken wie unzureichend validierte Modelle. Deshalb wird für eine problembezogene Sicht auf den Inhalt von Validität und eine heuristische Vorgehensweise bei der Ermittlung der Validität von ökologischen Modellen plädiert.

5.3 Datenquellen

Die Entwicklung von funktionstüchtigen ökologischen Simulationsmodellen, die in ihrer Leistungsfähigkeit über ein Nebeneinander von singulären sektoralen Bestandteilen hinausgehen und geeignet sind, natürliche Veränderungen und menschliches Handeln in ihren Wechselwirkungen und Konsequenzen zu bewerten, ist keine kurzfristige Angelegenheit. Die Erklärung des aktuellen und die Vorstellung über das zukünftige Verhalten eines realen Systems werden sehr von den aktuellen Beobachtungsmöglichkeiten geprägt. Auch wenn Beobachtungswissen einer bestimmten zeitlichen Entwertung unterliegt, ist es sowohl für die Situationsanalyse als auch für die Prognose wichtig, über langfristig tragfähige Erhebungs- und Beobachtungsprogramme zu verfügen, um Variabilität und Gesetzmäßigkeit von ökologischen Prozessen trennen zu können.

Literatur

Bogaert, P., Mahau, P., Beckers, F. (1995): The spatial interpolation of agroclimatic data. Agrometeorology Series Working Paper Number 12, FAO, Rome.

Biswas, A. K. (1978): Buchbesprechung zu "Current State of Model use in policy formulation". Ecological Modelling 4, 71-73.

CAMASE (1998): Register of agro-ecosystem models. http://www.bib.wau.nl/camase/.

Mirschel, W., Wenkel, K.-O., Koitzsch, R. (1995): Simulation of soil water and evapotranspiration using the model BOWET and data sets from Krummbach und Eisenbach, two resaerch catchments in North Germany. Ecological Modelling 81, 53-69.

Power, M. (1993): The predictive validation of ecological and environmental models. Ecological Modelling 68, 33-50.

Refsgard, J. C. & J. Knudsen (1996): Operational validation and intercomparison of different types of hydrological models. Water Resources Research 32, 2189-2202.

REM (1998): Register of ecological models. http://dino.wiz.uni-kassel.de/model_db/server.html.

Rykiel, E. J., Jr. (1996): Testing ecological models: the meaning of validation. Ecological Modelling 90, 229-240.

Schultz, A., Mirschel, W. (1994): Modelle auf dem Prüfstand - Wie genau sind agrarökologische Simulationsmodelle? Z. f. Agrarinformatik 2, 22-29.

Schultz, A. (1994): Die Simulation des Bodenwasserhaushaltes auf agrarischen Flächen mit dem Einschichtbodenwassermodell BOWAEIN. In: Schenk, E.-W., Pohlmann, J. M. (Hrsg.): Referate der 15. GIL-Jahrestagung in Hannover 1994, Berichte der GIL, Band 6, 187 – 191.

Schultz, A. (1997): Informationsbedarf, Komplexitaet und Aussagegenauigkeit von landschaftsbezogenen Simulationsmodellen. Arch. für Nat.-Lands. 36, 107-124.

Schultz, A., Wieland, R. (1997): The use of neural networks in agroecological modelling. – Computers and Electronics in Agriculture 18, 73-90.

Sharov, A. A. (1996): Modeling forest insect dynamics. In: Korpilahti, E., Mukkela, H., Salonen, T. (eds.): Caring for the forest: research in a changing world. Congress Report, Vol. II., IUFRO XX World Congress, 6-12 August 1995, Tampere (Finland). Gummerus Printing, Jyvaskyla (Finland), 293-303.

Wenkel, K.-O., Mirschel, W. (1995): Agroökosystemmodellierung. ZALF-Bericht Nr. 24, ZALF Müncheberg.

Teil 2: Modellanwendungen

The Tool-Independent Model Interface META: Definition and Applications

Rolf Grützner and Axel Kob

University of Rostock, Department of Computer Science
Albert-Einstein-Straße 21, D-18059 Rostock

Abstract. A great deal of effort, experience, and knowledge has been invested in the creation of models: a fact which make their multiple use desirable. In addition, most models have been created so as to be easily understood – and many of them have been completely documented. Complete model description, furthermore, is an essential element in ensuring the multiple use of models. Most satisfactory, therefore, is model description based on mathematical notation. Mathematical models resident in computers are stored as so-called META models. META is a C++ class library: a base for tool-independent model description. META models represent the central base required to obtain executable simulation code for different simulation systems. In order to produce code which can be executed, translators are used to transform META notation into executable code for different simulation systems. META, furthermore, represents the working base for various software tools: e.g. editor, model generator, and model-interface checker. The elements, structure, functions, and applications of META for ecological models are discussed in the following paper. The correctness and the functionality of the implemented software tools are tested. Therefore, models are used for simulation experiments which are known from the other publications.

Key words: modelling, simulation, model description, model transformation, simulation system, simulation experiments

1 Introduction

Nowadays modelling and simulation represent essential techniques for the solution of problems in many scientific fields. The development and description of adequate models are accordingly matters of key importance. In order to reduce the effort required to model complex systems, efficient model notation and multiple use of models have proved to be a highly satisfactory approach. Multiple use is feasible under the following conditions:

- Satisfactory mathematical model descriptions have been provided,
- Comprehensive model documentation has taken place.

The use of mathematical model description means that most scientific staff are able to understand and to write such notation. Mathematical models have come to be extensively used for system descriptions especially in natural science, but also more and more in the other scientific fields.

The easiest and most effective way to analyse systems is to employ computation which directly applies the mathematical model description. Owing to the complexity of many mathematical models, it is rarely possible to apply direct computation. In many cases, indeed, only the problem-solving method of simulation is capable of producing the desired results. This requires the use of a software tool (i. e., the simulation system) and a simulation language which belongs to the simulation system. The mathematical model must furthermore be translated into the simulation language, upon which it is called a simulation model. A simulation model represents the input of a simulation system. Every simulation system possess its own simulation language with special syntax and special semantics. Some examples of simulation systems are ACSL, MATLAB/SIMULINK, EXTEND, STELLA, and DYMOLA. These simulation systems, known as general simulation systems, can be used to simulate models for a class of systems (e. g., the class of systems modelled by ordinary differential equations). Another approach entails translation of a mathematical model into a computer program written in a higher programming language. Such programs, known as special simulation systems, are applicable for only a single task, e. g., for simulation of summer smog distribution throughout the environs of a city.

Under the above assumptions, multiple use of models requires complete model documentation: i. e., full specifications such as data ranges and units of parameters, as well as domains of validity for the models. In the META model interface, this information is stored in the ECOBAS system, [1] a software system for complete documentation of ecological models.

The following is an elaboration on modular, hierarchical models. A set of equations which describes a real system phenomenon is called a basic or atomic model. Basic models are the smallest components of a system used to investigate a given problem by means of this model. Further breakdown of the system to solve the problem is not necessary. A submodel consists of coupled components, i. e., coupled basic models, basic models, and submodels or coupled submodels. A submodel used for a simulation experiment may be called a model. It can be used again in more complex models as a submodel.

2 Model Description and Model Transformation

Initially, a problem encountered very often in daily scientific work is considered. A user wants to execute a model A written in a simulation language L_1 of a simulation system S_1. In unfortunate cases, this simulation system may be not available, and the user may be forced to use a simulation system S_2. To run model A using S_2, the model A must be translated into the simulation language L_2 of system S_2. This is a well-known and tedious task, especially if the model is very complex. Until now, it has been necessary to perform such translation manually. A very helpful tool would be a translator (i. e., a cross translator) able to translate one or more simulation languages into languages of different simulation systems (fig. 1a).

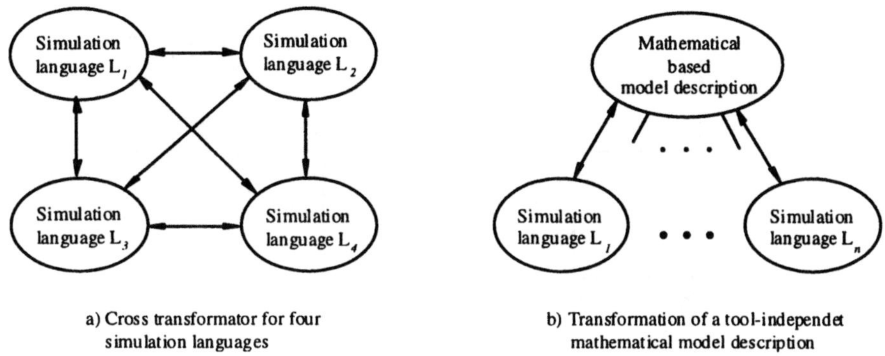

Fig. 1. Cross transformation (n^2-n transformators) and transformation using a tool-independent model base ($2n$ transformators)

Such an approach would indeed represent an advance toward the multiple use of models. If there are n simulators, we presently need n^2-n translator routines, a very ineffective solution. A better solution would be possible with the aid of an internal, mathematically based model description which is tool-independent. This means that it would be independent of any simulation system, and that it could be translated into different simulation languages (fig. 1b). This tool-independent model description may be called META. This approach realises the following objectives:

- Multiple use of existing models
- Simplification of model descriptions using mathematically based notation
- Model execution in different simulation systems.

An additional goal would be to provide methods for rapid prototyping of models, i. e., execution by a computer algebra system (e. g. Mathematica, Maple, or Reduce) or by qualitative simulation. Rapid prototyping allows fast acquisition of initial information on model behaviour, before executing extensive and comprehensive simulation experiments.

The tool-independent model description is also the working base of a number of other software tools which support the user during the model developing and using process. These tools are a model editor, a model generator, an analyser. The model generator receives basic models from a model base (involving interaction with ECOBAS) to enable, in turn, coupling which develops more complex models. The analyser checks the consistency of submodel interfaces before coupling (for constructing semantically correct model hierarchies). Fig. 2 shows the main structure of the system and the tools arranged around the tool-independent META interface.

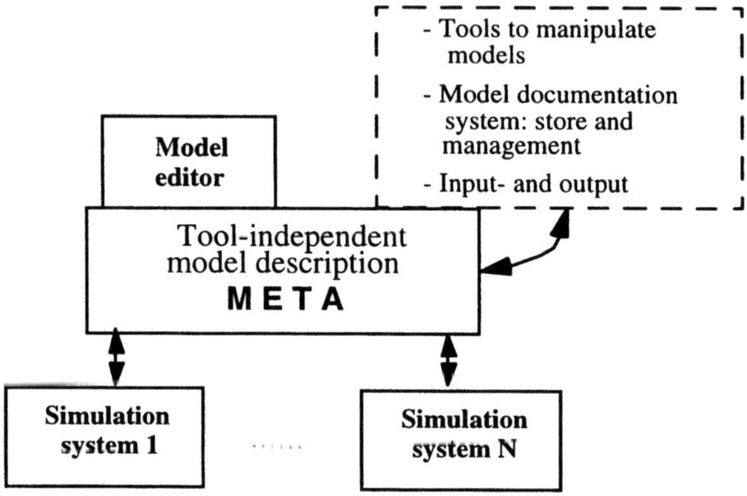

Fig. 2. Basic structure of the META system,using tool-independent model description

A mathematical model description has been selected to make modelling easier for users who are specialists in biology, ecology, or other scientific fields, and who have little experience in computer science or in using simulation languages. Information on rules for the mathematical notation of ideas and problems is of course part of the basic knowledge expected of natural scientists. The software system supporting this modelling and simulation processes – the META-system – is easy to understand, and it does not take long to become acquainted with the software. Another advantage in many cases is the use of a single editor instead of the editors of each of the different simulation systems.

3 The META Modelling Interface

Development and implementation of the META modelling interface is the main objective of a project known as SACOM which is being supported by the German Research Society (DFG). SACOM is being carried out as a joint project by the University of Rostock and the Kassel Comprehensive College, both in Germany. The project partner in Kassel is developing the ECOBAS ecological model documentation system. META is linked to ECOBAS by a MIF file interface [1]. MIF, which stands for *Model Interchange Format*, is a very simple model-description format developed to exchange ecological models. At present, its introduction and

its use are being supported by the ISEM (International Society of Ecological Modelling).
Fig. 3 provides a general view of the whole ECOBAS–META system. The acronym for the tool-independent model description, META, stands for *Model Structure for Editing, Transformation, and Analysis.*

3.1 Structure and Functions of META

META is designed for the description of various primary classes of mathematical models:

- Systems of explicit ordinary differential equations
- Systems of partial differential equations
- Difference equations
- Matrix and vector equations
- Markov models.

Additional components belonging to these classes are systems of algebraic equations (including implicit algebraic equations using a given user-defined numerical solving method), table functions, and events for changing parameters and model structures during simulation [4]. META admits the description of modular, hierarchical models. Modifications and graphical representations of META models are possible using editor functions.

META supports mathematical model representation with supplementary information for documentation. Simulation-oriented specifications (such as simulation start times, simulation stop conditions, specification of numerical integration methods, definition of random-number generators, and input values) depend on the selected simulation system and are part of its experiment description. This concept consequently supports the separation of model and experiment description. META is based on a META C++ class library. META features 16 main classes, which are arranged hierarchically. The uppermost class is the class model, with the remaining classes following at lower levels, e. g., class variables, units of a variable, expressions, terms, single equations, assignments, events, actions, and ranges of definition. Methods are implemented in the classes to generate and to modify model objects, and to allow access to these objects.

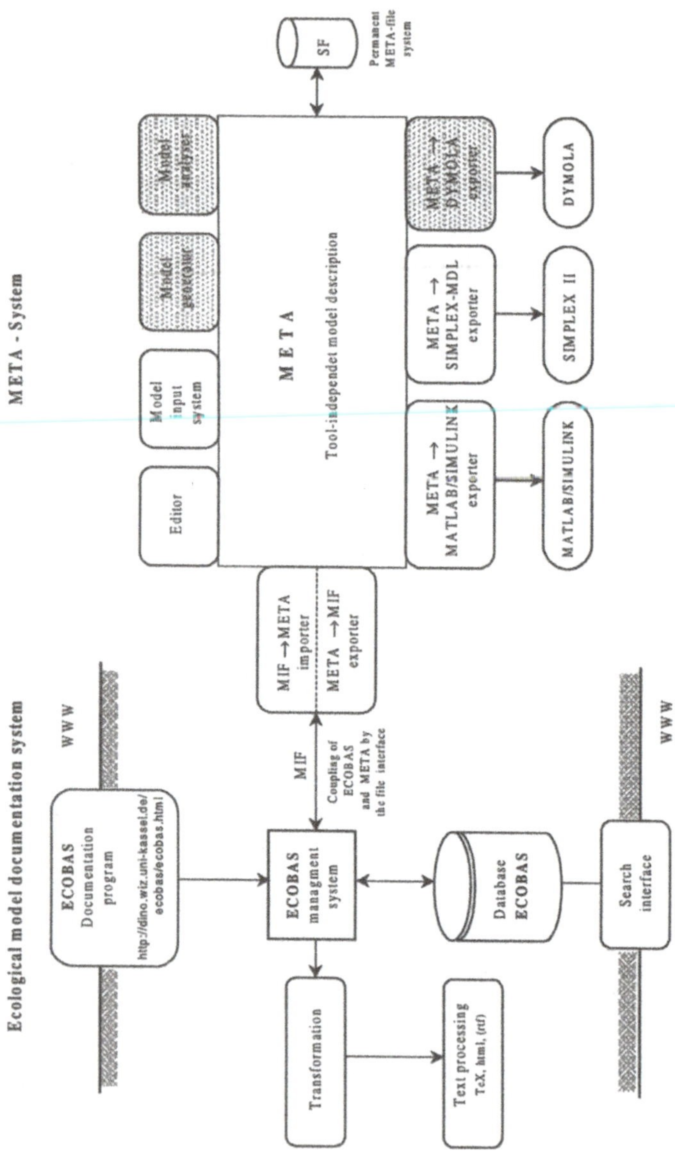

Fig. 3. Basic structure of the META system using tool independent model description

Other methods are implemented in order to output a META model or to store it permanently. For generation of a META model, the mathematical model description is broken down into the smallest possible elements, the morphems. Morphems are basic elements of a language, e. g., operators, identifiers, digits, signs, letters, etc. The generator method, for example, add morphems or more complex objects of a model description to a META model.

To add a single equation consisting of a left-side *term2* and a right-side *term1* to a model *my_fox* it is necessary to write a META statement, which is also a C++-code statement:

my_fox → AddEquation

(new META_Single_Equation(*term2*, new META_Assignment(*term1*)));.

First, however, it is necessary to define the identifier *term1* and *term2* and to assign values. The left-side *term2*, for example, may be the differential quotient dFox/dt, which is defined by

term2 = new META_Term(new META_Term(*my_fox*, "Fox"), DIFF);.

There are, for instance, corresponding C++ functions for the output of variables, default values, equations, and other model objects which are used in exporters or by other application software. A complete example of META code for a META model description is included in the appendix of the present paper. It is unnecessary to write such META statements by hand, since they can be generated automatically by a translator. Such a translator analyses the model description L_i (in the form of syntactical analysis) and generates the META statements. Translators from a mathematical description or a simulation language to META are called *importers;* translators from META to a language are called *exporters*. Fig. 4 shows an example of importers and exporters for the transformations $L_1 \rightarrow L_3$; $L_1 \rightarrow L_4 \rightarrow L_3$; $L_2 \rightarrow L_3$; $L_2 \rightarrow L_4 \rightarrow L_3$.

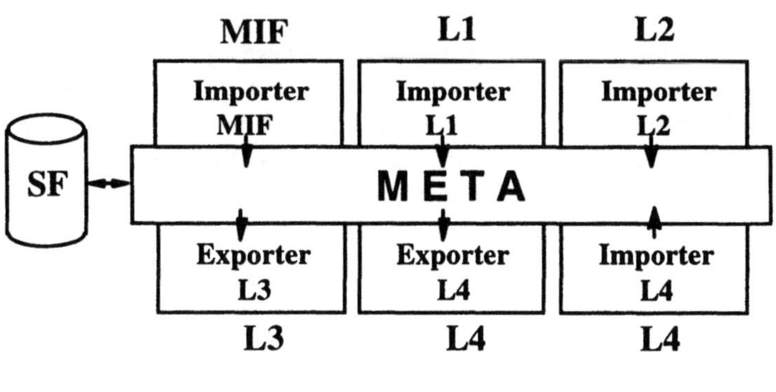

Fig. 4. Example of import into and export out of META

The META description is stored permanently in a file system by use of a storage format SF, and with the aid of a read (SF→META) and write function (META→SF).

On the basis of the principle that programming languages are defined by grammars which also apply to most simulation languages, including META, it is of course easy to imagine the automatic generation of importers and exporters by a generator program. The concept of such a generator would be the same as for that used in compiler-compiler generators to produce compiler software. This is one feasible way of increasing efficiency in creating exporter and importer programs. At present, however, the development of such generators requires further research.

3.2 META Applications – Tools Operating with META

Software tools which generate, manipulate, and visualise META model descriptions are called META applications, or merely "applications". These tools include the following (L_i may be a model description language or a simulation language):

- Importers (META → L_i)
- Exporters (L_i → META)
- The editor (for graphical representation and manipulation of modular-hierarchical models, and for language-oriented representation of basic model components, i. e., equations)
- The model generator (for assembly of basic models and/or submodels to more complex submodels or models)
- The model-input system (interactive system for input of mathematical basic models and their transformation into META descriptions).

Importers implement transformation from a simulation language, or from MIF, into META descriptions. The input of new basic models is possible only by means of a model-input system. This system is used for entering the model description, for input of complete documentation of ecological models, and for transformation into META model descriptions. Fig. 5 shows the main equations of a simple example of a predator-prey model (fox – rabbit). These equations represent the input notation of equation parts used by the model-input system. In this example, the model has been broken down into three basic submodels – hasen, fuechse, and treff – only for purposes of demonstrating the coupling mechanism of the basic models. The basic models accordingly define input/output variables which are used to couple the basic models to a flat model description. There are no declarations of parameters (e.g., WeideFrei, FuchsAbFak), documentation information, or coupling relations of the basic model in Fig. 5 (for the META model of this example, please consult the appendix of this paper). The notations *Fuechse_i'* and *Hasen_i'* represent the derivations of the state variables Fuechse_i and Hasen_i.

Input: Treff
Output: Hasen
Hasen_i = 500
WeideKap = 1400
HaseZuFak = 0.08
HaseAbFak = 0.002
WeideFrei = (WeideKap - Hasen_i)
HaseZu = ((WeideFrei / WeideKap) * HaseZuFak) * Hasen_i
HaseAb = (HaseAbFak * Treff)
Hasen_i'= (HasenZu - HaseAb)
Hasen = Hasen_i

Input: Treff
Output: Fuechse
Fuechse_i = 10
FuchsZuFak = 0.0004
FuchsAbFak = 0.2
FuchsZu = (FuchsZuFak * Treff)
FuchsAb = (FuchsAbFak * Fuechse_i)
Fuechse_i'= (FuchsZu - FuchsAb)
Fuechse = Fuechse_i

Input: Fuechse
Input: Hasen
Output: Treff
Treff = (Hasen * Fuechse)

Fig. 5. Example of model equations which represent the input of the model-input system

Functions of the interactive editor are:

- Graphical representation
- Individual design of icons for graphical submodel representation
- Modifications of the structure of modular, hierarchical models
- Input, output, and modification of mathematically oriented basic-model descriptions, using an extended version of the model-input system (see above).

This concept allows a user to apply only one single editor for all inputs, outputs, and manipulations of models. It is therefore not necessary for the user to learn how to handle all the editors which belong to the different simulation languages available in the META system. Another advantage is the use of mathematical model notation. No knowledge of the syntax and semantics of special simulation languages is required.

3.3 Simulation Systems and META

Different simulation systems have been arranged around the META model interface, with connection by exporters. If importers also exist for all the connected simulation systems which translate the simulation language back to META, a cross transformation system results. Each of the languages could be translated into any of the others. One stipulation prevails, however the syntax and semantics of source and goal languages must allow translation. For example, the source language L_s defines state events, and the goal language L_q defines only time events. The system would accordingly reject a translation $L_s \rightarrow L_q$ of models using state events.

Generally, the set of mathematical elements of a modelling language (including META) defines its power. The power of META is greater than that of any other existing simulation language: see the definition of META [3] and Section 3.1 here. It logically follows that some transformations from META to another simulation language are impossible. After detection of such an impossibility, the system will interrupt the transformation operation.

Owing to the major discrepancy between model and experiment descriptions, the import of simulation languages which contain specific experiment definitions is not feasible. Fortunately, this applies only to a small number of languages. Another, more serious difficulty, however, arises from the fact that the input of experiment data occurs directly into the simulation system, and that the system accordingly forces the user to obtain special knowledge of the simulation system being applied.

4 State of System Development

The META system is implemented with C++ for Unix and Linux operating systems. At present, a C++ class library (META version 0.9), a graphical editor, an MIF $\rightarrow$ META importer, a META $\rightarrow$ MATLAB/SIMULINK exporter, and a META $\rightarrow$ SIMPLEX-MDL exporter (with some restrictions) have been implemented. The META $\rightarrow$ MATLAB/SIMULINK exporter generates *S-functions*. S-functions constitute an extension mechanism of SIMULINK. An S-function is a description of a SIMULINK block written in C or in the MATLAB notation form. The actual implementation uses MATLAB 5.1 and SIMULINK 2.1 [5]. It simulates models consisting of differential and difference equation systems, explicit and implicit algebraic equations, table functions, and events. Because of a number of problems using S-functions in SIMULINK 2.1, the implementation of zero-crossing in events has not been possible.

The present development is oriented toward implementations of the model-input system, of META $\rightarrow$ MIF exporters and importers for the next version of META and MIF, and of a META to DYMOLA exporter. The exporter to DYMOLA allows connection of a simulation system which provides executable C and FORTRAN code, as well as ACSL model descriptions. At present, the main field of application of the META system is ecological modelling, owing to its coupling with the ECOBAS system and to its ecologically oriented model documentation. If a user accepts some restrictions in the documentation level of models, however, use of the META system in other areas of application is possible.

5 Test of Software and of the Application Scope

To test the correctness of the META-implementation of models and of the exporters four models are used for simulation experiments. The models describe ecological and technical systems, their simulation results are well known represented in other publications. The models are used for an comparison with the results of the simulation experiments described in the following. The relativ difference between both results is used as evaluation measure. The Runge-Kutta 4th-order method is the numerical integration method of three models and a simple Euler algorithm is used for the model STAFF.

The first model FENNEL [8] is a simple model of an aquatic ecosystem with four states: limiting nutrients, phytoplankton, zooplankton and detritus with a saisonal thermocline. The switching process of the thermocline is dependent on season (in spring and in autumn} and is realized by an user defined function. A table function generates external events which cause an additional nutrient input. There are two model versions of the model FENNEL: a flat and a coupled model – a modular-hierarchical version which consists of two hierarchical levels. The highest level consists of some identical submodels to describe a space dependent behaviour. Each of the submodels contains four basis models (a basis model is a atomic model component, which describes the dynamical system behaviour by equations). Each basis model describes the behaviour by one state variable.

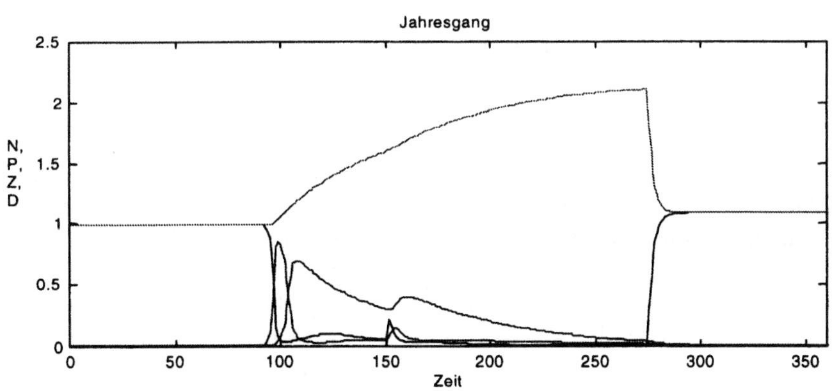

Fig. 6. Simulation results of the FENNEL model

There are a graphical editor (see fig. 3) to describe modular-hierarchical models and a mathematical editor (model input system, see fig. 3) to write the equations of basis models. For use in the WWW the mathematical editor is written in Java. The mathematical editor produces a META-description of the model equations. The

META-description of the models is transformed to a MATLAB/SIMULINK (ML/SL) and SIMPLEX II (SII) description. Fig. 6 shows the results of the flat FENNEL model of the ML/SL simulation run and Fig. 7 represents the relative difference of the ML/SL and SII simulation runs. There are no differences until the destruction of the thermocline at the 91st day, afterwards the characteristical system dynamic starts with a decrease of nutrients, the phytoplankton peak, an increase of detritus, the growth of zooplankton, influx of nutrients on the 150th day, and so on. Both simulation systems reproduce the correct dynamic behaviour, which is known from [8] and own simulation experiments. The relative difference of the two simulation runs oscillates between -0.0005 and +0.0005 and may be neglected.

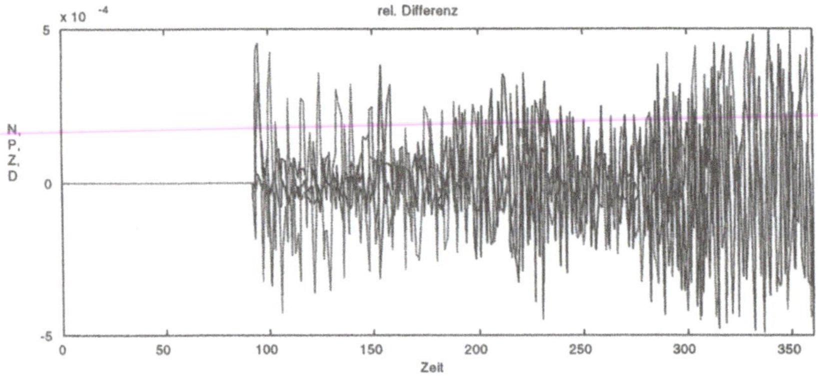

Fig. 7. Relative difference between simulation results of the FENNEL model and ML/SL and SII

STAFF is a model of a physical system the headflow in a staff [10]. The partial differential equation of the temperatur at the point x is discreticised. STAFF is also implemented as basis model in the META-description. STAFF is transformed by an importer from a SIMPLEX II model description (the model source code) to a META-description and by an exporter from META to a ML/SL model description which is used for the simulation experiments. Fig. 8a shows the simulation results of the original SIMPLEX II experiments and the relative differences to the ML/SL experiments (Fig. 8b). The relative difference of the two simulation runs (SIMPLEX II – ML/SL) oscillates between -0.0005 and +0.0005 and may be neglected. WORLD_M is a version of the Forrester world model [9]. For the following simulation experiments it is divided into five basis models (population, capital, natural resources, pollution, food).

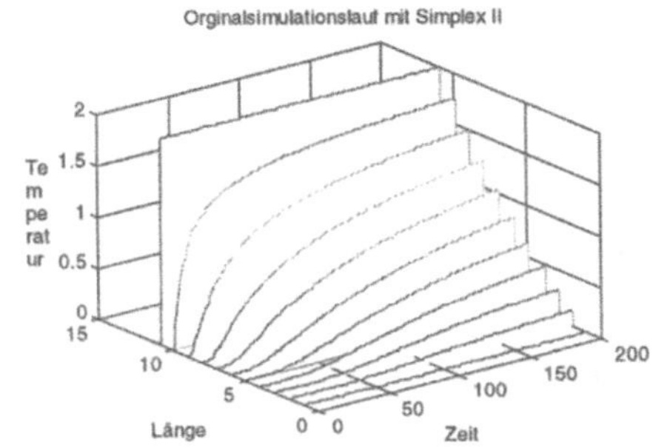

Fig. 8a. Original simulation results of SII

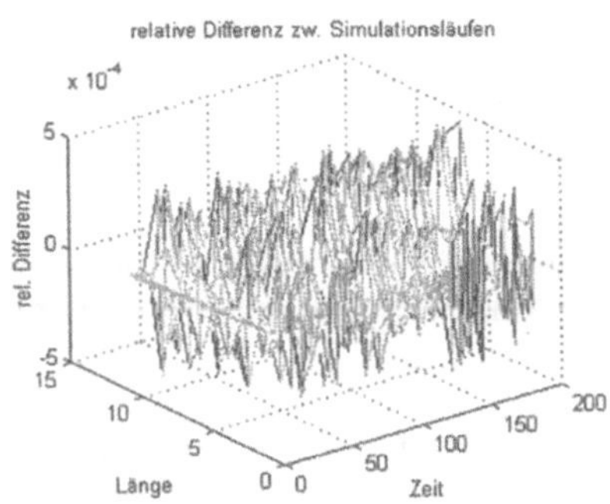

Fig. 8b. Relative difference between SII and ML/SL runs

The basis models are generated by the mathematical editor and coupled by the graphical editor to get a modular hierarchical version (Fig. 9). The models use 22 table functions. For the comparison of the simulation results between the original model [9] and the models transformed from META to ML/SL and S II only the end values are used (Table 1).

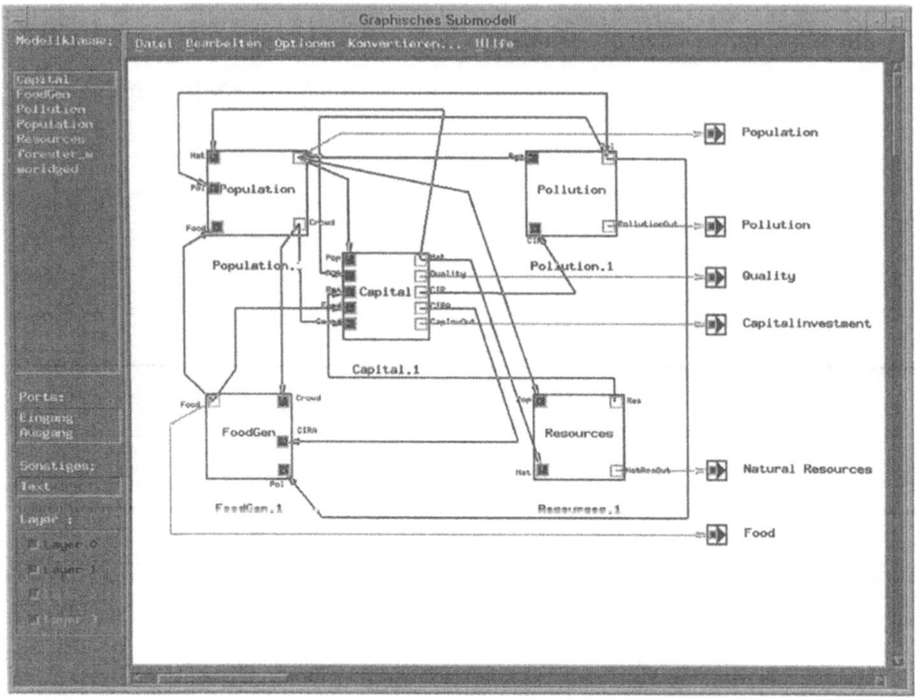

Fig. 9. Structure of the Forrester model in the window of the graphical editor

Table 1. Results of state variables after a simulation run of 200 years

Zustand	Orginal	Simplex II	ML/SL
Population	3,9170E+09	3,9066E+09	3,9087E+09
Ressources	2,6380E+11	2,6450E+11	2,6454E+11
Capital	5,9980E+09	5,9257E+09	5,9258E+09
Pollution	9,2830E+09	8,9890E+09	8,9847E+09
Quality	4.39E-01	4,3690E-01	4,3664E-01
Food	k. A.	1,1246E+00	1,1242E+00

Fig. 10 shows the relative differences between the simulation runs of ML/SL and SII. The relative differences are larger then in the two models above, fluctuation is between -0.1 and 0.2. This could be explained by the handling of so called zero crossings in the different simulation systems. Zero crossings occurs for example in user defined functions, events and table functions [5]. Because of the high number of table functions in this model there are a lot of zero crossings.

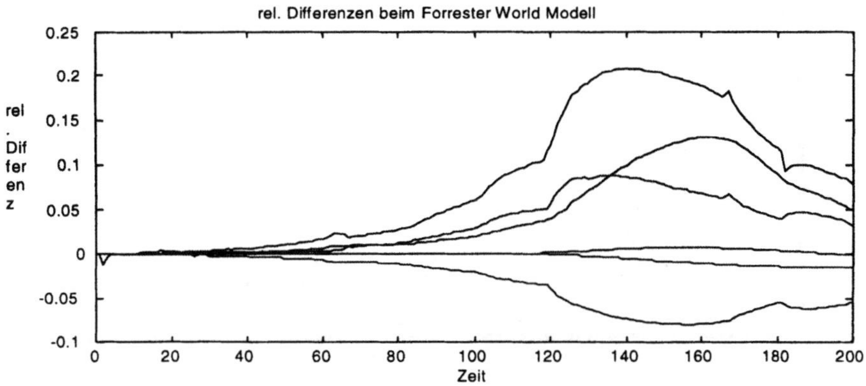

Fig. 10. Relative difference of the ML/SL and SII simulation results of the WORLD_M model

A further model represents a technical system. The FUZZY model consists of two coupled tanks, tank 1 has an inflow and tank 2 an outflow [7] (Fig. 11). The fluid level of tank 2 (x2) is influenced by the inflow of tank 1 (u).

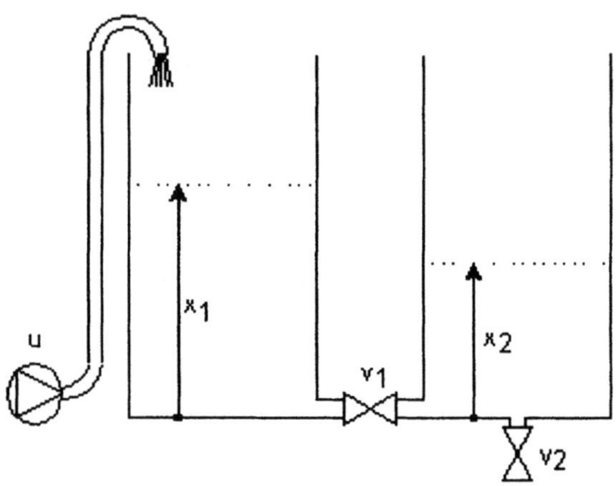

Fig. 11. Structure of the tank system as basis of the FUZZY model

The model is described in META as a modular hierachical model with the basis models TANKS and FUZZY_C. The controller FUZZY_C is a discrete basis model. The necessary fuzzy sets (s Fig. 12) are formed by user defined functions.

The rule base table is implemented by a parameter matrix. Listing 1 shows the functionality of one fuzzy set. Three user functions (F_F_L, F_F_P, F_F_R) are implemented in the model FUZZY_C to define the membership functions.

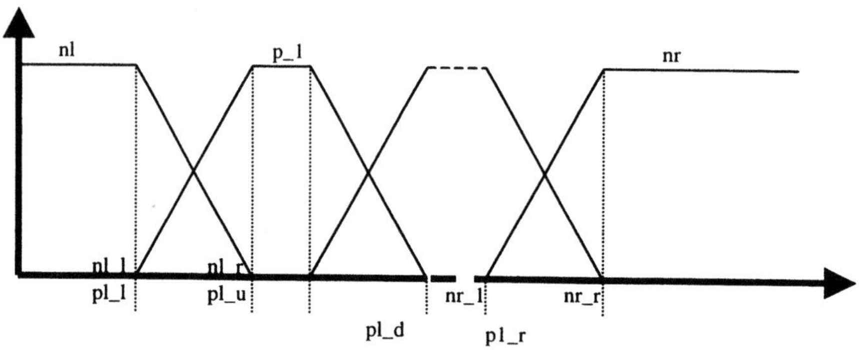

Fig. 12. Fuzzy sets used in the FUZZY model

```
F_F_L ( left ,right ,WERT ) //Linke Seite des Fuzzy Sets
   1  IF  (WERT <= left)
   (1 - ((WERT - left) / (right - left)))  IF  ((WERT > left) AND
(WERT < right))
   0  IF  (right <= WERT)
F_F_P ( left ,up ,down ,right ,WERT ) // eine Trapezfunktion in der
Mitte des Fuzzy Sets
   0  IF  ((WERT <= left) OR (right <= WERT))
   ((WERT - left) / (up - left))  IF  ((WERT > left) AND (WERT < up))
   1  IF  ((WERT > up) AND (WERT < down))
   (1 - ((WERT - down) / (right - down)))  IF  ((WERT > down) AND
(WERT < right))
F_F_R ( left ,right ,WERT ) // rechte Seite des Fuzzy Sets
   0  IF  (WERT <= left)
   ((WERT - left) / (right - left))  IF  ((WERT > left) AND (WERT <
right))
   1  IF  (right <= WERT)
nl = F_F_L(nl_l, nl_r, x1)                    // linker Rand
p1 = F_F_P(p1_l, p1_u, p1_d, p1_r, x1)        // Peak 1
p2 = F_F_P(p2_l, p2_u, p2_d, p2_r, x1)        // Peak 2
p3 = F_F_P(p3_l, p3_u, p3_d, p3_r, x1)        // Peak 3

nr = F_F_R(nr_l, nr_r, x1)                    // rechter Rand
```

Listing 1. User defined function to realize five fuzzy sets

Because time series do not exist for this model as simulation result in [7] only the curves can be compared. (Fig. 13) shows the results of the ML/SL simulation experiment. It obtains after 1000 seconds the desired value of the fluid level in tank 2. The number and time of peaks, the level and the duration are identical in both simulation runs (ML/SL and S II) and in comparison with [7].

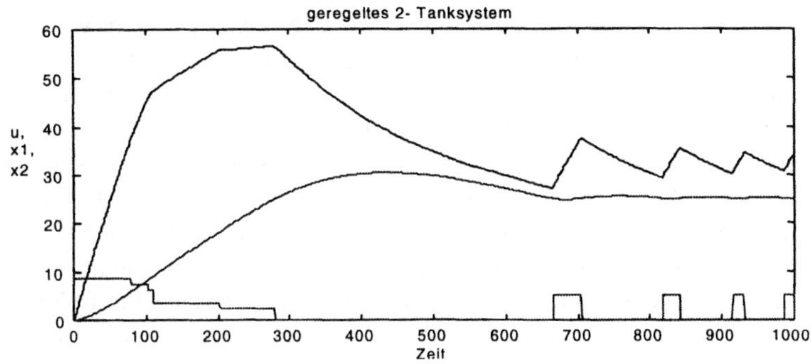

Fig. 13. Levels in the two tanks and inflow of tank 1

Fig. 14 shows the relative differences of the controller output of the ML/LS and S II model. Sometimes the controller switches one time-step earlier or later, but this does not have any effect on the quality of the controller.

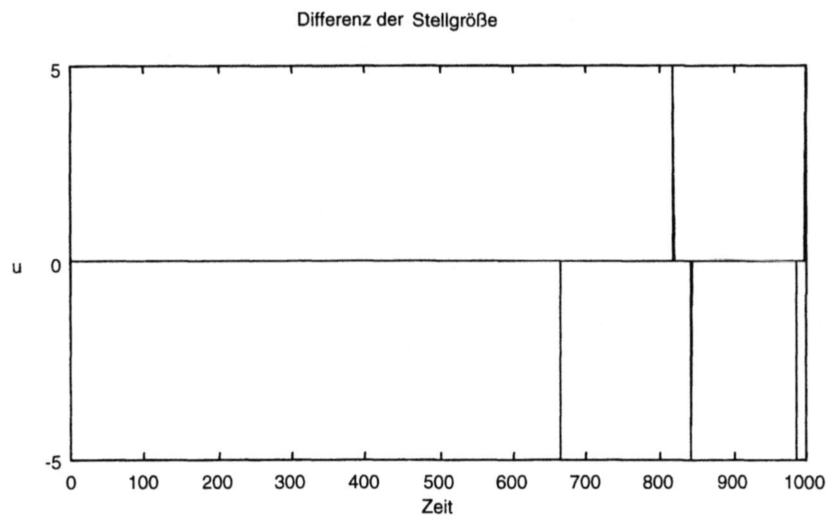

Fig. 14. Relative difference of the simulation results (ML/SL and S II) of the controlled inflow of tank

6 Conclusions

The translation of an ecological problem statement and an envisioned solution technique into efficient code typically requires substantial expertise to perform the extensive intricate mathematical computations. To create executable code for a given problem, mathematical models are chosen to approximate ecological phenomena. These models are then translated into a computer program which – on the basis of a given description or ecological scene – simulates the relevant ecological behaviour. The design of simple mathematical model descriptions which can be used after a translation in different simulation systems is presently an interesting and important field of research. This paper presents the tool-independent model description META, which represents a central description base as starting point for translations into different simulation languages. Exporters and importers carry out the translations. Model input in META takes place both by a model-input system and by means of MIF files, which provide the file interface for ECOBAS. The model-input system is an interactive system used for input of basic models and for documentation of ecological models.

Software tools which work on the META model description are called *applications*. Applications are the editor, the analyser, the model generator, and the model-input system. An important advantage accrues by virtue of the fact that a user is required to know how to handle only a restricted number of software tools. Knowledge, for example, of the editors or of the simulation languages of the simulation systems used is not necessary. The user works exclusively with a single model description based on well-known mathematical notations. This signifies a step toward multiple use of ecological models, especially in cases in which a complete model documentation exists. The META system allows description of continuous and Markov models, e. g., systems entailing ordinary differential equations, difference equations, algebraic equations, events, and other elements. In actual implementation work, model transformations have been implemented from META to MATLAB/SIMULNK and to SIMPLEX II. During the ongoing project, an exporter to the DYMOLA simulation system will be added.

The results of the simulation runs do not vary significantly one and another and in comparison with the results reported in the source publications. That means, the differences lay in such ranges which depend on the simulation system and probably these differences would be exist also if the models are described directly in the language of the special simulation system.

In summary it may be said that the implemented software tools: META-system, exporter, importer, grapihcal editor, mathematical editor, the coupled simulation systems MATLAB/SIMULINK, and SIMPLEX II work properly. This is also valid for all additional compile, link, and auxiliary processes. This concept and the available implementation may well represent a valuable contribution toward realization of automatic generation of scientific software, starting with a mathematical model description ([2] and [6]). We believe that this work represents an approach which supports a more intensive use of simulation.

References

[1] J. Benz, and R. Hoch. "*ECOBAS* – Dokumentation mathematischer Formulierungen ökologischer Prozesse", in A. Kuhn and S. Wenzel (eds.): *Fortschritte in der Simulationstechnik. Wiesbaden*, Vieweg Verlag, 1997, pp. 67-72.

[2] J.F. Cremer, R.S. Palmer, and R.E. Zippel. "Creating Scientific Software", *Transaction of the Society for Computer Simulation International*, Vol. 14 (1), 1997, pp. 37 - 49.

[3] T. Christophel: *Die Modellschnittstelle META - Eine Modellbeschreibung mit C++-Klassen zur Kopplung von Modellen und Simulationswerkzeugen.* Universität Rostock, Fachbereich Informatik, preprint CS-09-97, 1997.+

[4] R. Grützner and T. Christophel. "Eine einheitliche Bearbeitungsschnittstelle META für Modellierung und Simulation", in Geiger, W. et al. (eds.), *Umweltinformatik aktuell. Marburg, Metropolverlag*, 1997, pp. 648 -657.

[5] O. Gschweng. "Transformation von Simulationsmodellen aus einer META-Beschreibung in MATLAB-SIMULINK", master's thesis, Universität Rostock, Fachbereich Informatik, Lehrstuhl Modellierung und Simulation, September 1998.

[6] R.S. Palmer and V. Shapiro. "Chain models of physical behavior for engineering analysis and design, *Research in Engineering Design*, Spring, 1994.

[7] Argesim Sammlung von Modellen zum Vergleich von Simulationssoftware, http://argesim.tuwien.ac.at/comparisons/c9/c9.html. 1999.

[8] Fennel, W.: A model of the yearly cycle of nutrients and plankton, in: the Baltic Sea. Journal of Marine Systems 6, 313-329. 1995.

[9] Rauch, H.: Modelle der Wirklichkeit. Hannover: Heise Verlag. 1985.

[10] SIMPLEX II: Benutzerhandbuch. Uni. Passau. Lehrstuhl für Systemtheorie und Operations Research. 1993.

Appendix

// The META model of the predator-prey system (Fig. 5) is a complete C++ program generated by an importer

```
        #include <stdlib.h>
        #include <stdio.h>
        #include <math.h>

        #include <META_Single_Equation.h>
        #include <META_Model.h>
        #include <T2M.h>
        #include <Print.h>

META_Model *c_model, *hasen, *hafu, *fuechse, *treff;
        int main() {
        META_Term  *term;
        META_Assignment *ass;
        META_Event *ev;
        META_Equation *eq;
        META_Function_Declaration *fcn;

// Hasen - Modell
        c_model = hasen = new META_Model( "hasen" );

        hasen->Type( M_DYNAMIC_CONTINUE );
        hasen->CompType( M_ATOMAR );
        hasen->Short_Description( "Dynamic description of Hasen" );

        hasen->AddInput( "Treff" );

        hasen->AddOutput ( "Hasen" );

        hasen->AddParameter( "Hasen0", 500 );
        hasen->AddParameter( "WeideKap", 1400 );
        hasen->AddParameter( "HaseZuFak", 0.08 );
        hasen->AddParameter( "HaseAbFak", 0.002 );

        hasen->AddState( "Hasen_i" );

        hasen->AddAlgebra( "WeideFrei" );
        hasen->AddAlgebra( "HaseZu" );
        hasen->AddAlgebra( "HaseAb" );
```

```
        eq = StringToSingleEquation( "WeideFrei = WeideKap - Hasen_i" );
        if( eq ) hasen->AddEquation( eq );
        eq = StringToSingleEquation
        ( "HaseZu = WeideFrei / WeideKap * HaseZuFak * Hasen_i" );
        if( eq ) hasen->AddEquation( eq );
        eq = StringToSingleEquation( "HaseAb = HaseAbFak * Treff" );
        if( eq ) hasen->AddEquation( eq );
        eq = StringToSingleEquation( "ODERIV(Hasen_i,t,1) = HaseZu - HaseAb"
);
        if( eq ) hasen->AddEquation( eq );

        term = new META_Term( hasen, "Hasen" );
        ass = new META_Assignment( new META_Term( hasen, "Hasen_i" ));
        eq = new META_Single_Equation( term, ass );
        hasen->AddEquation( eq );

        ev = StringToBound( "Hasen_i(t=0)=Hasen0" );
        if( ev ) hasen->AddEvent( ev );


// Fuechse - Modell
        c_model = fuechse = new META_Model( "fuechse" );

        fuechse->Type( M_DYNAMIC_CONTINUE );
        fuechse->CompType( M_ATOMAR );
        fuechse->Short_Description( "Dynamic description of Fuechse" );

        fuechse->AddInput( "Treff" );

        fuechse->AddOutput ( "Fuechse" );

        fuechse->AddParameter( "Fuechse0", 10 );
        fuechse->AddParameter( "FuchsZuFak", 0.0004 );
        fuechse->AddParameter( "FuchsAbFak", 0.2 );

        fuechse->AddState( "Fuechse_i" );

        fuechse->AddAlgebra( "FuchsZu" );
        fuechse->AddAlgebra( "FuchsAb" );

        eq = StringToSingleEquation( "FuchsZu = FuchsZuFak * Treff" );
        if( eq ) fuechse->AddEquation( eq );
        eq = StringToSingleEquation( "FuchsAb = FuchsAbFak * Fuechse_i" );
```

```
        if( eq ) fuechse->AddEquation( eq );
        eq = StringToSingleEquation( "ODERIV(Fuechse_i,t,1) = FuchsZu - Fuch-
         sAb" );

        if( eq ) fuechse->AddEquation( eq );

        term = new META_Term( fuechse, "Fuechse" );
        ass = new META_Assignment( new META_Term( fuechse, "Fuechse_i" ));
        eq = new META_Single_Equation( term, ass );
        fuechse->AddEquation( eq );

        ev = StringToBound( "Fuechse_i(t=0)=Fuechse0" );
        if( ev ) fuechse->AddEvent( ev );


// Treff - Modell
        c_model = treff = new META_Model( "treff" );

        treff->Type( M_STATIC );
        treff->CompType( M_ATOMAR );
        treff->Short_Description( "meeting of rabbit and foxes" );

        treff->AddInput( "Hasen" );
        treff->AddInput( "Fuechse" );

        treff->AddOutput( "Treff" );

        eq = StringToSingleEquation( "Treff = Hasen * Fuechse" );
        if( eq ) treff->AddEquation( eq );


// Hase Fuchs Modell
        c_model = hafu = new META_Model("hafu_c");

        hafu->Type( M_DYNAMIC_CONTINUE );
        hafu->CompType( M_COUPLED );
        hafu->Short_Description("Komponentenbasiertes Hase-Fuchs-Modell");

        hafu->AddOutput( "Hasen" );
        hafu->AddOutput( "Fuechse" );

        hafu->AddComponent( "Hasen1", hasen );
        hafu->AddComponent( "Fuechse1", fuechse );
        hafu->AddComponent( "Treff1", treff );
```

```
	hafu->AddConnection( "Hasen1", "Hasen", "Treff1", "Hasen");
	hafu->AddConnection( "Fuechse1", "Fuechse", "Treff1", "Fuechse");
	hafu->AddConnection( "Treff1", "Treff", "Hasen1", "Treff" );
	hafu->AddConnection( "Treff1", "Treff", "Fuechse1", "Treff" );
	hafu->AddConnection( "Hasen1", "Hasen", "Output", "Hasen");
	hafu->AddConnection( "Fuechse1", "Fuechse", "Output", "Fuechse");


// model output
	hasen->Write( "hasen.META" );
	fuechse->Write( "fuechse.META" );
	treff->Write( "treff.META" );
	hafu->Write( "hafu_c.META" );
	return 0;
	}
```

Priority Setting Applying Concepts of the Theory of Partially Ordered Sets: Results from Exposure Models as an Example

Rainer Brüggemann[1*], Joachim Altschuh[2], Herwart Behrendt[2], Gunnar Nützmann[1], Stefan Sixt[2]

[1] Institute of Freshwater Ecology and Inland Fisheries
Müggelseedamm 310, D-12587 Berlin
[2] Institute of Biomathematics and Biometry, GSF - National Research Center for Environment and Health
Ingolstädter Landstr. 1, D-85764 Neuherberg

Abstract. Whereas environmental effects of chemicals are hardly to be estimated, exposure models are a useful tool. Their application needs substance data. Therefore, data estimation methods (structure-property relationships) and inverse modelling techniques are important prerequisites. One of the main advantages of the use of mathematical models is that they lead to a bundle of information about each substance. Therefore it is of eminent interest to perform the process of priority setting without the numerical aggregation of different types of information. The theory of partially ordered sets as a discipline of discrete mathematics is a helpful instrument for this task. Here the co-operation of data estimation, exposure models, inverse modelling and ranking by the methods of discrete mathematics is shown.

Key words. data estimation, evaluative exposure models, inverse modelling, Hasse Diagram Technique, priority setting

1 Introduction

Considerable efforts have been done to evaluate adverse effects of pesticides on the environment. The spectrum of efforts spans a wide range of approaches: The simplest one begins with a comparison by substance data only (for example the GUS-index (Halfon et al. 1996)), the next step might be characterized by the PEC/PNEC-concept (Beinat & van den Berg 1996, Van Leeuwen & Hermens 1995) whereas the more sophisticated approaches aim to combine exposure and effect models (Behrendt & Brüggemann 1993). Effect models, however, should not only be addressed to simulate single species tests, but even more important, they should estimate the direct and indirect effects within a complicated network of interactions among biota. If, however, even the well studied system of algae and daphnia is still not fully understood, as the paper of Murdoch et al. (1998) impressively demonstrates on the basis of conceptional models, then it is clear that there is still a gap to be filled up by modelling efforts. Therefore one has to rely on the rather firm basis of exposure models. In order to keep all information transparent, a numerical aggregation is to be avoided.

However, how can compared compounds which are described in detail by model results, without constructing a ranking index? An attractive alternative is to perform a generalized ranking applying methods of discrete mathematics, especially of the theory of partially ordered sets (Brüggemann & Bartel 1999, Brüggemann et al. 1999, Brüggemann & Steinberg 2000). Therefore, a strategy for ranking of pesticides could be:

- Combine substance data with those of the environment,
- calculate fate descriptors with the help of evaluative deterministic models and
- perform with or without toxicity potentials a ranking (Brüggemann et al. 1996, Behrendt et al. 1999).

In so doing, it is important to take into account not only the pesticide studied but also its degradation rates and if possible also its degradation products.

2 Data Needs to Rank Pesticides

2.1 Data Estimation Procedures

The fate of pesticides is usually examined with the help of soil models. The sorption coefficient K_{oc} , the Henry's law constant HLC, and degradation rates are the main substance properties needed to run the models. However, the availability of experimental data is insufficient (Altschuh & Brüggemann 1993). Therefore, data estimation procedures are to be developed, especially if an 'eco-design' of chemicals is in mind. For the substance properties, which are relevant in the context of fate modelling, two main types of estimation methods play a role: quantitative structure-property relationships (QSPR) and property-property relationships (PPR). For the HLC, as one of the main substance properties, both approaches are well established (Altschuh et al. 1999): To estimate the K_{oc}, two different approaches are mainly applied: a PPR that calculates K_{oc} from n-octanol/water partition coefficient (Karickhoff 1981, Sabljic et al. 1995) and QSPRs that make use of graph-theoretical indices (connectivity indices) (Sabljic 1987, Meylan et al. 1992). Rate constants as a classical field of physical organic chemistry may also be estimated by modern concepts as for example those developed by Gasteiger et al. (1995). Their computer programme EROS (Elaboration of Reactions for Organic Synthesis) uses a knowledge base to generate chemical reactions and estimates rate constants from atomic and molecular parameters. These in turn may be calculated from quantum chemical programs or from empirical methods (Gasteiger, 1988).

Being able to predict the dispersion and degradation of the pesticides it is important to assess their toxic impact on the ecosystem soil. But how can the toxic effects on a whole ecosystem be quantified? As mentioned above, many organisms and a big network of interrelations between them have to be conside-red. It is obvious that experiments that could achieve this goal are beyond our capabilities. Computer models of the interrelation of species embedded in homogenuous media like aquatic systems are available, for example AQUAMOD (Straskraba & Gnauck 1983), SONCHES (Gnauck et al. 1990) or SALMO (together with some facilities of artificial intelligence DELAQUA, Recknagel et al. 1994). However, they need many data, are to be calibrated for specific systems and are still not fully understood. In typically heterogenuous systems like soils the situation is even worse. Therefore very crude approximations have to be made. Firstly, one or more important species are chosen as indicator organisms. Secondly, all interrelations between different species are neglected.

To assess the toxicity of pesticides in soil a bacterial toxicity testing system such as the Microtox™ test (Ribo & Kaiser 1987, Richardson 1993) can be used as a first approach. In this case, a toxicity data base of about 1500 environmentally important chemicals is available (Kaiser & McKinnon 1994). Also a number of models have been developed to estimate Microtox values from the molecular structure (Devillers et al. 1995, Sixt et al. 1995). However, most of these models are only valid for a certain chemical class. Attempts have been described to derive more general models by classifying chemicals according to their mode of toxic action (Verhaar et al. 1992, Jaworska & Schultz 1994, Sixt & Altschuh 1997).

2.2 Inverse Modelling

The fate of pesticides in the subsurface is based on the water movement in the unsaturated zone and in the aquifer and above all it depends on sorption and degradation processes. Considering only the soil water flow non-linear functions describing the unsaturated hydraulic properties and, for the groundwater zone aquifer parameters as transmissivity and storativity must be determined. Traditionally, direct steady-state methods for the estimation of these parameters exist, but recently, transient experimental methods coupled with inverse modelling techniques have become more attractive (Nützmann et al. 1998). Less work has been done for simultaneous estimation of flow and solute transport parameters i.e. sorption coefficients K_d and transformation rates λ.

Inverse modelling of the transport equation with respect to these parameters requires formulation of an objective function O(a) as in the case of least-square optimization

$$O(a)=\sum_{i=1}^{N}\left[c_i^*-c_i(a)\right]^T\left[c_i^*-c_i(a)\right],$$

where a is the vector of parameters, (K_d , λ), c_i^* are the measured and $c_i(a)$ are the simulated concentrations. Note, that other techniques are used, like the maximum likelihood method, which allows to include prior information about parameters quite easily (Medina & Carrera 1997). Solving the parameter estimation problem as formulated above the Levenberg-Marquardt algorithm (Kinzelbach 1992) could also be used to minimise the objective function. This was done to estimate coefficients of a non-linear sorption kinetic function for phosphorus migration in sandy soils (Pudenz & Nützmann 1997; Pudenz et al. 1999). Without additional effort sensitivities with respect to the parameters are obtained from the first derivatives of O(a) and therefore conditions of identifiability can be examined. This is advantageous to overcome the problem of ill-posedness of the parameter estimation procedure.

3 Exposure Soil Models

Deterministic exposure models quantify the chemical mass flows and concentrations in environmental media such as soil, water or plants by more or less physically-based mathematical equations. (Behrendt & Brüggemann 1993; Matthies & Klein 1994, Van Leeuwen & Hermens 1995; Trapp & Matthies 1998). These models may be further classified into evaluative models and simulation models, although there is no sharp borderline between these two groups of models. In the following the focus is given on soil exposure models as an example.

The evaluative models tend to use a limited set of key transport processes. They often use empirical equations and/or restrictive boundary conditions to achieve a simplified model description. Often evaluative models are the basis for a comparative evaluation of pesticides. Examples of evaluative soil transport models are the Jury „screening“ model (Jury et al. 1983, Jury et al. 1984a, b) and the EXSOL model (**EX**posure in **SO**i**L**) (Matthies & Behrendt 1991). The Jury „screening“ model describes the transport of organic chemicals in a homogeneous infinite soil column with time constant boundary conditions. The model includes the processes chemical convection, in time constant soil water flux, diffusion in soil water and air, equilibrium distribution of the chemical between soil water and soil matrix (sorption coefficient K_d, derived from K_{oc}) and the equilibrium distribution between soil air and soil water (HLC). Additionally, the model includes the transport in the gaseous phase from soil to air (volatilization) and the degradation in soil as a first order sink term. In mathematical terms, the Jury model is a one-dimensional diffusion-convection type transport equation, for which an analytical solution was derived (Jury et al. 1983). Applications of the Jury model are for example, the comparative evaluation of pesticides transport in soil (Jury et al. 1984a) and the evaluation of the volatilization sub-model in a field study (Jury et al. 1984b). The Jury model will be used here to exemplify the coupling between exposure modelling and generalized ranking.

4 Ranking Procedures

4.1 Multicriteria Analysis

As already mentioned, the prediction (or determination) of pesticides' fate is one of the first steps towards a comparative evaluation. There are several outcomes, which can be deduced from models: If for example an unsaturated soil zone model is applied, not only the uptake of pesticides by roots is of interest, but also the leaching to the groundwater and the residence time of a pesticide in the soil. If a groundwater model is included the breakthrough curve at specific points may be of interest. Whereas degradation rates can be included within exposure models, toxicity data do not match the frame of the differential mass balance equations, which are the basis of exposure models. The different aspects of chemical fate (leaching, transfer to plants, accumulation at different sites of the soil) however may cause different ecological hazards. The aggregation into a single number in order to construct a ranking index masks many information, which may be useful with respect to ecological considerations. Therefore the basis of a ranking of pesticides should be a multicriteria analysis, that gathers information from models possibly together with toxicity data in a vectorial quantity, i.e. in a set of characteristics. Pesticides that are characterized by such a set of numbers can be ranked in a general sense as will be exemplified in the next section.

4.2 Partially Ordered Sets

Let P be the set of pesticides and let IB (information basis) be the set of criteria we want to use in ranking. Then **q** is defined as vector containing the numerical values of all criteria for one pesticide. A comparison of pesticides is defined by:

$$\text{Pesticide i} \leq \text{Pesticide j} : \mathbf{q}_i \leq \mathbf{q}_j : \Leftrightarrow q_{ki} \leq q_{kj} \quad \text{for } \mathbf{all} \text{ k of IB} \qquad (1)$$

where q_{ki} is the kth component of the vector $\mathbf{q}_i$. In words: With respect to the quantities gathered in the vector $\mathbf{q}_i$, the pesticide i is considered less hazarduous than pesticide j. By eq. (1) the set of pesticides is no more a simple gathering of objects, but gets a structure, namely by an order relation. The kind of order is called a product order. Demanding that eq. (1) is valid for all criteria of IB, has severe consequences: Whereas the comparison of single numbers ($q_{ki} \leq q_{kj}$) is always possible, the comparison of a vector is not. Instead of a total (or linear) order as known for numbers (each non-complex number can be compared with each non-complex other number) we arrive at a partial order. Sets with a partial order are therefore called partially ordered sets (abbreviated as posets). Supposed the product order is used, the poset will only depend on IB, therefore the notation (P,IB) is useful. Often partially ordered sets can be visualized by so-called Hasse diagrams or "line diagrams", which are examples of acyclic directed graphs. The construction of Hasse diagrams is well explained in several papers (Brüggemann & Halfon 1997) and is now extended to include probability considerations (Sörensen et al. 1998).

Application of the theory of posets does not end with the Hasse diagram, from which many pieces of information can be read. Tools have been developed, by which

- a sensitivity analysis and
- a stability consideration can be performed and
- the robustness for data quality can be examined.

The sensitivity analysis is based on the concept of distances among posets (based on the so called Hamming distance, Bollobas 1986). Each poset is generated by a slight modification of the information basis. If the distance is large, then the corresponding modifications had a severe influence on the ranking. The stability analysis examines the effect of unknown addtional attributes. The basic idea is: If we increase the information basis then we come up with such a detailed information about each compound that no compound can be compared with another one on the basis of eq. (1): A so-called Total Antichain is generated. By comparing the actual poset with the Total Antichain on the one side and with a Total Chain (all compounds are mutually comparable on the basis of eq. (1)) on the other side, the effect of adding an extra attribut or omitting an attribute can be estimated. The robustness once again is based on the concept of distances among posets. In this case, the information base is kept constant and different data representations are examined.

4.3 Results

As an example, the procedure discussed so far (fate modelling, prediction of degradation, ranking by use of posets) will now be applied to a set of seven s-triazine herbicides (Table 1). The fate of these herbicides is predicted using the evaluative Jury model, which was extended here to account for the process of chemical uptake in plants via the transpiration-stream-concentration factor. It is assumed that the s-triazines transport occurs in a loamy soil located in Southern Germany (Behrendt et al. 1995). Degradation rates as predicted from the EROS program are taken into account whereas the degradation products are not considered here for the sake of simplicity. Three fate descriptors have been calculated: (1) Time for a 10 cm advective transport of the herbicide in soil D_{ad}, (2) half-live of residence time in the soil for a simulation period of 7 days with evaporation and without transpiration D_t, and (3) with transpiration and with evaporation D_{et}.

Table 1. Fate descriptors calculated from the Jury model (see text) and chemical substitution pattern given by the substituents R^i of seven s-triazine herbicides.

No.	Name	D_{ad}/d	D_t/d	D_{et}/d	R^1	R^2	R^3
1	Atraton	140	124	109	OMe	NHEt	NHiPr
2	Prometon	359	267	250	OMe	NHiPr	NHiPr
3	Simeton	56	207	111	OMe	NHEt	NHEt
4	Atrazine	68	124	89	Cl	NHEt	NHiPr
5	Propazine	171	267	219	Cl	NHiPr	NHiPr
6	Simazine	29	206	67	Cl	NHEt	NHEt
7	Terbuthylazine	182	135	122	Cl	NHEt	NHtBu

These three descriptors for the seven s-triazines form the information basis for the ranking by use of posets. They are defined in a way that increasing values indicate longer residence times of the herbicide in soil compartment, what means stronger hazards to the soil. The resulting Hasse diagram is shown in Figure 1.

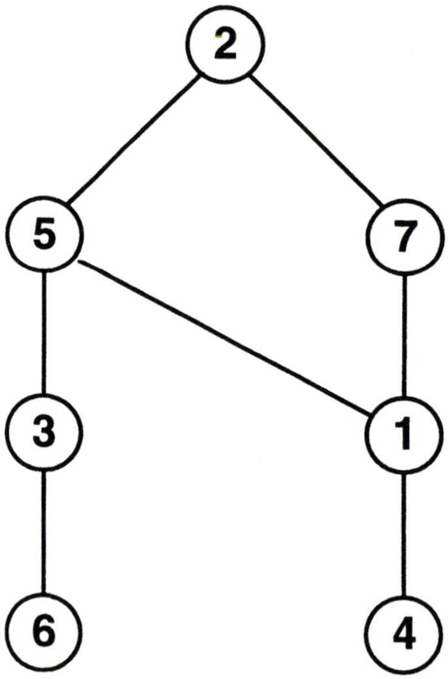

Fig. 1. Hasse diagram of the seven s-triazines from Table 1. The fate descriptors are defined in such a way that the top elements pose the strongest hazard to the soil.

The following three topics are discussed in the context of the ranking procedure: Priority pesticides, sequences of increasing overall hazard, characteristic differences between pesticides. In Figure 1 the pesticide 2 represents an extremal chemical. Obviously this pesticide has a pattern of descriptors that is extremal with respect to environmental hazard. Generally there may be more than one extremal elements of the poset. This can be demonstrated, if pesticide 2 would not belong to the set of pesticides under examination. Then, the remaining set would lead to a Hasse diagram where the chemicals 5 and 7 have no upper neighbors. Such pesticides (or more generally elements) are called maximal elements. They are the pesticides of primary interest, i. e. they are on the priority list.

Sometimes one is interested to find subsets of pesticides that are mutually comparable. Then a sequence like

pesticide 1 $\leq$ pesticide 2 $\leq$ pesticide 3 ..... $\leq$ pesticide m

makes sense. Such sequences (called chains in mathematics) must have an interesting property: All criteria increase simultaneously from the left side to the right side. Therefore we can speak from an overall hazard, which increases from the left to the right side. In the Hasse diagram shown in Figure 1 several chains may be found: $6 \leq 3 \leq 5 \leq 2$, for example.

Instead of chains often such subsets of pesticides are of interest, for which no element can be compared with another one. These subsets are called antichains and represent elements of a characteristic pattern within their assigned vectors. Pesticides within antichains may exert different paths of ecological effects. From the Hasse diagram of Figure 1 antichains are easily determined: For example the pesticides 5 and 7 form an antichain. No other pesticide could be added, because each third chemical would be comparable to either 5 or 7. An extensive analysis of the triazine example taking into account degradation products and further descriptors including a toxicity indicator can be found elsewhere (Behrendt et al. 1999).

5 Discussion

The comparative evaluation of objects (pesticides) by ranking them is not a trivial task because the comparisons are only possible if a ranking index is defined or a general order concept is introduced. The advantage of the concept of generalized order is that a numerical combination of data of different type and quality is not needed. However, two disadvantages are to be mentioned: (1) In real exercises the number of objects may be very large, therefore the Hasse diagrams may be a system of confusing lines. However techniques are under development to get easy readable graphs. (2) Often the numerical values assigned to two objects are not significantly different, nevertheless in Hasse diagrams the two objects are treated separately. To avoid this, a categorization of data may be a useful preparing step. Therefore also methods of multivariate statistics (for example cluster analysis) can be combined with those of the theory of partially ordered sets (Luther et al. 2000, Pudenz et al. 2000). The combination of QSAR, exposure models, inverse modelling techniques, data preparation step by multivariate statistics and application of concepts of generalized order could be a powerful instrument to rank pesticides.

Acknowledgements

Financial support by the „Deutsche Bundesstiftung Umwelt“ is gratefully acknowledged.

References

Altschuh J., Brüggemann R., Santl H., Eichinger G., & Piringer O.G. (1999). Henry's Law Constants for a Diverse Set of Organic Chemicals: Experimental Determination and Validation of Estimation Methods. Chemosphere, 39, 1871-1887.

Altschuh J., Brüggemann R. (1993). Limitations on the Calculation of Physicochemical Properties. In: Calamari D, Ed, Chemical Exposure Prediction. Lewis Publishers, Boca Raton FL, pp 1-11.

Behrendt H., Altschuh J., Sixt S., Gasteiger J., Höllering R., Kostka T. (1999). A Unified Approach to Exposure Assessment by Computer Models for Degradation Reactions and Soil Accumulation: The Triazine Herbicide Example. Chemosphere, 38, 1811-1823.

Behrendt H., Brüggemann R. (1993). Modelling the Fate of Organic Chemicals in the Soil Plant Environment - Model Study of Root Uptake of Pesticides. Chemosphere, 27, 2325-2332.

Behrendt H., Brüggemann R., Morgenstern M. (1995). Numerical and Analytical Model of Pesticide Root Uptake. Model Comparison and Sensitivities. Chemosphere, 30, 1905-1920.

Beinat E., van den Berg R. (1996). EUPHIDS, a decision support system for the admission of pesticides. Report No. 712405002, National Institute of Public Health and the Environment, Bilthoven.

Bollobas B. (1986). Combinatorics, Set systems, Hypergraphs, Families of Vectors and Combinatorial Probability. Cambridge University Press , New York.

Brüggemann R., Drescher-Kaden U., Münzer B. (1996). E4CHEM, a Simulation Program for the Fate of Chemicals in the Environment. GSF-Bericht 2/96, Neuherberg

Brüggemann R., Voigt K. (1996). Stability of Comparative Evaluation - Example: Environmental Databases. Chemosphere, 33, 1997-2006.

Brüggemann R., Halfon E., (1997). Comparative Analysis of Nearshore Contaminated Sites in Lake Ontario: Ranking for Environmental Hazard. J. Environ. Sci. Health , A32, 277-292.

Brüggemann R., Bartel, H.-G. (1999). A Theoretical Concept to Rank Environmentally Significant Chemicals. J Chem Inf Comp Sc, 39, 211-217.

Brüggemann R., Bücherl C., Pudenz S., Steinberg C. (1999). Application of the concept of Partial Order on Comparative Evaluation of Environmental Chemicals. Acta hydrochim hydrobiol, 27, 170-178.

Brüggemann R., Grell J., Simon U., Pudenz, S. (1999). Vergleichende Bewer-tung mit der Hassediagrammtechnik. In IFV Wasserforschung Hrsg., Schriftenreihe Wasserforschung Band 5, pp. 5-31

Brüggemann, R., & Steinberg, C. (2000). Einsatz der Hassediagrammtechnik zur vergleichenden Bewertung von Analysendaten - am Beispiel der Umweltuntersuchungen in den Regionen Baden-Württembergs-. In H. Günzler, Hrsg., *Analytiker Taschenbuch* 21. pp. 3-33, Springer Verlag Berlin

Devillers J., Bintein S., Domine D., Karcher W. (1995). A General QSAR Model for Predicting the Toxicity of Organic Chemicals to Luminescent Bacteria (Microtox ® Test). SAR QSAR Environ. Res., 4, 29-38.

Gasteiger J, 1988. "Empirical Methods for the Calculation of Physicochemical Data of Organic Compounds", in: "Physical Property Prediction in Organic Chemistry", Ed. Jochum C., Hicks MG, Sunkel J., Springer Verlag, Heidelberg, 119-138.

Gasteiger J., Hondelmann U., Röse P., Witzenbichler W. (1995). Computer-assisted prediction of the degradation of chemicals: hydrolysis of amids and benzoylphenylureas. J. Chem. Soc. Perkin Trans., 2, 193-204.

Gnauck A., Matthäus E., Straskraba M., Affa L. (1990). The Use of SONCHES for Aquatic Ecosystem Modelling. Syst Anal. Model. Simul., 7, 439-458.

Halfon E., Galassi S., Brüggemann R., Provini A. (1996). Selection of Priority Properties to Assess Environmental Hazard of Pesticides. Chemosphere , 33, 1543-1562.

Jaworska J., Schultz T.W. (1994). Mechanism-Based Comparisons of Acute Toxicities Elicited by Industrial Organic Chemicals in Procaryotic and Eucaryotic Systems. Ecotoxicol. Environ. Safety, 29, 200-213.

Jury W.A., Spencer W.F., Farmer W.J. (1983). Behavior Assessment Model for Trace Organics in Soil: I. Model Description.. J. Environ. Qual., 12, 558-564.

Jury W.A., Spencer W.F., Farmer W.J. (1984a). Behavior Assessment Model for Trace Organics in Soil: III. Application of Screening Model. J. Environ. Qual., 13, 573-579.

Jury W.A., Spencer W.F., Farmer W.J. (1984b). Behavior Assessment Model for Trace Organics in Soil: IV. Review of Experimental Evidence. J. Environ. Qual., 13, 580-586.

Kaiser K.L.E., McKinnon M.B. (1994). Computox™ Toxicity Database, Version 4.01. National Water Research Institute, Burlington.

Karickhoff S.W. (1981). Semi-Empirical Estimation of Hydrophobic Pollutants on Natural Sediments and Soils. Chemosphere, 10, 833-846.

Kinzelbach W. (1992). Numerische Methoden zur Modellierung des Transports von Schadstoffen im Grundwasser. München: Oldenbourg-Verlag.

Lyman W.J., Reehl W.F., Rosenblatt D.H. (1990). Handbook of Chemical Property Estimation Methods. American Chemical Society, Washington.

Matthies M., Behrendt H. (1991). Pesticide Transport Modelling in Soil for Risk Assessment of Groundwater Contamination. Toxicol. Environ. Chem., 31/32, 357-365.

Matthies M., Klein M. (1994). Modellierung von Stoffausbreitungen. UWSF - Z. Umweltchem. Ökotox., 6, 359-366.

Medina A., Carrera J. (1996). Coupled estimation of flow and solute transport parameters. Water Resour. Res., 32, 3063-3076.

Meylan W., Howard P.H., Boethling R.S. (1992). Molecular Topology/Fragment Contribution Method for Predicting Soil Sorption Coefficients. Environ. Sci. Technol., 26, 1560-1567.

Meylan W.M., Howard P.H. (1991). Bond Contribution Method for Estimating Henry's Law Constants. Environ. Toxicol. Chem., 10, 1283-1293.

Nützmann, G., Thiele, M., Maciejewski, S., & Joswig, K. (1998). Inverse modelling techniques for determining hydraulic properties of coarse-textured porous media by transient outflow methods. *Adv Wat Res, 22,* 273-284.

Pudenz S., Brüggemann R., Luther B., Kaune A., Kreimes K. (2000). An algebraic/graphical tool to compare ecosystems with respect to their pollution V: Cluster analysis and Hasse diagrams. Chemosphere, 40, 1373-1382.

Pudenz S., Nützmann G. (1997). Abschätzung der Phosphatverlagerung im Boden- und Grundwasser mit Hilfe des Kompartimentmodells MORPHO. DGM, 41, 72-74.

Pudenz S., Nützmann G., Brüggemann R. (1999). Das komplexe Modell MORPHO als ein Baustein in der ökologischen Modellierung. In D.R. Pelz, O. Rau, J. Saborowski, Eds., Herbstkolloquium der Arbeitsgruppe Ökologie der Internationalen Biometrischen Gesellschaft - Deutsche Region, 1998. (pp. 202-211). Internationale Biometrische Gesellschaft, Deutsche Region, Freiburg

Recknagel F., Petzoldt T., Jaeke O., Krusche F. (1994). Hybrid expert system DELAQUA, a toolkit for water quality control of lakes and reservoirs. Ecological Modelling, 71, 17-36.

Ribo J.M., Kaiser K.L.E. (1987). Photobacterium phosphoreum Toxicity Bioassay. I. Test Procedures and Applications. Tox. Assess., 2, 305-323.

Richardson M. (1993). Ecotoxicology Monitoring. VCH Verlagsgesellschaft, Weinheim.

Sabljic A. (1987). On the Prediction of Soil Sorption Coefficients of Organic Pollutants from Molecular Structure: Application of Molecular Topology Model. Environ. Sci. Technol., 21, 358-366.

Sabljic A., Güsten H., Verhaar H., Hermens J. (1995). QSAR Modelling of Soil Sorption. Improvements and Systematics of log K_{OC} vs. log K_{OW} Correlations. Chemosphere, 31, 4489-4514.

Sixt S., Altschuh J., Brüggemann R. (1995). Quantitative Structure-Toxicity Relationships for 80 Chlorinated Compounds Using Quantum Chemical Descriptors. Chemosphere, 30, 2397-2414.

Sixt S., Altschuh J. (1997). Prediction of Luminescent Bacteria Toxicity Using Quantum Chemical Descriptors: Test of a Classification Scheme. In: Chen F, Schüürmann G, Eds, Quantitative Structure-Activity Relationships in Environmental Sciences - VII. SETAC Press, Pensacola FL, pp 343-362.

Straskraba, M., & Gnauck, A. (1983). Aquatische Ökosysteme, Modellierung und Simulation. Gustav Fischer-Verlag, Stuttgart

Van Leeuwen C.J., Hermens J.L.M. (1995). Risk Assessment of Chemicals. Kluwer Academic Publishers, Dordrecht.

Verhaar H.J.M., Van Leeuwen C.J., Hermens J.L.M. (1992). Classifying Environmental Pollutants. 1: Structure-Activity Relationships for Prediction of Aquatic Toxicity. Chemosphere, 25, 471-491.

Wagenet R.J., Hutson J.L. (1987). LEACHM Leaching Estimation And Chemistry Model 1.0. Continuum, Vol. 2. Ithaca NY USA: Water Resources Institute CER Cornell University.

Modulares dynamisches Wachstumsmodell für Zuckerrüben als integrativer Bestandteil von komplexen agrarökologischen Simulationsmodellen

Wilfried Mirschel[1)], Helmut Förkel[2)], Uwe Franko[3)]

[1)] Zentrum für Agrarlandschafts- und Landnutzungsforschung (ZALF) e.V., Institut für Landschaftssystemanalyse, Eberswalder Straße 84, 15374 Müncheberg
[2)] Bergstraße 18, 15374 Müncheberg
[3)] UFZ-Umweltforschungszentrum Leipzig-Halle GmbH, Sektion Bodenforschung, Theodor-Lieser-Str. 4, 06120 Halle

Zusammenfassung. Ausgehend von allgemeinen Anforderungen an Agrarökosystemmodelle wird das in die AGROSIM-Modellfamilie des ZALF Müncheberg integrierte modulare dynamische Wachstumsmodell für Zuckerrüben vorgestellt. Neben einer allgemeinen Modellbeschreibung werden die im Modell verwendeten Ansätze für die potentielle und aktuelle Assimilation, die Assimilatverteilung, die Atmung, die Biomasse- und Ertragsbildung sowie die Blattflächenentwicklung (repräsentiert durch den Blattflächenindex) im Detail beschrieben. Ergebnisse zur Modellverifizierung und -validierung schließen sich an. Desweiteren wird die Integration des modularen dynamischen Wachstumsmodells für Zuckerrüben in das Simulationssystem CANDY für Bodenprozesse des UFZ Leipzig-Halle beschrieben. Ausgehend von den dabei erzielten Ergebnissen wird auf verschiedene Fragen, die bei der Kopplung bzw. Integration von Modellbausteinen und Moduln verschiedener Modellsysteme auftreten, eingegangen.

Schlüsselwörter. Agroökosystem, AGROSIM, Wachstumsmodell, Simulationssystem, Modellsytem, Zuckerrübe

1 Einleitung

Für den gesamten Stoff-, Wasser- und Energiehaushalt einer durch den Menschen geprägten Kulturlandschaft spielen neben den Forst- und Grünlandökosystemen vor allem auch Agrarökosysteme und deren Wechselwirkungen und Austauschprozesse zu anderen Ökosystemen eine dominierende Rolle. In letzter Zeit treten Forderungen nach mittel- bis langfristigen, auf einen Kompromiss zwischen Ökologie und Sozioökonomie ausgerichtete Folgeabschätzungen von Landnutzungsänderungen bzw. Veränderungen im Klima auf regionaler Ebene immer mehr in den Vordergrund. Eine vorrangige Aufgabe der heutigen agrarökologischen Forschung besteht im Verbund mit den Bereichen Systemanalyse und Modellierung darin, praktikable rechnergestützte Instrumentarien für Prognose-, Simulations- und Szenariorechnungen als Grundlage für solche Entscheidungsfindungen zu schaffen, die möglichst modular aufgebaut sein sollten. Mit diesen Instrumentarien sind dann zeiteffektiv und ökonomisch vertretbar fast unbegrenzt viele Simulationsexperimente als Grundlage für die Ableitung von Entscheidungen möglich. Da die Kulturlandschaft Mitteleuropas zu großen Teilen agrarisch genutzt wird, kommt dabei den fruchtartspezifischen Agrarökosystemmodellen, in denen das System "Boden - Pflanzenbestand - Atmosphäre - Management" abgebildet wird, eine besondere Bedeutung zu. Im Sinne der notwendigen Instrumentarien sollten die Agrarökosystemmodelle

- *wetter- bzw. klimasensitiv* sein, um Wetter- bzw. Klimaszenarien rechnen zu können,
- *standortsensitiv* sein, um regionalbezogene Szenariorechnungen durchführen zu können,
- *managementsensitiv* sein, um als Grundlage für den Vergleich unterschiedlicher Landnutzungs- und Managementszenarien zu dienen,
- *robust* genug sein, um nichterfüllbare Genauigkeitsanforderungen an Parameter und Inputgrößen zu vermeiden,
- *einfach* genug sein, um nur solche Inputinformationen zu nutzen, die verfügbar oder leicht ableitbar bzw. mit finanziell vertretbarem Aufwand beschaffbar sind,
- *komplex* genug sein, um alle relevanten Abhängigkeiten und Wechselwirkungen zu berücksichtigen,
- *modular strukturiert* sein, um eine bessere Integrierbarkeit in andere Modelle bzw. in komplexe Modell- bzw. Simulationssysteme zu gewährleisten,
- *unkompliziert handhabbar* sein, um den unterschiedlichsten Nutzergruppen entgegenzukommen.

Im Zentrum für Agrarlandschafts- und Landnutzungsforschung (ZALF) Müncheberg wird an der Agrarökosystemmodellfamilie AGROSIM (***AGRO***ökosystem ***SIM***ulation) gearbeitet. Die darin enthaltenen Modelle für Winterweizen, Wintergerste, Winterroggen, Zuckerrüben und verschiedene Zwischenfrüchte erfüllen im wesentlichen die oben aufgeführten Anforderungen an Agrarökosystemmodelle. Diese sich in der Struktur ähnelnden Modelle beschreiben auf der Grundlage von Ratengleichungen mit einer Zeitdiskretisierung von einem Tag das Wachstum und die Ertragsbildung von ganzen Pflanzenbeständen unter Freiland- bzw. Praxisbedingungen. Die dafür notwendigen Inputgrößen und Parameter (meteorologische Standardgrößen, Bodenparameter, Managementdaten entsprechend einer Schlagkartei) sind auch regional leicht beschaffbar bzw. ableitbar (Mirschel et al. 1997). Stellvertretend für die AGROSIM-Modelle soll nachfolgend das dynamische Wachstumsmodell für Zuckerrüben aus dem Agrarökosystemmodell AGROSIM-

ZR (***AGRO***ökosystem ***SIM***ulation Zucker***R***übe) vorgestellt werden. Anschließend wird auf die Integration der die Biomasse- und Ertragsbildung beschreibenden Modellbausteine (Module) aus AGROSIM-ZR in das Simulationssystem CANDY (***C***arbon ***A***nd ***N***itrogen ***DY***namics) für Bodenprozesse, das im Umweltforschungszentrum (UFZ) Leipzig-Halle entwickelt wurde (Franko et al. 1995), und die damit im Zusammenhang stehenden Fragestellungen und Probleme eingegangen.

2 Wachstumsmodell für Zuckerrüben aus der AGROSIM-Modellfamilie

2.1 Modellbeschreibung

Für den gesamten Zeitraum zwischen Aussaat und Ernte der Zuckerrüben werden in Tagesschritten die Entwicklung und das Wachstum eines Zuckerrübenbestandes unter Feldbedingungen beschrieben. Abgebildet werden dabei die wichtigsten Biomasse produzierenden, aber auch Biomasse verbrauchenden Prozesse. Aus Abbildung 1 wird deutlich, wie das Modul zur Beschreibung des Zuckerrüben-Wachstums strukturiert ist und in welcher Beziehung es zum Bodenmodul (Beschreibung der Bodenprozesse) und zum Inputmodul (Wetter, Management) steht.

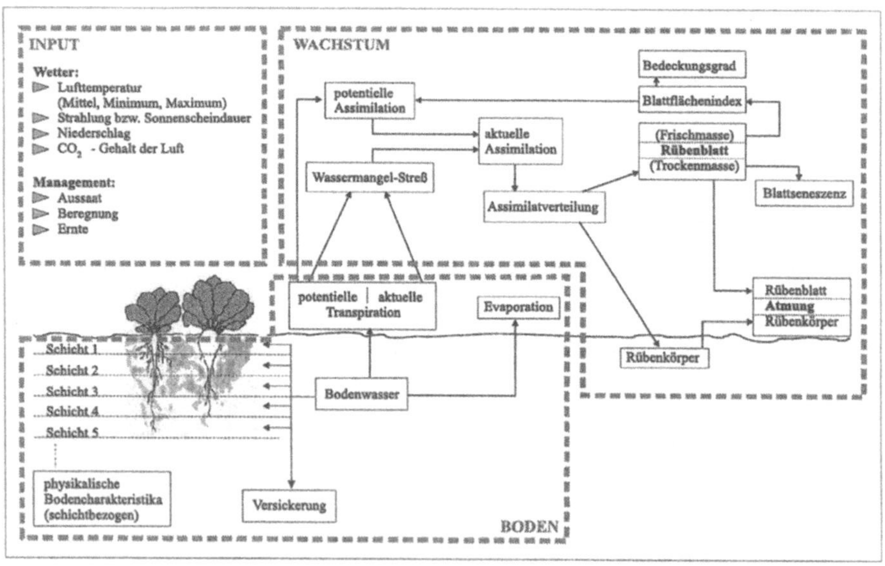

Abb. 1. Struktur des Moduls zur Beschreibung des Zuckerrüben-Wachstums und Integration des Wachstumsmoduls in das Agrarökosystemmodell AGROSIM-ZR

Auf der Grundlage der täglichen potentiellen und aktuellen Transpiration, die im Bodenmodul unter Nutzung der Algorithmen des Mehrschichtenbodenfeuchte-

und Evapotranspirationsmodells BOWET (Mirschel et al. 1995) unter Berücksichtigung des Entwicklungszustandes des Zuckerrübenbestandes berechnet und durch diesen bereitgestellt werden, werden die potentielle und die aktuelle Assimilation berechnet. Die modellmäßige Berechnung der täglichen potentiellen Assimilation basiert zusätzlich noch auf der für die Photosynthese zur Verfügung stehenden Blattfläche sowie dem CO_2-Gehalt der Luft, ausreichende Stickstoffversorgung vorausgesetzt. Die tägliche aktuelle Assimilation des Zuckerrübenbestandes berechnet sich in Abhängigkeit vom Wasserversorgungszustand des Rübenbestandes, das heißt, vom Quotienten aus aktueller zu potentieller Transpiration als Maß der jeweiligen Wassermangelstressintensität. Die täglich gebildeten Assimilate werden auf Rübenblatt und Rübenkörper aufgeteilt. Unter Berücksichtigung des Kohlenstoffgehaltes in der Trockenmasse sowie der Atmungsraten und Absterbeverluste wird die täglich erntbare Rübenkörper- und Rübenblatttrockenmasse bestimmt. Über die wasserversorgungsabhängige Bestimmung des Rübenblatt-Trockenmassegehaltes wird ausgehend von der Rübenblatt-Trockenmasse auf die Rübenblatt-Frischmasse geschlossen. Diese ist dann wiederum Ausgangsgröße für die Berechnung des aktuellen Blattflächenindex (LAI) als eine der Bezugsgrößen für die Berechnung der potentiellen Assimilation sowie des Bedekkungsgrades. Eine fachlich-inhaltliche Analyse des Wachstums und der Ertragsbildung bei Zuckerrüben führt zu den nachfolgend aufgeführten qualitativen funktionalen Zusammenhängen zwischen den für das Wachstum bedeutsamen Zustandsvariablen:

potentielle Transpiration **(PT)**	$= f$ **(TMIT, GS)**
aktuelle Transpiration **(AT)**	$= f$ **(BWV)**
potentielle Assimilation **(pA)**	$= f$ **(PT, LAI, CO2)**
aktuelle Assimilation **(aA)**	$= f$ **(pA, PT, AT)**
Assimilatverteilung **(AV)**	$= f$ **(TAG, t_A, PT, AT)**
Trockenmasse Rübenkörper **(TRK)**	$= f$ **(aA, AV, ARK)**
Trockenmasse Rübenblatt **(TRB)**	$= f$ **(aA, AV, ARB)**
Trockensubstanz-Gehalt Blatt **(TGB)**	$= f$ **(PT, AT, TAG, t_A)**
Frischmasse Blatt **(FRB)**	$= f$ **(TRB, TGB)**
Blattflächenindex **(LAI)**	$= f$ **(FRB)**
Atmung Rübenkörper **(ARK)**	$= f$ **(TRK, PT, CO2)**
Atmung Rübenblatt **(ARB)**	$= f$ **(TRB, PT, CO2)**
Bedeckungsgrad **(BG)**	$= f$ **(LAI)**

Dabei bedeuten BWV - Bodenwasservorrat, TAG - julianischer Kalendertag, t_A - Tag des Auflaufens, CO2 - CO_2-Gehalt der Luft, GS - Globalstrahlung und TMIT -Tagesmitteltemperatur.

Die Einflüsse von weiteren Managementmaßnahmen, wie z. B. Fruchtfolge sowie organische und mineralische Düngung (N, P, K) werden im Modell zur Zeit noch nicht abgebildet. Durch die modulare Modellstruktur ist eine Modellerweiterung um diese Einflußfaktoren jedoch leicht möglich.

2.1.1 Modell zur Bestimmung der Assimilation

2.1.1.1 Potentielle Assimilation

Grundlage für die modellmäßige Beschreibung der potentiellen Assimilation sind die durch Gaastra (1959) abgeleiteten Abhängigkeiten von Strahlung, CO_2-Gehalt der Luft und Temperatur. Eine wichtige Größe bei der Berücksichtigung der Strahlungsausnutzung im Feldbestand ist der photosynthetisch aktive Blattapparat, repräsentiert durch die Blattfläche bzw. den Blattflächenindex (LAI) sowie der CO_2-Gehalt der Luft. Da in der Vegetationsperiode zwischen Strahlung und potentieller Transpiration eine sehr enge Korrelation besteht (Koitzsch 1977), wird neben dem LAI- und dem CO_2-Einfluß hier die potentielle Transpiration als Ausgangsgröße für die modellmäßige Abschätzung der potentiellen Assimilation gewählt. In Auswertung langjähriger Versuchsergebnisse am Standort Müncheberg sowie Ergebnissen aus der Literatur (Kitamura 1976, Kretschmer 1982) wurde für die Abhängigkeit der potentiellen Assimilation von der potentiellen Transpiration, dem LAI und dem CO_2-Gehalt der Luft folgender Ansatz gefunden:

$$pA = \begin{cases} K_{CO2}\, K_{LAI}\, 95 & ; \quad PT \geq 6 \\ K_{CO2}\, K_{LAI}\, [55\,(PT - 0{,}1) - 10{,}9\,(PT - 0{,}1)^2 + 0{,}73\,(PT - 0{,}1)^3] & ; \quad 0{,}1 \leq PT < 6 \\ 0 & ; \quad PT < 0{,}1 \end{cases}$$

Die täglichen Assimilationsraten werden entscheidend auch durch die Größe der photosynthetisch aktive Blattfläche beeinflusst. Wie Auswertungen von umfangreichen Versuchsergebnissen zeigen, ist der Einfluss besonders bis zu einem LAI von 3 - 4 sehr deutlich ausgeprägt, nimmt bis zu einem LAI von 7 ab und bleibt bei noch größeren LAI weitestgehend konstant (Abbildung 2).

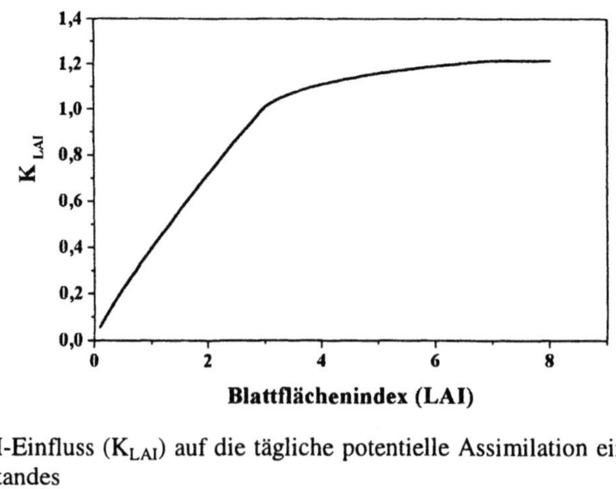

Abb. 2. LAI-Einfluss (K_{LAI}) auf die tägliche potentielle Assimilation eines Zuckerrübenbestandes

Der in Abbildung 2 dargestellte Einfluß wird durch nachfolgenden Modellansatz beschrieben:

$$K_{LAI} = \begin{cases} 1{,}2154 & ; \quad LAI > 7 \\ 1{,}01 + 0{,}1 \ln(1{,}7LAI - 4{,}1) & ; \quad 3 \leq LAI \leq 7 \\ 0{,}39698\, LAI^{0{,}85} & ; \quad LAI < 3 \end{cases}$$

Die modellmäßige Beschreibung des Einflusses des CO_2-Gehaltes der Luft auf die potentielle Assimilation basiert auf der von Gaastra (1959) für Zuckerrüben ermittelten Beziehung, wurde von Hoffmann (1993) unter Berücksichtigung der Globalstrahlung modifiziert und ergibt sich normiert auf einen CO_2-Gehalt von 350 ppm letztendlich zu:

$$K_{CO2} = \frac{\dfrac{CO2 + 0{,}036\, GS - 80}{CO2 + 0{,}194\, GS + 140}}{\dfrac{0{,}036\, GS + 270}{0{,}194\, GS + 490}}$$

Der Einfluß des CO_2-Gehaltes der Luft (K_{CO2}) auf die potentielle Assimilation ist in Abhängigkeit von der Globalstrahlung und dem CO_2-Gehalt in Abbildung 3 dargestellt.

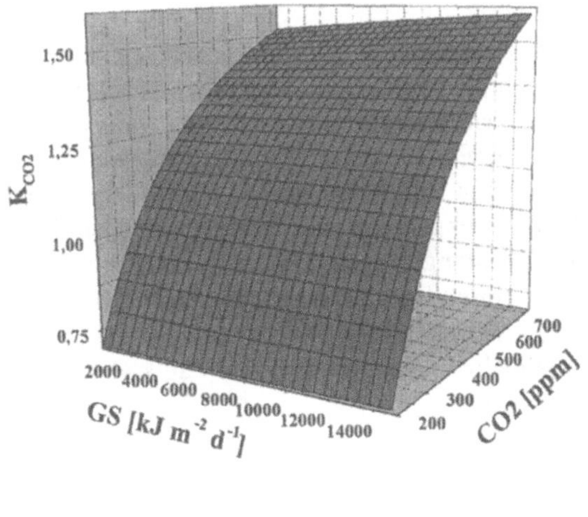

Abb. 3. Einfluß des CO_2-Gehaltes der Luft (K_{CO2}) auf die potentielle Assimilation in Abhängigkeit von Globalstrahlung (GS) und CO_2-Gehalt der Luft

2.1.1.2 Aktuelle Assimilation

Unter den Standortbedingungen von Zuckerrübenanbaugebieten treten besonders während der Hauptwachstumsperiode mehr oder minder ausgeprägte Wassermangelstreßsituationen auf, die dazu führen, daß die täglichen aktuellen Assimilationsraten in der Regel hinter den potentiell möglichen zurückbleiben. Ein Maß für die Abschätzung dieser assimilationshemmenden Auswirkungen ist der täglich wirkende Wassermangelgesamtstreß (WG). Dieser wird auf der Grundlage der aktuellen (AT) und potentiellen (PT) Transpiration über den Quotienten AT/PT, einem Maß für die Abschätzung der Intensität von Wassermangelstreß in Pflanzenbeständen (erste Anwendung durch De Witt (1958)) abgeschätzt. Die dazu notwendigen täglichen Größen für PT und AT können mittels eines Bodenfeuchte- und Evapotranspirationsmodells, wie z. B. BOWET (Wenkel et al. 1995), abgeschätzt werden. Untersuchungen im Rahmen der auf dem Quotienten AT/PT basierenden Beregnungssteuerung von Zuckerrüben (Wenkel & Mirschel, 1991) ergaben, daß pflanzenphysiologisch ein wassermangelstreßbedingtes Zuckerrübenwachstum erst bei AT/PT Werten von kleiner 0,8 auftritt. Unter Berücksichtigung dieser Erkenntnisse wird im Modell die Intensität des auf (0,1) normierten Wasserstreßereignisses am Tag des Auftretens (WS) wie folgt abgeschätzt:

$$WS = \begin{cases} BG\left(1 - \dfrac{AT}{PT}\right) & ; \quad \dfrac{AT}{PT} < 0{,}8 \\[2ex] 1 & ; \quad \dfrac{AT}{PT} \geq 0{,}8 \end{cases}$$

Wie jede andere Pflanze, stellt auch die Zuckerrübe ein adaptives biologisches System dar und versucht, zeitweilig streßbedingte Wachstumseinschränkungen unter nachfolgend günstigen Wachstumsbedingungen wieder teilweise bzw. völlig zu kompensieren (Kretschmer & Schäfer 1984). In Auswertung von diesbezüglichen Daten aus der Literatur und Messungen am Standort Müncheberg wird im Modell von einer Nachwirkungsdauer eines Wassermangelstreßereignisses von 20 Tagen ausgegangen. Die anfangs negative Nachwirkung schwächt sich ab, schlägt in eine positive um und klingt dann 20 Tage nach Auftreten völlig aus (Abbildung 4). Multipliziert mit der Intensität des Wassermangelstressereignisses ergibt sich somit die Größe der jeweiligen Nachwirkung am Tag k ($1 \le k \le 20$) nach Auftreten des Streßereignisses (WN(k)) zu:

$$WN(k) = 1{,}1\ WS\,(0{,}0001643\ |k - 14|^3 - 0{,}0455)\ ;\quad 1 \leq k \leq 20\,.$$

Damit ergibt sich der am Rechentag durch Wassermangel hervorgerufene Einfluß auf die Assimilation zu

$$WG = WS + \Sigma WN(k).$$

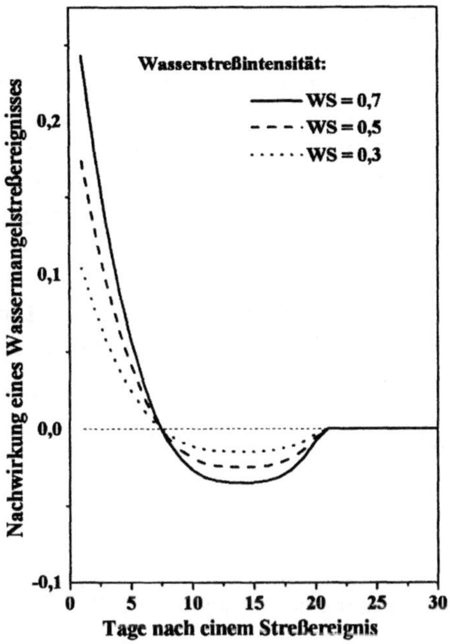

Abb. 4. Nachwirkung eines Wassermangelstreßereignisses in Abhängigkeit von den Tagen nach Auftreten des Stressereignisses sowie dessen Intensität

Ausgehend von der täglichen potentiellen Assimilation ergibt sich unter Berücksichtigung von WG die tägliche aktuelle Assimilation (aA) zu:

$aA = pA\,(1 - WG).$

Durch die hier auf der Basis von pflanzenphysiologischen Kompensationswirkungen getroffene Definition der täglichen Auswirkung von WG auf die aktuellen Assimilationsraten können unter Bedingungen besonders nach milden bis mäßigen Wasserstreßsituationen für die aktuellen Assimilationsraten auch Werte auftreten, die größer sind als die potentiellen Assimilationsraten. Solche höheren Werte wurden im Rahmen von CO_2-Gasaustauschmessungen in Zuckerrüben-Feldexperimenten am Standort Müncheberg nachgewiesen (Kretschmer & Schäfer 1984).

2.1.2 Modell zur Berechnung von Assimilatverteilung und Atmung

Die Verteilung der durch die Zuckerrüben täglich gebildeten Assimilate auf Rübenblatt und Rübenkörper unterliegt einer starken ontogenetischen Abhängigkeit. Das Verteilungsverhältnis wird aber auch durch Umwelteinflüsse (Wassermangelstress) und das Management (Wahl des Aussaattermins; N-Düngung) beeinflußt. Während das Verteilungsverhältnis zwischen Rübenblatt und Rübenkörper in der ersten Wachstumsphase zugunsten des Rübenblattes ausfällt, wechselt es über eine annähernde Gleichverteilung Mitte/Ende Juli in der zweiten Wachstumsphase zugunsten des Rübenkörpers, das heißt, im September/Oktober werden dann 70 - 90 % der Assimilate in den Rübenkörper eingelagert (Kretschmer 1982). Der von den täglich gebildeten Assimilaten für den Rübenkörper bereitgestellte Anteil (AN_{RK}) wird im wesentlichen als ontogeneseabhängig und damit entwicklungsphysiologisch fixiert ($AN_{RK}(O)$) modelliert, korrigiert um Terme, die sowohl den Einfluss von Wassermangelstress ($AN_{RK}(WG)$) als auch den Einfluss des Abweichens vom optimalen Aussaattermin ($AN_{RK}(A)$) berücksichtigen:

$$AN_{RK} = AN_{RK}(O) + AN_{RK}(WG) + AN_{RK}(A)$$

Die einzelnen Terme werden aufgrund des ausgewerteten Datenmaterials empirisch abgeschätzt. Der ontogeneseabhängige Term ergibt sich dabei zu:

$$AN_{RK}(O) = 0,27 \arctan(0,05\,(TNA - 75)) + 2,31\ 10^{-11}\ TNA^4 + 0,40\,,$$

der vom täglichen Gesamtwasserstreß abhängige Term zu:

$$AN_{RK}(WG) = 0,6\ WG$$

und der eine gegenüber dem optimalen Aussaattermin (Mitte April) verspätete Aussaat und damit einen gegenüber dem optimalen Aufgangstermin (5. Mai (125. Kalendertag)) verspäteten Aufgang berücksichtigende Term zu:

$$AN_{RK,t}(A) = 0,01\ [AN_{RK,t-1}(A)]^m\,,$$

$$m = \begin{cases} 0,9931 & ; \quad t_A < 125 \\ 0,95 - 0,034 \arctan(0,4\,(t_A - 133)) & ; \quad t_A \geq 125 \end{cases}$$

Der letzte Term verdeutlicht, daß die Entwicklung des Blattapparates um so schneller vorangetrieben wird, je später der Aufgangstermin liegt. Bei der Berechnung von AN_{RK} bedeuten t - Rechentag und TNA - Tage nach Aufgang des Zuckerrübenbestandes. Ergibt die Summe aus den drei Termen einen Wert für $AN_{RK} > 1$ ergeben, so wird $AN_{RK} = 1$ gesetzt. Der Anteil (AN_{RB}) an den täglichen Assimilaten, der dem Rübenblatt zur Verfügung gestellt wird, ergibt sich dann aus:

$$AN_{RB} = 1 - AN_{RK}\,.$$

Entsprechend ergeben sich dann die täglich dem Rübenblatt bzw. Rübenkörper zur Verfügung stehenden Assimilatmengen (A_{RB} bzw. A_{RK}) zu:

$$AV_{RB} = AN_{RB}\ aA \quad \text{bzw.} \quad AV_{RK} = AN_{RK}\ aA\,.$$

Bei der Abbildung der täglich notwendigen Pflanzenatmung (Erhaltungs- und Wachstumsatmung) wird modellintern davon ausgegangen, daß die Atmungsverluste sowohl für Rübenkörper als auch für Rübenblatt aus den jeweils täglich zur Verfügung stehenden Assimilatmengen abgedeckt werden. Die Größe der Assimilatmenge, die täglich für die Pflanzenatmung zur Verfügung gestellt werden muß, wird zum einen durch die vorhandenen erntbaren Trockenmassen von Rübenblatt (TM_{RB}) und Rübenkörper (TM_{RK}) und zum anderen auch durch die Temperatur und damit durch die Höhe des Verdunstungsanspruchs der Atmosphäre (potentielle Transpiration (PT)) bestimmt. Die täglichen Atmungsverluste werden getrennt für Rübenblatt und Rübenkörper (AT_{RB} bzw. AT_{RK}) über nachfolgende Ansätze abgeschätzt:

$$AT_{RB} = TM_{RB}\,(0{,}019 \arctan (PT/3 - 1{,}0) + 0{,}015)$$

$$AT_{RK} = TM_{RK}\,(0{,}032 \arctan (PT/3 - 1{,}0) + 0{,}025)$$

Die täglich nach der Assimilatverteilung sowie Deckung der Atmungsansprüche noch für den Biomassezuwachs von Rübenblatt und Rübenkörper zur Verfügung stehenden Assimilatmengen (A_{RB} bzw. A_{RK}) ergeben sich damit zu:

$A_{RB} = AV_{RB} - AT_{RB}$ bzw. $A_{RK} = AV_{RK} - AT_{RK}$.

2.1.3 Modell zur Berechnung der erntbaren Rübenkörper- und Rübenblatt-Trockenmassen

Die täglich durch die Photosynthese gebildete Assimilatmenge dient neben der Deckung der Atmungsansprüche der Zunahme der Pflanzenbiomasse und damit der täglichen Trockenmassezunahme von Rübenblatt und Rübenkörper. Die Umrechnungsfaktoren zwischen den für das Wachstum bestimmten Assimilaten und der erntbaren Trockenmasse für Rübenblatt und Rübenkörper unterliegen bedingt durch eine ontogeneseabhängige C-Gehaltsänderung einer Dynamik, die für Rübenblatt und Rübenkörper unterschiedlich ausgeprägt ist. Im Feldversuch (Hohenfinow, 1992, Sorte *Kawetina*) bewegten sich die Umrechnungsfaktoren zwischen Assimilaten und Trockenmasse bei Rübenblatt zwischen 1,273 und 1,644 und bei Rübenkörper zwischen 1,401 und 1,780. In Auswertung der umfangreichen Versuchsdaten ergaben sich für Rübenkörper und Rübenblatt ontogeneseabhängige Trockenmasse - Assimilation - Umrechnungen (f_{RK} bzw. f_{RB}) der Form:

$$f_{RK} = \frac{19{,}2}{32 + 0{,}057 \quad TNA}$$

$$f_{RB} = \begin{cases} 0{,}00106\,TNA^{1{,}5} - 9{,}5\,10^{-11}\,TNA^{5} & ; \quad TNA \leq 71 \\ 0{,}44 - 0{,}025 \arctan(0{,}08\,(TNA - 100)) & ; \quad TNA > 71 \end{cases}$$

Beim Umrechnungsfaktor für die erntbare Rübenblatt-Trockenmasse wird außer der ontogeneseabhängigen C-Gehaltsänderung auch der tägliche Absterbeverlust an Rübenblatt-Trockenmasse berücksichtigt, der mit zunehmendem Alter des Blattapparates wächst. Wolf et al. (1982) weisen aufgrund umfangreicher Blattmessungen an Zuckerrüben ab 70. bis 80. Tag nach Auflaufen der Zuckerrüben für die erntbare Trockenmasse wesentliche Absterbeverluste nach. Dabei können bis zur Ernte Trockenmasseverluste von 20 - 40 dt/ha auftreten, was 20 - 25 % der insgesamt gebildeten Rübenblatt-Trockenmasse entspricht (Weege 1982).

Die erntbaren Trockenmassen für Rübenblatt (TM_{RB}) bzw. Rübenkörper (TM_{RK}) ergeben sich demzufolge zu:

$TM_{RB} = f_{RB} \sum A_{RB}$ bzw. $TM_{RK} = f_{RK} \sum A_{RK}$.

2.1.4 Modell zur Berechnung des Blattflächenindex

Eine der wichtigsten Bezugsgrößen für die Berechnung der täglichen potentiellen und aktuellen Assimilation ist die photosynthetisch aktive Blattfläche, repräsentiert durch den Blattflächenindex (LAI). Schulz et al. (1981) wies eindeutig nach, daß der LAI am stärksten mit der Rübenblatt-Frischmasse korreliert ist. Umfangreiche Untersuchungen im Feldexperiment haben aber auch ergeben, daß bei Wasserstreß mit abnehmendem Blattwassergehalt eine signifikante Verringerung von Blattlänge und Blattbreite verbunden ist und sich damit der Blattflächenindex verkleinert. Ähnlichen wassermangelstreßabhängigen Schwankungen unterliegt auch die Rübenblatt-Frischmasse, was nochmals die enge Korrelation zum Blattflächenindex unterstreicht. Damit sind im zu wählenden Modellansatz für die Berechnung des Blattflächenindex auch entsprechende Wassermangelstreßgrößen zu berücksichtigen.

Ausgangspunkt für die Berechnung des Blattflächenindex bildet die Rübenblatt-Frischmasse (FM_{RB}), die sich aus Rübenblatt-Trockenmasse (TM_{RB}) und Rübenblatt-Trockenmassegehalt (TG_{RB}) über die Beziehung

$$FM_{RB} = TM_{RB} \, (TG_{RB})^{-1}$$

ergibt. Der Trockenmassegehalt ist während der Vegetationsperiode keine konstante Größe, sondern wird sowohl kurz- als auch langzeitig durch den Wasserversorgungszustand des Zuckerrübenbestandes beeinflußt. Um die Wirkung von kurzzeitigem Wassermangelstreß auf den Trockenmassegehalt ausreichend zu berücksichtigen, wird auf das Dekadenmittel (DW) aller Wassermangelstreßereignisse der letzten 10 Tage zurückgegriffen, das sich berechnet aus:

$$DW = 0{,}1 \sum_{t-9}^{t} (1 - Q) \; ; \qquad Q = \begin{cases} 1 & ; \; \dfrac{AT}{PT} > 0{,}8 \\[2ex] \dfrac{AT}{PT} & ; \; \dfrac{AT}{PT} < 0{,}8 \end{cases}$$

Die Langzeitwirkung von Wassermangelstreß auf den Trockenmassegehalt, die sich während der Vegetationsperiode in einer zunehmenden spezifischen Blattflächenmasse in Abhängigkeit vom Wasserversorgungszustand darstellt (Kretschmer 1982), wird über einen kumulativen Quotienten (KW) aus aktueller zu potentieller Transpiration berücksichtigt:

$$KW = \sum_{t_A}^{t} AT \Big/ \sum_{t_A}^{t} PT$$

Dabei werden nur solche Tage als echte Wassermangelstreßtage angesehen, an denen der Quotient AT/PT < 0,8 ist. Ist AT/PT ≥ 0,8, wird zur Berechnung von KW die aktuelle gleich der potentiellen Transpiration gesetzt. Ein Beispiel der Auswirkungen von Wassermangelstreß auf den Trockenmassegehalt des Rübenblattes während der Wachstumsperiode ist im Vergleich zwischen Modell und Experiment in Abbildung 5 dargestellt.

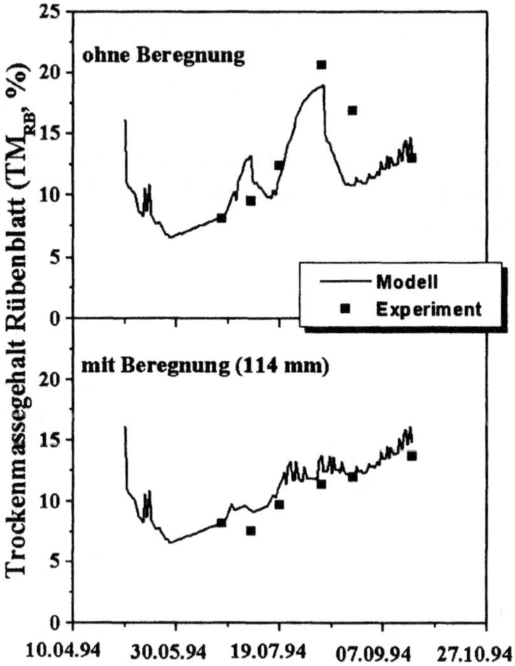

Abb. 5. Auswirkungen verschiedener Wasserversorgungszustände auf den Trockenmassegehalt Rübenblatt im Vergleich zwischen Modell und Experiment (Müncheberg,1994, Sorte: *Sonja*)

Unter Berücksichtigung dieser den Wassermangelstress berücksichtigenden Größen ergibt sich in Anpassung an umfangreiches Datenmaterial aus Feldversuchen unterschiedlicher Jahre und Standorte für die Berechnung des Trockenmassegehaltes (TG_{RB}) folgende Beziehung:

$$TG_{RB} = 0{,}06 + KW^{0,8} \arctan(0{,}00064\,(TNA - 110) + 0{,}063) + C\, DW_t.$$

mit

$$C = \begin{cases} 0{,}12 & ; \quad DW_{t-1} < DW_t \\ 0{,}07 & ; \quad DW_{t-1} \geq DW_t \end{cases}$$

Aufgrund eines umfangreichen Datenmaterials zur Blattfläche und der dazugehörigen Rübenblatt-Frischmasse, das in Feldexperimenten der Jahre 1992-1994 an den Standorten Dedelow und Hohenfinow erhoben wurde, und darauf aufbauender Anpassungsrechnungen wurde für die modellmäßige Beschreibung der Abhängigkeit des Blattflächenindex von der Rübenblatt-Frischmasse nachfolgende funktionale Abhängigkeit verifiziert:

$$LAI = \begin{cases} -0{,}0008034\ \_FM_{RB}-681\_^{1{,}3664}+6{,}4 & ; \quad FM_{RB} > 5 \\ 0{,}0975\ FM_{RB} & ; \quad FM_{RB} \leq 5. \end{cases}$$

Abbildung 6 zeigt am Beispiel zweier Standorte und zweier Jahre im Vergleich zwischen Modell und Experiment die Abhängigkeit des Blattflächenindex (LAI) von der Rübenblatt-Frischmasse.

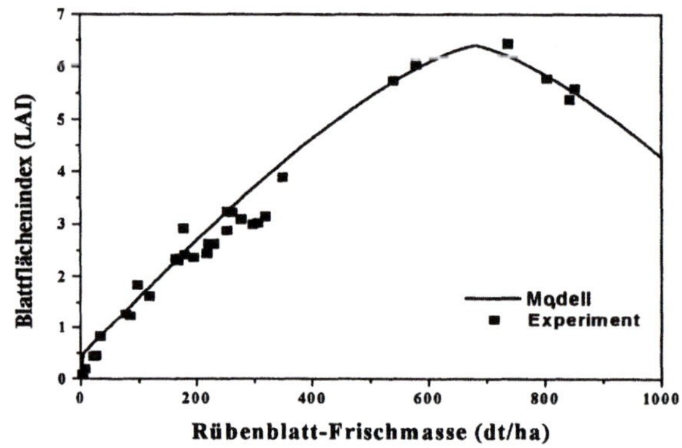

Abb. 6. Abhängigkeit zwischen LAI und Rübenblatt-Frischmasse im Vergleich zwischen Modell und Experiment am Beispiel der Standorte Hohenfinow (1992, Sorte: *Kawetina*) und Dedelow (1994, Sorte: *Matura*)

Wie die Auswertungen zur Blattfläche bei Zuckerrüben ergeben haben, ist für den täglichen Blattflächenzuwachs eine obere Grenze einzuhalten. Im Modell wird aufgrund dessen der tägliche LAI - Zuwachs nach oben hin auf maximal 0,15 begrenzt.

2.2 Modellverifizierung und Modellvalidierung

Grundlage für die Modellerstellung sowie die Identifikation der Modellparameter bilden Feldexperimentaldaten aus Zuckerrübenversuchen (Beregnungsversuche, Fruchtfolgeversuche, Versuche zu Anbauverfahren) am Standort Müncheberg aus dem Zeitraum von 1980 bis 1993 sowie von den Standorten Hohenfinow (1992) und Dedelow (1992, 1993). Entsprechende Feldversuchsdaten von den Standorten Dedelow und Müncheberg des Jahres 1994 wurden zur Modellvalidierung verwendet. In Abbildung 7 sind als Beispiel für einen Modell-Experiment-Vergleich hinsichtlich der Pflanzenzustandsgrößen Rübenblatt-Trockenmasse, Rübenkörper-Trockenmasse, Rübenblatt-Frischmasse und Blattflächenindex die Ergebnisse für einen beregneten und einen unberegneten Zuckerrübenbestand am Standort Müncheberg für 1994 dargestellt.

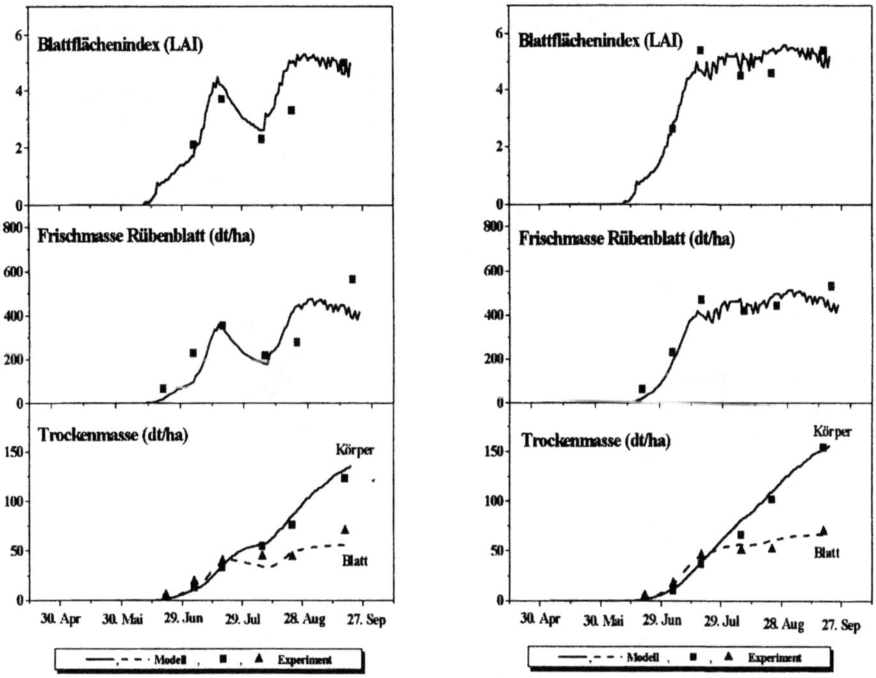

Abb. 7. Modell-Experiment-Vergleich für wichtige Pflanzenzustandsgrößen eines Zuckerrübenbestandes (Sorte: *Sonja*) auf dem Standort Müncheberg im Jahr 1994 (links: ohne Beregnung; rechts: mit Beregnung (114 mm))

Sowohl aus den Experimentaldaten als auch aus den modellmäßig berechneten dynamischen Verläufen wird der Einfluß der Wassermangelsituation im Zeitraum Mitte Juli bis Mitte August bei sehr hohen Temperaturen auf die einzelnen Pflanzenzustandsgrößen bei der unberegneten Variante deutlich. Bedingt durch sehr geringe tägliche Assimilationsraten und diese überschreitende Atmungsraten werden für das Überleben des Bestandes mehr Assimilate verbraucht als gebildet, was zu einer deutlichen Abnahme der Blattfläche und damit der Blatt-Biomasse führt. Auch der Biomassezuwachs im Rübenkörper ist in diesem Zeitraum stark eingeschränkt. Durch eine entsprechende Zusatzwasserversorgung durch Beregnung in dieser Periode von 114 mm konnte die Assimilatbildung im wesentlichen uneingeschränkt weitergehen, was sich auch in der kontinuierlichen Zunahme der Rübenkörper-Trockenmasse widerspiegelt. In Abbildung 8 ist für die Pflanzenzustandsgrößen Trockenmasse Rübenkörper (TM_{RB}) und Blattflächenindex (LAI) ein Modell-Experiment-Vergleich dargestellt, bei dem Datensätze von drei unterschiedlichen Standorten (Dedelow, Hohenfinow, Müncheberg), drei Jahren (1992, 1993, 1994) und vier verschiedenen Zuckerrübensorten (*Matura, Kawetina, Gilda, Sonja*) Berücksichtigung fanden.

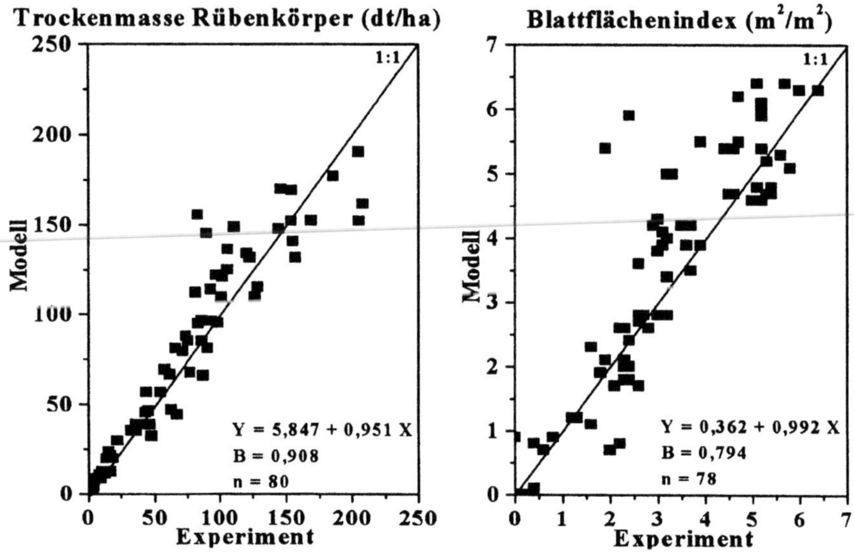

Abb. 8. Modell-Experiment-Vergleich für Rübenkörper-Trockenmasse und Blattflächenindex auf der Grundlage von Datensätzen der Standorte Dedelow, Hohenfinow und Müncheberg (1992-1994, Sorten: *Matura, Kawetina, Gilda, Sonja*)

Die aus dem Vergleich zwischen Experimental- und Modellwerten für die einzelnen Pflanzenzustandsgrößen ermittelten Regressionsgeraden weichen nicht wesentlich von der Quadrantenhalbierenden ab. Für die Rübenkörper-Trockenmasse und den Blattflächenindex ist die Abweichung zwischen Regressionsgeraden und Quadrantenhalbierender nicht signifikant. Unter Berücksichtigung aller Zwischen- und Endernten beträgt die mittlere relative Abweichung bei der Rübenkörper-Trockenmasse 21,9 % und beim Blattflächenindex 27,8 %. Werden nur die Rübenkörper-Endernten betrachtet, beträgt bei einem Durchschnittsertrag von 151,8 dt/ha Trockenmasse die mittlere Abweichung 24,5 dt/ha, was einer mittleren relativen Abweichung von 19,1 % entspricht.

3 Integration des Wachstumsmodells für Zuckerrüben in das Bodenprozessmodell CANDY

Die Beschreibungsdetailliertheit von Teilprozessen innerhalb komplexer Modellsysteme, wie z. B. auch von Agrarökosystemmodellen, wird im wesentlichen von der Zielstellung definiert. Bei der AGROSIM-Modellfamilie steht die Abbildung der Biomassebildungsprozesse für verschiedene Fruchtarten im Vordergrund, so dass diese im Vergleich zu den notwendig abzubildenden Bodenprozessen (Bodenwasser- und Bodenstickstoffzustand) weitaus detaillierter beschrieben werden. Das trifft auch für das Zuckerrübenmodell zu. Die Hauptzielstellung des Bodenprozeßmodellsystems CANDY (***C***arbon ***A***nd ***N***itrogen ***DY***namics) ist dagegen die Abbildung von dynamischen Bodenprozessen (Franko et al. 1995; Franko & Oelschlägel 1996). Während hier die Bodenprozesse detailliert beschrieben werden, werden die im Rahmen des Gesamtsystems notwendigerweise zu beachtenden Pflanzenbestände teilweise nur durch Pflanzenparameter bzw. einfache Algorithmen zur Beschreibung des Verlaufs von Wurzeltiefe und Bedeckungsgrad sowie zur Beschreibung des N-Bedarfs der Pflanzenbestände abgebildet.

Innerhalb des Simulationssystems CANDY werden in Tagesschritten verschiedene Bodenzustandsgrößen als eindimensionale Prozesse für ein Bodenprofil bis zu einer Tiefe von 2 m beschrieben. Das Standardsystem besteht aus einem in eine Bedieneroberfläche eingebetteten Simulationsmodell und umgebenden Datenbanken, die Informationen zu den erforderlichen Parametern, zum Modellantrieb sowie zu Startwerten enthalten. Innerhalb des Boden-Moduls werden folgende Teilprozesse beschrieben:

- Bodenwasserdynamik (Evapotranspiration, Versickerung),
- Bodentemperaturdynamik (Oberflächentemperatur, Wärmeleitung im Boden),
- Auswirkungen von Bewirtschaftungsmaßnahmen,
- Umsatz organischer Substanz (Mineralisierung, Humifizierung) und
- Stickstoffdynamik (Mineralisierung, Immobilisierung, Auswaschung, gasförmige Verluste).

Sowohl AGROSIM-ZR als auch CANDY sind modular aufgebaut und besitzen eine ähnliche Modellphilosophie, was einer Kopplung von Modellbausteinen entgegen kommt.

3.1 Beschreibung der Modellintegration

Die Modellintegration des Wachstumsmodells für Zuckerrüben aus der AGROSIM-Modellfamilie in das Simulationssystem CANDY ist nicht auf Dateninterface-Basis realisiert, sondern auf Quellcode-Ebene durch direkte Integration von Prozessalgorithmen zum Zuckerrübenwachstum (Wachstumsmodul) in die Prozessarchitektur des Simulationssystems CANDY. Unterstützend dabei ist der Umstand, daß die Programmiergrundlagen für das Wachstumsmodul und für

CANDY mit TURBO PASCAL die gleichen sind. Innerhalb CANDY werden sowohl das Bodenmodul als auch das Wachstumsmodul für Zuckerrüben über die systeminterne Zeitschleife gesteuert. Basierend auf regional beschaffbaren Modellinputs werden in jedem Zeitschritt die Zustandsvariablen sowohl des Boden- als auch des Wachstumsmoduls berechnet und wechselseitig zur Verfügung gestellt. Zum einen sind die für jeden Zeitschritt im Bodenmodul berechneten Zustandsvariablen potentielle und aktuelle Transpiration unabdingbare Voraussetzung für die im Wachstumsmodul realisierte Berechnung der potentiellen und aktuellen Assimilation. Zum anderen ist die Blattbiomasse zur Ernte, die im Wachstumsmodul berechnet wird, eine notwendige Zustandsgröße, die für die Beschreibung des Umsatzes organischer Substanz innerhalb des Bodenmoduls benötigt wird. Ein Überblick über die wichtigsten Teilmodelle innerhalb der Boden- und Wachstumsmoduln sowie über die Zustandsvariablen, die zwischen beiden Moduln ausgetauscht werden, wird in Abbildung 9 gegeben.

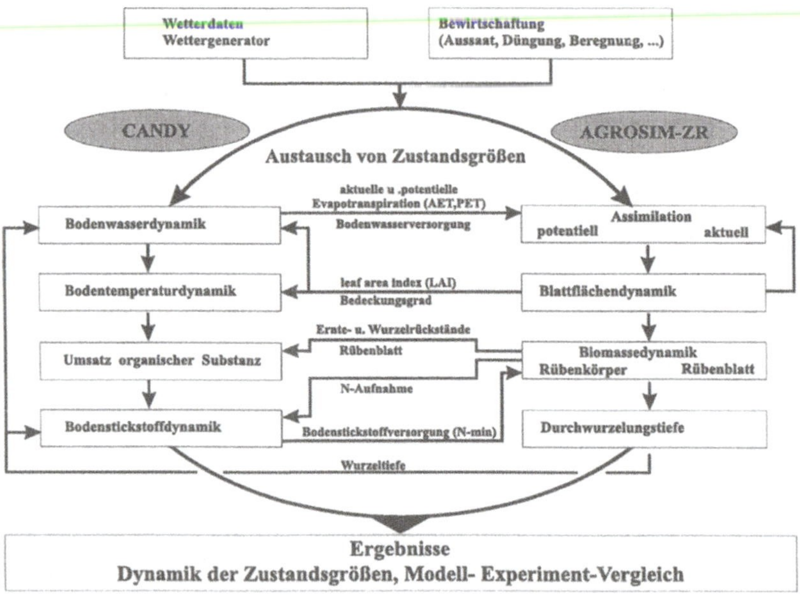

Abb. 9. Überblick über die Integration des Wachstumsmodells für Zuckerrüben aus der AGROSIM-Modellfamilie in das Simulationssystem CANDY

3.2 Ergebnisse der Modellintegration

Mit der Integration des Wachstumsmodells aus der Agrarökosystem-Modellfamilie AGROSIM in das Simulationssystem CANDY ist für die Fruchtart Zuckerrübe ein Modellkomplex entstanden, der nicht nur die Boden- und Wachstumsprozesse mit einer großen Detailliertheit beschreibt, sondern auch die Interaktionen zwischen den boden- und pflanzenbezogenen Zustandsvariablen. Der so entstandene Modellkomplex wurde nicht in allen Teilen neu parameterjustiert. Grundlage für die Modellkomplex-Validierungen bilden Datensätze von zwei Standorten in Brandenburg (Dedelow und Müncheberg) und einem Standort in Sachsen-Anhalt (Bad Lauchstädt). Dabei werden verschiedene Jahre und unterschiedliche Sorten berücksichtigt. Für den Rübenkörperertrag zur Ernte im Herbst ist in Abbildung 10 für die betrachteten Datensätze ein Modell-Experiment-Vergleich wiedergegeben. Für die 18 in den Vergleich einbezogenen Zuckerrübenerträge zur Ernte ergibt sich bei einem $R^2 = 0{,}82$ eine mittlere absolute Abweichung von 23,4 dt/ha, was einer mittleren relativen Abweichung von 19,3 % entspricht. Im Mittel bedeutet das, dass das in CANDY integrierte Zuckerrübenmodul aus der AGROSIM-Modellfamilie den Zuckerrübenertrag zur Ernte um 7,1 dt/ha überschätzt. Auch die anderen pflanzenbezogenen Größen werden dabei überschätzt: der Rübenblattertrag zur Ernte um 5,3 dt/ha (N = 18), der Blattflächenindex während der Vegetationsperiode um 0,64 m^2/m^2 (N = 57) und die Zuckerrübenbiomasse während der Vegetationsperiode um 6,6 dt/ha (N = 32).

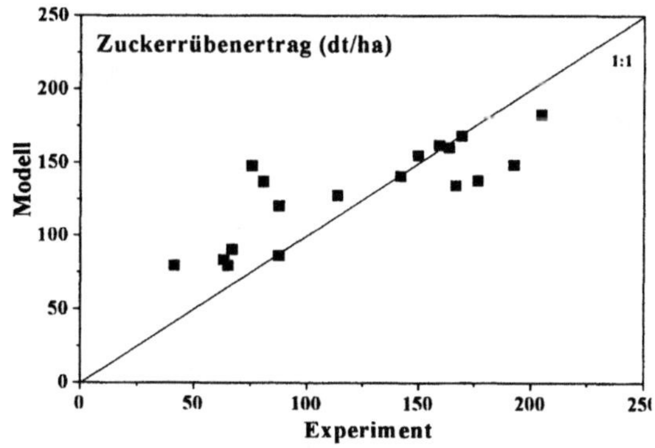

Abb. 10. Modell-Experiment-Vergleich für den Zuckerrübenertrag zur Ernte im Herbst, basierend auf Datensätzen dreier Standorte

3.3 Schlußfolgerungen aus der Modellintegration

Eine modular strukturierte Modellbildung erleichtert systemanalytische Betrachtungen und zwingt bei der modellmäßigen Abbildung in der Realität existierender bzw. ablaufender Erscheinungen und Prozesse zur prozeßbeschreibenden Herangehensweise. Die wichtigsten Einzelprozesse des Gesamtsystems werden dabei mit ihren Interaktionen und Antrieben einzeln (modular) abgebildet. Dadurch ist eine relativ unkomplizierte Integration von Teilmoduln in das eigene bzw. in andere Modellsysteme möglich. Moduln aus Modellsystemen, die eine gleiche oder sehr ähnliche Modellphilosophie aufweisen, lassen sich unkompliziert untereinander austauschen bzw. miteinander koppeln. Wird bei der rechentechnischen Umsetzung der Modellsysteme gar noch die gleiche bzw. eine verwandte Programmiersprache verwendet, ist damit eine Kopplung auf Quellcode-Ebene realisierbar und die Aufwendungen für eine Kopplung bzw. für einen Austausch von Moduln sind genau wie die Aufwendungen für eine eventuell notwendig werdende Parameterjustierung minimal.

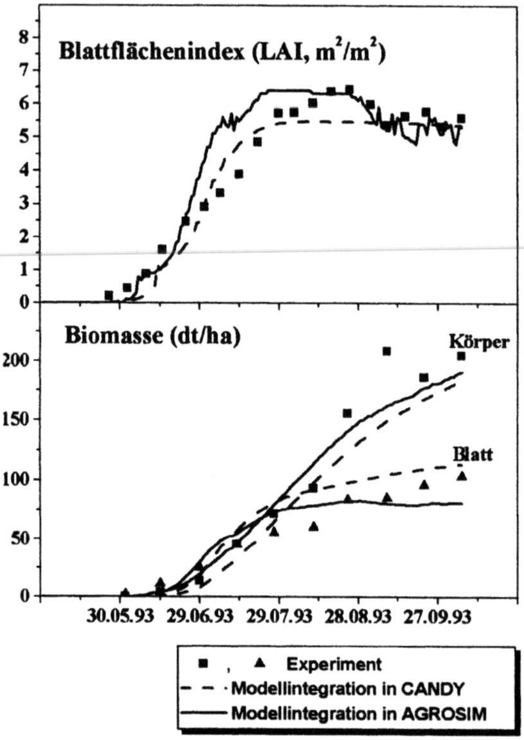

Abb. 11. Dynamik der mit dem gleichen Wachstumsmodul sowohl im Rahmen von AGROSIM-ZR als auch im Rahmen von CANDY berechneten Zustandsvariablen Biomasse (Rübenkörper, Rübenblatt) und Blattflächenindex bei Zuckerrüben im Vergleich mit Experimentalwerten (Dedelow, 1993, Sorte: *Matura*)

Werden Module von einem Modellsystem in ein anderes übertragen, ändert sich für diese die Modulumgebung. Es wird zwar abgesichert, daß die für das zu integrierende Modul notwendigen Inputgrößen durch die anderen Moduln des neuen Modellsystems bereitgestellt werden, aber die Abgestimmtheit der Parameter zwischen den einzelnen Moduln als Folge einer Parameterjustierung des gesamten Modellsystems ist nach einer Integration nicht mehr gegeben. Daraus wird deutlich, daß nach einer Modulintegration auf der Grundlage von Datensätzen mit dem neuen Modellsystem im beschränkten Rahmen eine Neujustierung der Parameter der betreffenden Moduln erfolgen sollte. Aber auch danach verbleiben im Vergleich der Ergebnisse einzelner Zustandsvariablen zwischen den Modellsystemen noch Unterschiede. Als Beispiel hierfür werden in Abbildung 11 die sowohl im Rahmen von AGROSIM-ZR als auch von CANDY mit dem gleichen Wachstumsmodul berechneten Simulationsergebnisse für die Biomasseakkumulation für Rübenkörper und Rübenblatt sowie die Blattflächenentwicklung gegenübergestellt. Der Einfluß der unterschiedlichen Modulumgebung auf den zeitlichen Verlauf der betrachteten Zustandsvariablen ist dabei offensichtlich.

Im Falle der Integration des Wachstums-Moduls aus AGROSIM-ZR in das Simulationssystem CANDY traten bedingt durch die sich sehr ähnelnden Modellphilosophien beider Modellsysteme und die gleichen verwendeten Programmiersprachen keine größeren Probleme bei der Integration des Wachstumsmodells für Zuckerrüben auf. Am Beispiel der Modell-Experiment-Vergleiche hinsichtlich des Zuckerrübenertrages zur Ernte im Herbst wird deutlich, daß die ermittelten mittleren Abweichungen zwischen den berechneten und gemessenen Zuckerrübenerträgen sowohl bei AGROSIM-ZR als auch bei CANDY im gleichen Größenbereich liegen. Bei der mittleren absoluten Abweichung beträgt die Ergebnisdifferenz zwischen AGROSIM-ZR und CANDY weniger als 1 dt/ha und bei der mittleren relativen Abweichung weniger als 0,5 %.

Danksagung

Diese Arbeit wurde gefördert durch das Ministerium für Ernährung, Landwirtschaft und Forsten des Landes Brandenburg und das Bundesministerium für Ernährung, Landwirtschaft und Forsten.

Literatur

Franko, U. & Oelschlägel, B. (1996): Das Bodenprozessmodell CANDY.- In: Mühle, H. & Claus, S (Hrsg.): Reaktionsverhalten von agrarischen Ökosystemen homogener Areale. B. G. Teubner Verlagsgesellschaft Stuttgart, Leipzig, pp. 50-62

Franko, U.; Oelschlägel, B. & Schenk S. (1995): Modellierung von Bodenprozessen in Agrar-landschaften zur Untersuchung der Auswirkungen möglicher Klimaveränderungen. UFZ-Bericht 3/1995, UFZ Leipzig/Halle, 90 S.

Gaastra, P. (1959): Photosynthesis of crop plants as influenced by light, carbon dioxide, temperature and stomatal diffusion resistance. Ueded. Landbouwhogesch. Wageningen 59, pp. 1-68.

Hoffmann, F. (1993): Die CERES - Modelle - Übersicht, Weiterentwicklungen, Erfahrungen. Agrarinformatik 24, Eugen Ulmer Verlag, Stuttgart, pp. 139 - 150.

Kitamura, T. (1976): Untersuchungen über die Ausnutzung der Sonnenenergie beim Zuckerrübenanbau. 3. Einfluss der Bodentemperatur auf die Transpiration und die Photosynthese. Proc. Sugar Beet, Res. Assoc. **18**, 83 - 88.

Koitzsch, R. (1977): Agrarmeteorologische Forschungsschwerpunkte auf dem Gebiet Pflanze – Umwelt. Zeitschrift für Meteorologie 27(5), 293-306.

Kretschmer, H. (1982): Einfluss von Strahlung, Temperatur und Wasserversorgung auf Biomassebildung und Biomasseverteilung der Zuckerrübe (*Beta vulgaris* var. *altissima*) unter Feldbedingungen. dL der DDR, FZB Müncheberg, Dissertation.

Kretschmer, H. & Schäfer, W. (1984): Adaptionsverhalten von Zuckerrüben nach Wasserdefizitperioden auf einem Diluvialstandort. Arch. Acker- u. Pflanzenbau u. Bodenkunde. **18**, 295-303.

Mirschel, W.; Wenkel, K.-O. & Koitzsch, R. (1995): Simulation of soil water and evapotranspiration using the model BOWET and data sets from Krummbach and Eisenbach, two research catchments in North Germany. Ecological Modelling **81**, 53 - 69.

Mirschel, W., Schultz, A. & Wenkel, K.-O. (1997): Agroökosystemmodelle als Bestandteile von Landschaftsmodellen. Archives of Nature Conservation and Landscape Research **35**, 209 – 225.

Schulz, K., Thamm, B.& Dietrich, K. (1981): Untersuchungen zur Entwicklung des Blattapparates von Zuckerrüben bei unterschiedlicher Wasserversorgung als Beitrag zu einem Wachstumsmodell. FZB Müncheberg der AdL, Belegarbeit, 60 S.

Weege, K.-H. (1982): Wachstumsanalytische Untersuchungen zum Einfluss von Stickstoffversorgung, Bestandesdichte und Sorte auf Biomassebildung und -verteilung sowie Entwicklung des Blattapparates der Zuckerrübe (*Beta vulgaris* var. *altissima* DÖLL). - IfR Kleinwanzleben, Dissertation.

Wenkel, K.-O. & Mirschel, W. (1991): BERSIM und BEREST 90 - Modell zur Simulation der Bodenfeuchte und Evapotranspiration sowie zur operativen Beregnungseinsatzsteuerung im integrierten Landbau. - Agrarinformatik **21**, 349 - 360.

Wenkel, K.-O.; Mirschel, W. & Pommerening, J.: BOWET - ein eindimensionales Mehrschichten-Bodenfeuchte- und Evapotranspirationsmodell.- In: Hörmann, G. und J. Schmidt: Dokumentation von Wasserhaushaltsmodellen. Berichte des Forschungszentrums Waldökosysteme der Universität Göttingen, Reihe B, Bd. 42, 1995, pp. 49-69.

Wolf, A., J. Schmidt & Jonscher, D. (1982): Untersuchungen zur Entwicklung des Blattapparates von Zuckerrüben bei unterschiedlicher Bestandesdichte als Beitrag zu einem Wachstumsmodell. FZB Müncheberg der AdL, Belegarbeit, 56 S.

Modellierung der Gewässerqualität eines Sees bei OLOID-Betrieb

Reinhard Funke
Triftstraße 82, D-13129 Berlin

Zusammenfassung. Es wird ein dynamisches Modell für den Verlauf der Wasserqualität im Waschbanksee in Müncheberg (Land Brandenburg) bei Anwendung des Oloid-Verfahrens zur Seesanierung angegeben und eine Prognose ihres wahrscheinlichen zukünftigen Verlaufes über drei Jahre unter Berücksichtigung äußerer stochastischer Triebkräfte gemacht.

Schlüsselwörter. Dynamik der Wasserqualität, stochastische Triebkräfte, stochastische Differentialgleichungen, Oloid-Verfahren

1 Einleitung

Der im Zentrum der Stadt Müncheberg gelegene Waschbanksee gewinnt im Zuge der touristischen Entwicklung ländlicher Regionen Brandenburgs immer mehr an Bedeutung. Aufgrund hoher Nährstoffeinträge durch Abwassereinleitungen, Tourismus, Fischzucht und Laubeinfall hat sich die Gewässergüte des Sees durch Eutrophierung stark verschlechtert. Die hohe Primärproduktion des stark eutrophierten Sees führt während der Stagnationsphasen regelmäßig zu Sauerstoffmangel im Hypolimnion. Diese anaeroben Zustände führen zur Nährstoffrücklösung, wobei schädliche Gase wie Methan oder Schwefelwasserstoff entweichen, die diesen Lebensraum für höhere Lebewesen unbewohnbar machen. Die Wiederherstellung eines intakten Ökosystems macht oft enorme Aufwendungen zur Sanierung notwendig. Alternativ zu den bisher angewandten und oft sehr kostenintensiven Sanierungsverfahren wurde hier das noch recht neue Oloid-Verfahren zur Stabilisierung des Sauerstoffhaushaltes und damit zur Anregung des Selbstreinigungspotentials des Sees von der Strausberger Steremat GmbH erprobt (Zenker 1997). Es beruht auf einer Sauerstoffanreicherung des Wasserkörpers mittels einem rotierenden Oloid, einem von dem Schweizer Mathematiker, Maschinenbauer und Künstler Paul Schatz entwickelten Tauchkörper (OLOID 1995). Die Vorteile des Verfahrens bestehen in seiner einfachen, geräuscharmen und kostengünstigen Anwendbarkeit. Sein Wirkungsprinzip besteht in einem schonenden Sauerstoffeintrag in den Wasserkörper und einer sich anschließenden erhöhten Bioaktivität. Ziel der Modellierung ist es, die für die Seesanierung wichtigsten Prozesse mathematisch abzubilden und die qualitativen und quantitativen zeitlichen Veränderungen des aquatischen Ökosystems vorherzusagen. Auf der Grundlage eines für den speziellen Anwendungsfall aufgestellten Systems gewöhnlicher und stochastischer Differentialgleichungen für die Triebkräfte und die Konzentration der Nährstoffe bzw. der Biomasse wird eine Prognose des wahrscheinlichen Verlaufes der Dynamik der Wasserqualität gegeben. Unter Verwendung der beim Betrieb der Oloid-Belüftersysteme gemessenen Daten wird eine Aussage über den gegenwärtigen Zustand des Waschbanksees in Form eines dynamischen mathematischen Modells getroffen. Eine Integration des Modells über einen Zeitraum von drei Jahren liefert unter Berücksichtigung der stochastischen Umwelteinflüsse eine Aussage über den zu erwartenden Effekt des Oloid-Verfahrens.

2 Modellierung der Triebkräfte

Um den wahrscheinlichen Verlauf der Dynamik der Wasserqualität bestimmen zu können, werden folgende äußere Umwelteinflüsse als stochastisch und unabhängig vom Gesamtsystem angenommen:

$\xi(t)$ - Globalstrahlung,
$\Theta(t)$ - Wassertemperatur,
$\zeta(t)$ - Konzentration des gelösten Sauerstoffs.

Die Unabhängigkeit der Globalstrahlung vom betrachteten System ist offensichtlich. Die Wassertemperatur wird als nur von der Globalstrahlung integral abhängig angenommen. Obwohl die Konzentration des gelösten Sauerstoffs im realen System nicht mehr völlig unabhängig vom betrachteten System ist, wird hier eine Idealisierung vorgenommen, die dem angenommenen überwiegenden Einfluß der Jahreszeiten und der Oloid-Belüfter Rechnung trägt. Da aber der quantitative Einfluß des Oloid-Betriebes auf den Sauerstoffgehalt noch weiter erforscht werden muß, wird der Verlauf der Sauerstoffkonzentration, wie auch der Globalstrahlung, als ein stochastischer Prozeß angenommen worden, der unabhängig von allen anderen Systemvariablen ist.

2.1 Globalstrahlung

Dieser stochastische Prozeß wird als ein Markow-Prozeß angenommen, der Lösung einer stochastischen Differentialgleichung im Ito-Sinn ist, deren Koeffizienten sich jahreszeitlich verändern:

$$d\xi(t) = [(1+\mu)\alpha_0(t) + \alpha_1\,\xi(t)]dt + [2\alpha_0(t)\xi(t)]^{1/2}dw_1(t),\ \xi(0) = \xi_0,\ \xi_0 \geq 0, \tag{1}$$

$$\alpha_0(t) = a + b\cos\omega t + c\sin\omega t > 0,\quad \alpha_1 < 0,\ \mu \geq 0.$$

Durch die Wahl der Koeffizientenfunktionen der stochastischen Differentialgleichung (1) wird außerdem erreicht, daß der stochastische Prozeß $\xi(t)$ als Lösung dieser Gleichung eine Hyper-Gamma-Verteilung besitzt, die als Parameter zwei genügend oft bezüglich der Zeit differenzierbare Funktionen enthält, für die zwei gewöhnliche Differentialgleichungen notwendig sind. Aus der numerischen Lösung dieser zwei deterministischen Gleichungen lassen sich Erwartungswertfunktion, Streuung und dynamische Konfidenzintervalle berechnen, wodurch (deterministische) Szenarien der Globalstrahlung (mittlere, hohe, niedrige Globalstrahlung) zur Verfügung stehen (Funke 1992/1993, 1995).

2.2 Wassertemperatur

Die Szenarien werden in einer linearen Differentialgleichung ohne Diffusionsanteil für die Wassertemperatur wahlweise zur Berechnung von Szenarien mittlerer, hoher und niedriger Wassertemperatur benutzt, wobei hohe Wassertemperatur dem Szenarium „hohe Globalstrahlung" zuzuordnen ist usw.:

$$d\,\Theta(t) = [\beta_0 + \beta_1\, \xi(t) + \beta_2\, \Theta(t)]\, dt,\ \Theta(0) = \Theta_0. \tag{2}$$

Die Gleichung für die Wassertemperatur kann folgendermaßen begründet werden: Hohe Globalstrahlung führt zu einer Erhöhung der Wassertemperatur ($\beta_1 > 0$), wobei eine bereits hohe Wassertemperatur einer weiteren Erhöhung entgegenwirkt ($\beta_2 < 0$). Die Konstante $\beta_0 < 0$ setzt in dieser Gleichung eine Schwelle für das Gleichgewicht zwischen aktueller Wassertemperatur und Globalstrahlung fest, oberhalb der eine Erwärmung und unterhalb der eine Abkühlung erfolgt.

2.3 Konzentration des gelösten Sauerstoffs

Der Beschreibung der Konzentration gelösten Sauerstoffs wird ebenfalls ein Markowscher Diffusionsprozeß zu Grunde gelegt, dem wiederum eine stochastische Differentialgleichung gleichen Typs wie bei der Globalstrahlung genügt. $w_1(t)$ und $w_2(t)$ sind zwei voneinander unabhängige Wiener-Prozesse:

$$d\zeta(t) = [(1+\nu)\gamma_0(t) + \gamma_1\zeta(t)]dt + + [2\gamma_0(t)\zeta(t)]^{1/2}dw_2(t),\ \zeta(0) = \zeta_0,\ \zeta_0 \geq 0, \tag{3}$$

$$\gamma_0(t) = d + e\cos\omega t + f\sin\omega t > 0,\quad \gamma_1 < 0,\ \nu \geq 0.$$

Da die Sauerstoffkonzentration als unabhängig vom Gesamtsystem angenommen wird, stehen damit insgesamt neun Szenarien der Triebkräfte (Sauerstoffkonzentration kombiniert mit Globalstrahlung bzw. Wassertemperatur) zur Verfügung, die wahlweise im eigentlichen Gewässergütemodell verwendet werden können. Die in Abschnitt 4 beschriebenen Simulationen nutzen davon jedoch nur drei: Mittlere Globalstrahlung und mittlere Wassertemperatur zusammen mit drei Sauerstoffszenarien. Alternativ zur Verwendung der „deterministischen" Szenarien können auch mit Hilfe eines numerischen (Monte-Carlo-) Verfahrens (hier des Milstein-Verfahrens) berechnete „stochastische" Lösungen der stochastischen Differentialgleichung, also stochastische Trajektorien, im Wassergütemodell verwendet werden. Die dazugehörigen Simulationsergebnisse sind in Abschnitt 5 beschrieben.

3 Modellierung der Wasserqualität

Das eigentliche Wassergütemodell verknüpft die Konzentrationen der einzelnen Stoffe einschließlich des BSB_5 mit der Wassertemperatur und der Sauerstoffkonzentration sowie die Stoffkonzentrationen untereinander. Die Globalstrahlung geht hier nicht mehr direkt ein. Als die die Wasserqualität bestimmenden Parameter werden neben der Konzentration des gelösten Sauerstoffs (O_2) folgende in Wechselwirkungen zwischen den Stoffkonzentrationen berücksichtigt (Braun 1984):

- $y_1(t)$ - Nitrat-Stickstoff (NO_3-N),
- $y_2(t)$ - Nitrit-Stickstoff (NO_2-N),
- $y_3(t)$ - Ammonium-Stickstoff (NH_4-N),
- $y_4(t)$ - Orthophosphat-Phosphor (o-PO_4-P),
- $y_5(t)$ - Biomasse als biochemischer Sauerstoffbedarf (BSB_5).

Das mathematische Modell wurde auf der Grundlage der von der Steremat GmbH zur Verfügung gestellten Meßdaten aus dem Zeitraum 30.11.1994 bis 27.06.1996 erarbeitet. Während die Meßdaten der Stickstoffkomponenten und des Phosphors hinreichend aussagekräftig sind, wurde die Biomasse undifferenziert in Form des BSB_5 angegeben. Dies bedeutet, daß keine Angaben dazu gemacht werden können, welche Konzentrationen von Blaualgen, Grünalgen, Kieselalgen, Detritus oder nitrifizierende/ denitrifizierende Bakterien in der Biomasse enthalten sind. Dennoch wird angenommen, daß sich die Biomasse etwa wie Blaualgen verhält, indem die zur Assimilation erforderliche Stickstoffgewinnung bevorzugt aus Ammonium erfolgt, da Ammonium energetisch besser verwertbar ist. Erst danach wird die Nitratressource verbraucht Nitrat, (Hajek 1984). Der Stickstoffzyklus wird wie folgt abgebildet:

- Oxidation von Ammonium zu Nitrit und von Nitrit zu Nitrat bei Sauerstoffüberschuß (Nitrifikation),
- Reduktion von Nitrat zu Nitrit und von Nitrit zu Stickstoff bei Sauerstoffmangel mit nachfolgender Ausgasung des Stickstoffs (Denitrifikation).

Für den Phosphorzyklus wird eine vereinfachende Annahme gemacht: Phosphor wird einerseits zum Wachstum der Biomasse verbraucht, andererseits aus dem Absterben der Biomasse bei Phosphatmangel und aus der Sedimentrücklösung bei Sauerstoffmangel gespeist.

Eine Unterteilung des Sees in verschiedene Kompartimente bzw. Schichten wird im vorliegenden Modell noch nicht durchgeführt. Der See wird vielmehr idealisiert als homogener und gut durchmischter Rührkessel betrachtet, so daß ein Rührkesselmodell zur Anwendung kommt. Dieser Modelltyp kann interpretiert werden als eine räumlich null-dimensionale Saint-Venant-Gleichung. Die genannten Prozesse sind im folgenden Gleichungssystem (4) erfaßt. Dabei sind

$$\rho_i = \rho_i(y_i) = \frac{y_i}{k_i + y_i}, i = 1, \ldots 4,$$

Michaelis-Menten-Funktionen mit den Halbsättigungskonstanten k_i und $\tau(\Theta)$ sowie $\sigma(\zeta)$ monotone Funktionen, in diesem Fall ebenfalls Michaelis-Menten-Funktionen. Die Funktion $\alpha = \rho_3(y_3)$ wird gleichzeitig, wie oben beschrieben, als Präferenzfaktor für die Assimilation benutzt.

$$
\begin{aligned}
\dot{y}_1 &= \frac{v}{l}\left(y_1^{in} - y_1\right) + c_1\tau(\Theta)(1-\rho_3)\rho_1\rho_4 y_5 + c_2\sigma(\zeta)\rho_2 y_5 + c_3\left(1-\sigma(\zeta)\right)\rho_1 y_5 \\
\dot{y}_2 &= \frac{v}{l}\left(y_2^{in} - y_2\right) + c_4\sigma(\zeta)\rho_3 y_5 + \left(c_5 + c_6\sigma(\zeta)\right)\rho_2 y_5 + c_7\left(1-\sigma(\zeta)\right)\rho_1 y_5 \\
\dot{y}_3 &= \frac{v}{l}\left(y_3^{in} - y_3\right) + c_8\tau(\Theta)\rho_3^2\rho_4 y_5 + c_9\sigma(\zeta)\rho_3 y_5 \\
\dot{y}_4 &= \frac{v}{l}\left(y_4^{in} - y_4\right) + c_{10}\left(1-\sigma(\zeta)\right) + c_{11}\left(1-\rho_4\right)y_5 + c_{12}\tau(\Theta)\rho_3^2\rho_4 y_5 + \\
&\qquad + c_{13}\tau(\Theta)\rho_1\left(1-\rho_3\right)\rho_4 y_5 \\
\dot{y}_5 &= y_5\left\{c_{14} + \tau(\Theta)\rho_4\left[c_{15}\rho_3^2 + c_{16}\rho_1\left(1-\rho_3\right)\right] + c_{17}\left(1-\rho_4\right)\right\}
\end{aligned}
\tag{4}
$$

4 Deterministische Simulationsläufe

Wie bereits oben angeführt, wurden bei der Modellierung Meßdaten für den Zeitraum 30.11.1994 (t = 30) bis 27.06.1996 (t = 600) berücksichtigt, wobei die Zeitachse in Tagen bemessen wurde. Da das erhaltene Modell sehr sensibel bezüglich der Anfangswerte ist, wurden beginnend mit t = 600 Integrationen in umgekehrter Richtung durchgeführt und dabei solche Anfangswerte gefunden, für die die gemessenen Daten von den rückwärts simulierten Trajektorien gut wiedergespiegelt werden. Mit diesen Anfangswerten wurden Vorwärtsintegrationen von t = 600 bis t = 1696, das entspricht einem Zeitraum von drei Jahren, durchgeführt. Die Simulationsergebnisse sind in den Abbildungen 1 bis 8 dargestellt.

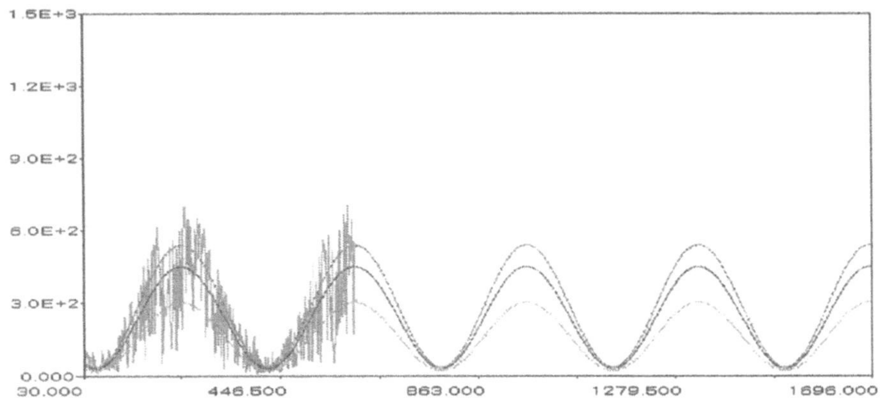

Abb. 1. Globalstrahlung [J/cm²]

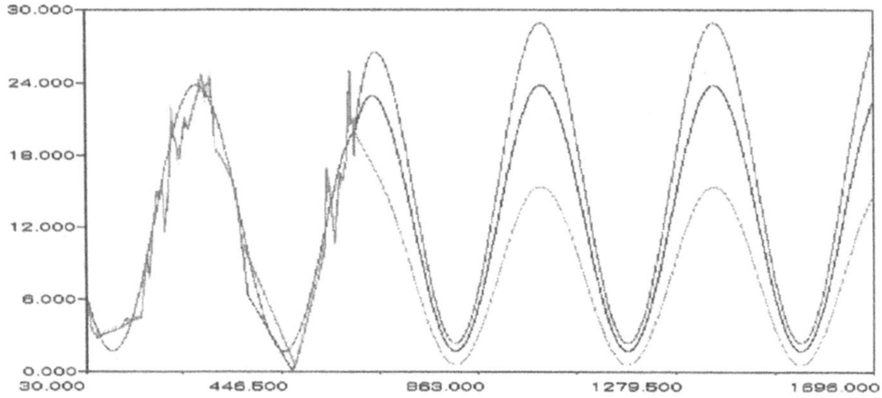

Abb. 2. Wassertemperatur [°C]

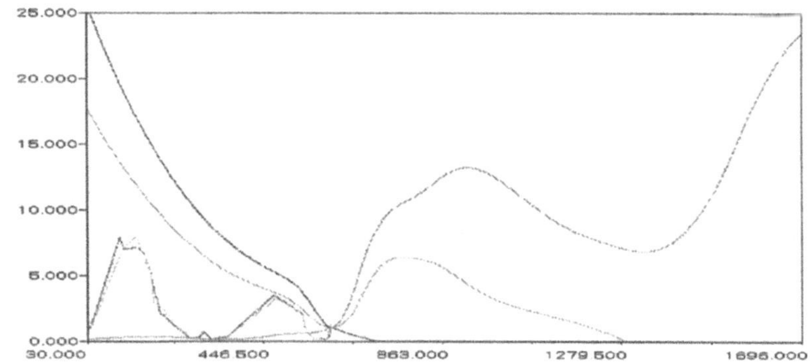

Abb. 3. Nitrat-Stickstoff [mg/l]

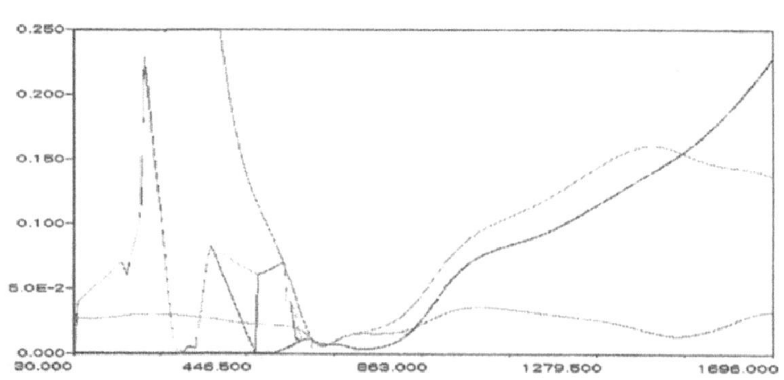

Abb. 4. Nitrit-Stickstoff [mg/l]

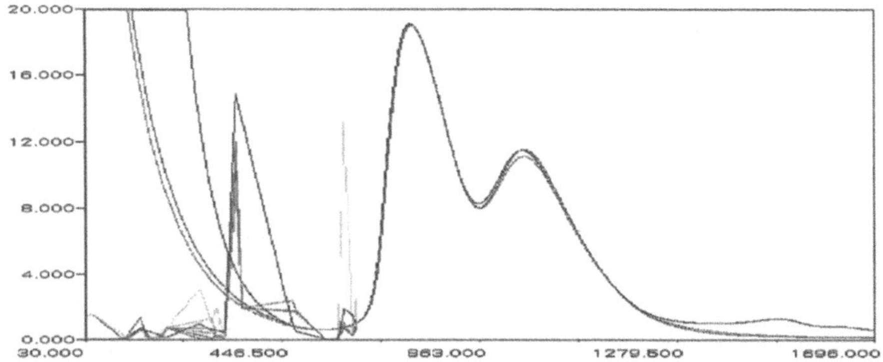

Abb. 5. Ammonium-Stickstoff [mg/l]

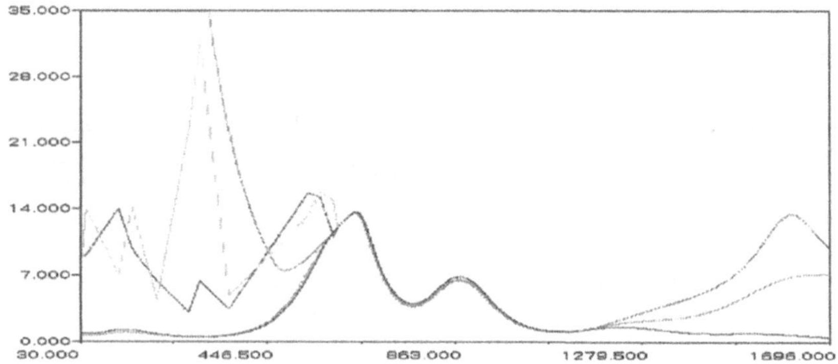

Abb. 6. Biochemischer Sauerstoffbedarf BSB_5 [mg/l O_2]

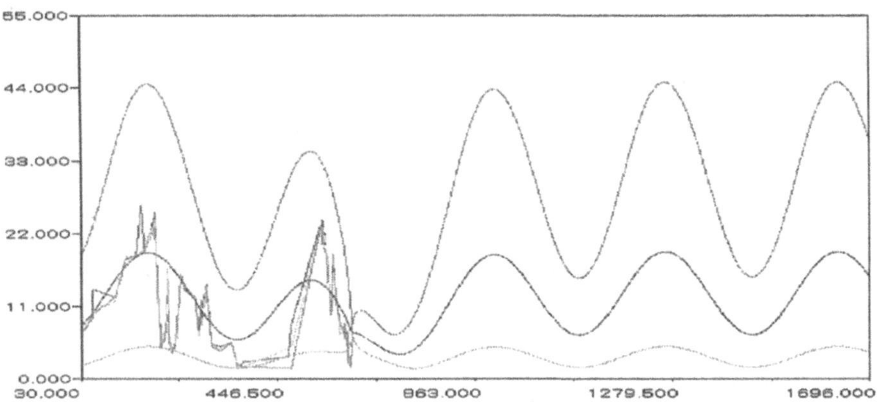

Abb. 7. Gelöster Sauerstoff [mg/l]

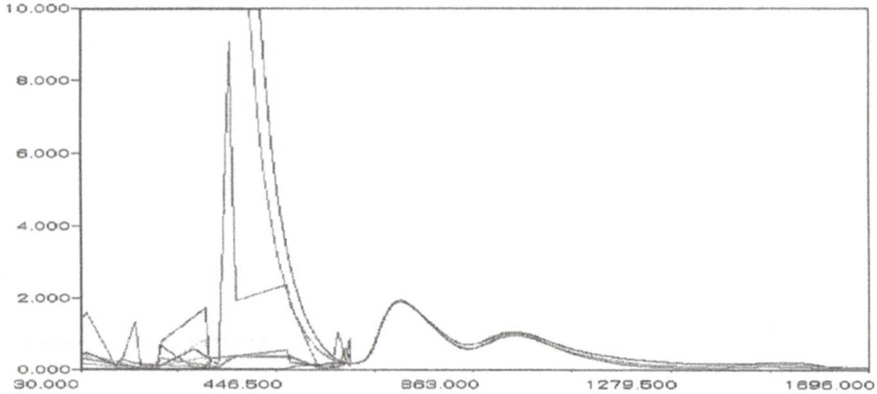

Abb. 8. Orthophosphat-Phosphor [mg/l]

4 Stochastische Simulation

Wie bei der deterministischen Simulation wurden auch hier Vorwärts- und Rückwärtsintegrationen, jeweils wieder beginnend bei t = 600, durchgeführt. Zur Integration des stochastischen Differentialgleichungssystems wurde das Milstein-Verfahren benutzt, das die erste Ableitung des Diffusionskoeffizienten nach der Raumkoordinate beinhaltet, die globale Ordnung 1 besitzt und damit vergleichbar mit dem Euler-Verfahren für deterministische Systeme ist. Die Simulationsergebnisse sind in den Abbildungen 9 bis 16 graphisch dargestellt.

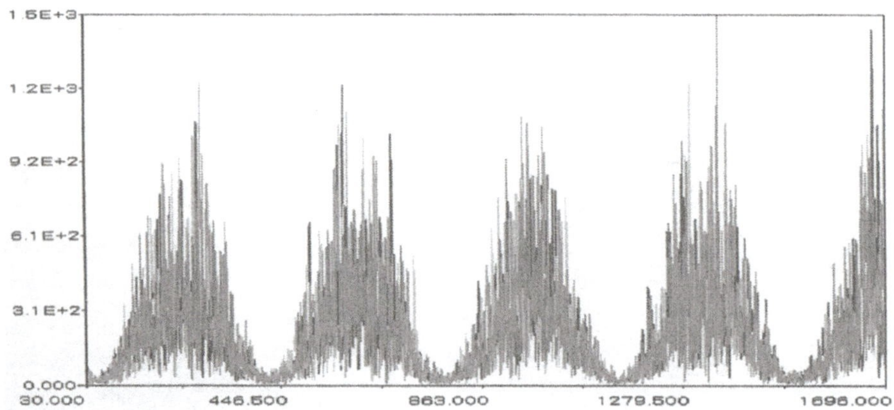

Abb. 9. Globalstrahlung [J/cm²]

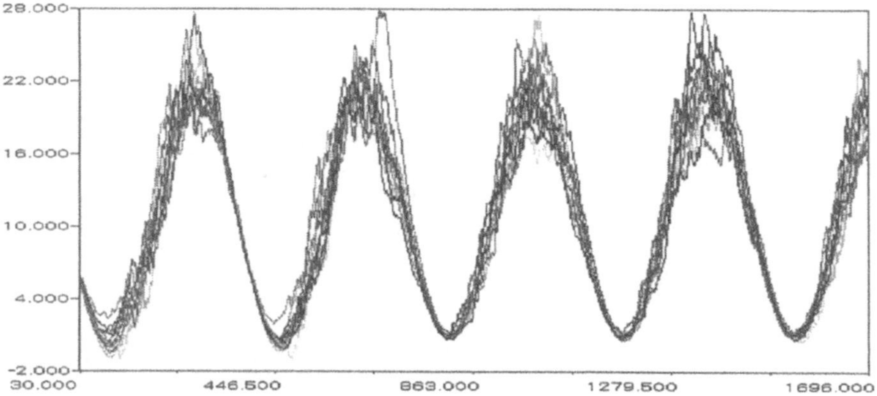

Abb. 10. Wassertemperatur [°C]

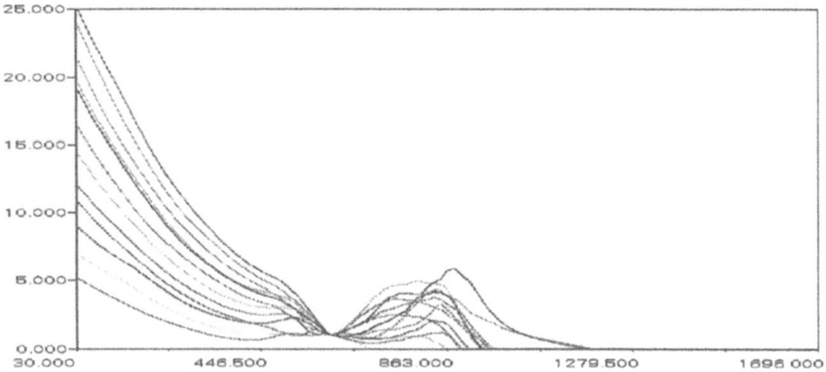

Abb. 11. Nitrat-Stickstoff [mg/l]

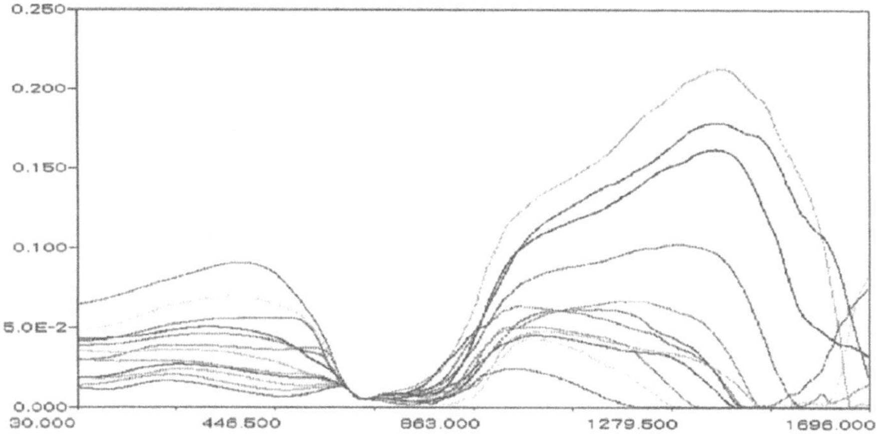

Abb. 12. Nitrit-Stickstoff [mg/l]

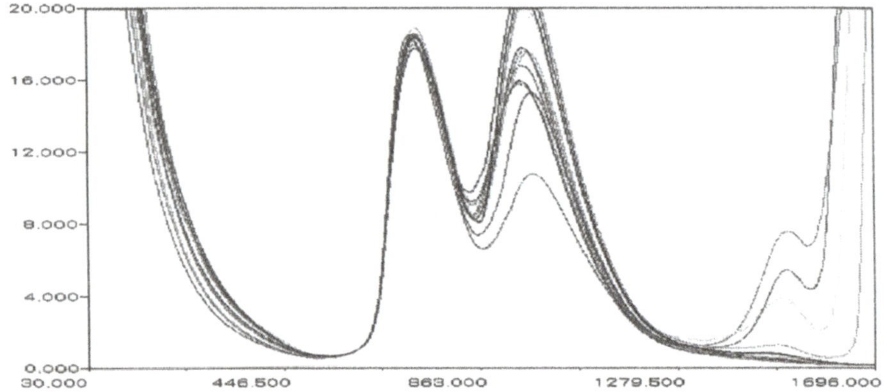

Abb. 13. Ammonium-Stickstoff [mg/l]

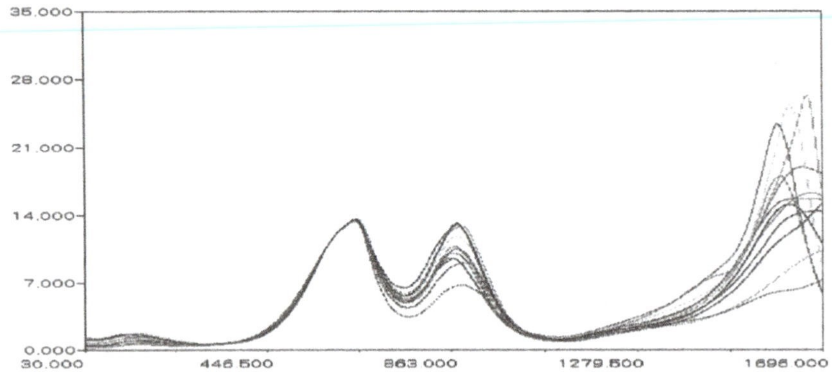

Abb. 14. Biochemischer Sauerstoffbedarf BSB_5 [mg/l O_2]

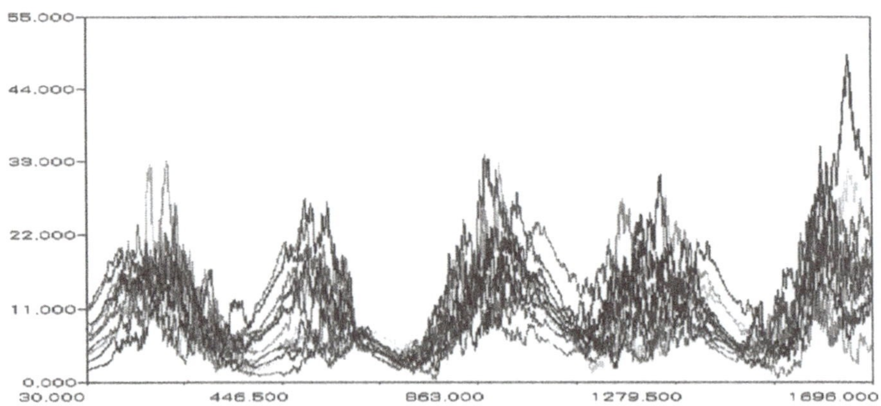

Abb. 15. Gelöster Sauerstoff [mg/l]

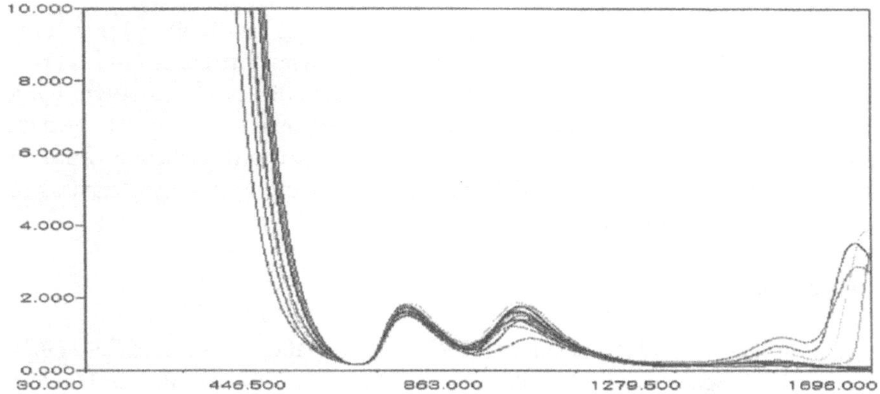

Abb. 16. Orthophosphat-Phosphor [mg/l]

5 Interpretation der Simulationsergebnisse

Aus Abb. 7 ist zu erkennen, daß die Meßwerte für den gelösten Sauerstoff am ehesten mit der Erwartungswert-Trajektorie (mittlerer Sauerstoffgehalt) identifiziert werden können, so daß dem Szenarium „mittlerer Sauerstoffgehalt" im folgenden besondere Bedeutung zukommt. Die Abbildungen 3 - 6 und Abb. 8 zeigen, daß auch die Meßdaten der Stickstoff- und Phosphorkomponenten sowie der Biomasse durch die Modellrechnungen ausreichend gut wiedergespiegelt werden, bis auf Konzentrationspeaks, die wahrscheinlich durch die zeitweilige kurzzeitige und unkontrollierte Einleitung von Schadstoffen zustande kommen.

Die erhaltenen Simulationsergebnisse sollten nicht in jedem Falle zahlenmäßig interpretiert werden, sondern es sollten vielmehr die erhaltenen qualitativen Verläufe interpretiert werden. Besonders hervorzuheben ist, daß die Konzentrationen von Nitrat-Stickstoff (Abb. 3) für mittlere und hohe Sauerstoffszenarien nach anfänglichem leichten Anstieg allmählich extingieren. Nur für niedrigen Sauerstoffgehalt wird eine Erhöhung und allmähliche Stabilisierung auf höherem Niveau prognostiziert. Abb. 8 und Abb. 16 zeigen die Dynamik des Orthophosphat-Phosphors. Die Simulationsergebnisse lassen eine jahreszeitliche etwa periodische Zu- und Abnahme der Konzentration erwarten, wobei die Konzentrationsmaxima zunächst von Jahr zu Jahr abnehmen, ein erneuter Anstieg im dritten Jahr jedoch möglich erscheint. Die Biomassedynamik (Abb. 6 und Abb. 14) zeigt ebenfalls zunächst eine Abnahme der lokalen Konzentrationsmaxima in den ersten zwei Jahren und damit Anzeichen für eine Genesung des Sees bei allen Sauerstoff-Szenarien, jedoch kann im dritten Jahr wieder ein Anstieg erfolgen. Eine ähnliche Aussage kann für den Verlauf der Ammonium-Konzentration gemacht werden.

Obwohl ein jährlicher Rückgang der Ammonium-Konzentration wahrscheinlich ist, ist ein starker Anstieg zum Ende des dritten Jahres ebenfalls wieder möglich. Schlußfolgernd kann gesagt werden, daß bei Erreichung und Beibehaltung zumindest mittlerer Sauerstoffkonzentrationen (mittleres Sauerstoffszenarium in Abb. 7) eine langsame Genesung des Waschbanksees zu erwarten ist. Vermutlich würden ohne den Einsatz der Oloide nur niedrige Sauerstoffkonzentrationen gehalten werden können, was anhaltend höhere Nitrat- und Nitritwerte bedeuten würde. Es kann außerdem gesagt werden, daß begleitende sanierungs-unterstützende Maßnahmen empfehlenswert sind.

Literatur

Braun, P.: Das Eutrophierungsmodell ERNA, Dissertation A, TU Dresden, 1984.

Funke, R.: Stochastische Modellierung dynamischer Systeme in der Ökologie. Diss. Universität Osnabrück, 1992, und Report Nr. 8 des IAAS, Berlin, 1993.

Funke, R.: Modellierung der Gewässerqualität mit Hilfe Markowscher Diffusionsprozesse. In: Gnauck, A., A. Frischmuth, A. Kraft (Hrsg.): Ökosysteme: Modellierung und Simulation, UmweltWissenschaften, Band 6, Eberhard Blottner Verlag, Taunusstein, 1995.

Hajek, P.-M.: Stickstoffoxidation in Fließgewässern, Ber. Aus Wassergütewirtsch. und Gesundheitsingenieurwesen, TU München, 52/1984.

OLOID AG (Hrsg.): Das Oloid, Belüften, Rühren, Umwälzen, Basel, 1995.

Zenker, K. (Hrsg.): Ergebnisbericht zum Thema „Meßwerterfassung und Auswertung zum gezielten und effektiven Einsatz der Oloid-Belüfter-Systeme im Waschbanksee (Müncheberg)“, Steremat AFS GmbH, Strausberg, 1997.

Modellierung ökologischer Prozesse in Kläranlagen

Jan Studzinski[1] und Janusz Lomotowski[2]

[1]Polnische Akademie der Wissenschaften, Institut für Systemforschung, Newelska 6, PL 01-447 Warschau
[2]Landwirtschaftliche Akademie Wroclaw, Institut für Ingenieurwesen in der Landwirtschaft, Dicksteina 3, PL 51-617 Wroclaw

Zusammenfassung. Die Arbeit enthält eine Beschreibung der mathematischen Standardmodelle, die zur Analyse der Belebtschlammwirkung bei der Reduzierung der Kohlenstoff- und Stickstoffverbindungen im Abwasser angewendet werden. Unter Berücksichtigung von Untersuchungen zur Ökologie des Belebtschlammes werden Resultate der mathematischen Modellierung und computergestützten Simulation einer Kläranlage angegeben. Es wird gezeigt, daß die gegenwärtig angewendeten Modelle nur Aussagen im Mittel liefern. Die Komplexität der im Belebtschlamm ablaufenden biologischen Prozesse wird dagegen nur ungenügend berücksichtigt. Die Modelle sind insbesondere in dieser Hinsicht weiterzuentwickeln.

Schlüsselwörter. Kläranlage, Modell, Belebtschlamm, Simulation, Klärwerkstechnologie

1 Einleitung

Seit Anfang der achtziger Jahre des letzten Jahrhunderts wuchs das Interesse für die mathematische Modellierung physikalischer und biologischer Prozesse der Abwasserreinigung. Die wesentlichen Ursachen dafür sind:

- eine rasche Entwicklung neuer Technologien zur Eliminierung von Stickstoff- und Phosphorverbindungen aus dem Abwasser,
- die Einführung komplexer Computersystemen zur Überwachung und Steuerung von Kläranlagen,
- die Minimierung steigender Planungs-und Betriebskosten von Kläranlagen.

Moderne Kläranlagen bestehen üblicherweise aus vielen Reaktoren und Rezirkulationssystemen. Diese dienen zur Durchführung unterschiedlicher Klärprozesse sowie zur Rückführung des Belebtschlammes bzw. des Abwassers. Die verschiedenen Aufgaben einzelner Reaktoren können auch nur in einem Becken durchgeführt werden, in dem dann der technologische Prozeß der Abwasserreinigung zyklisch erfolgt. Die Abwasserreinigungseffekte hängen im allgemeinen von folgenden Einflußfaktoren ab:

- zeitliche Änderung der Schmutzstofflast im Rohabwasser,
- Konzentrationen von Hauptkomponenten im Rohabwasser (Kohlenstoff-, Stickstoff- und Phosphorverbindungen),
- chemische Spezies der Hauptkomponenten im Rohabwasser,
- Sauerstoffverhältnisse in den einzelnen Reaktionsbecken,
- Sedimentationseigenschaften und biochemische Aktivität des Belebtschlammes,
- biomorphologische Zusammensetzung des Belebtschlammes,
- Aufenthaltszeiten des Abwassers und des Belebtschlammes in einzelnen Reaktoren,
- zugegebene Mengen chemischer Reagenten.

Der Betrieb einer modernen Kläranlage erfordert eine ständige Überwachung und Regelung der Arbeitsbedingungen einzelner technologischer Objekte. Diese Forderung kann nur mit Hilfe automatischer Meß- und Steuerungssysteme erfüllt werden. Eine mathematische Modellierung bestimmter Reaktoren bzw. kompletter Kläranlagen ist bei der Lösung von Steuerungsaufgaben hilfreich.

2 Mathematische Modellierung der Abwasserreinigung

Ein mathematisches Modell einer Kläranlage wird üblicherweise als eine Aneinanderreihung und/oder parallele Darstellung der für die einzelnen Prozeßstufen entwickelten Submodelle dargestellt. Tabelle 1 gibt eine Übersicht über Modelle von Reaktoren bzw. Prozessen für die Reinigung kommunaler und industrieller Abwässer.

Grundlage für die Modellbeschreibungen des Belebtschlammverhaltens sind Massenbilanzen unter Berücksichtigung der Erhaltungsgleichungen. Dies betrifft sowohl chemische Komponenten, organische und anorganische Substanzen, wie auch elektrische Ladungen (Elektronen und Protonen), die an den Reaktionen beteiligt sind. Für jede biochemisch reagierende Substanz j kann ein Konzentrationskoeffizient einer beliebige Verunreinigungskomponente i (stöchiometrischer Koeffizient i_i^j der Substanzkonzentration) statistisch bestimmt werden. Man kann z. B. die Durchschnittskonzentrationen des CSB (chemischer Sauerstoffbedarf), von Stickstoff und Phosphor in der Biomasse, von Wasserstoffionen in den organischen Säuren, wie auch die mittlere Wachstumsrate einer Bakterienpopulation statistisch festlegen.

Sei K die Substanzanzahl und N die Komponentenzahl im Abwasser. Dann sind die stöchiometrischen Koeffizienten der Substanzkonzentrationen in Matrixform wie folgt beschreibbar:

$$I = \begin{bmatrix} i_1^1 & .. & i_i^1 & .. & i_N^1 \\ \vdots & & \vdots & & \vdots \\ i_1^j & .. & i_i^j & .. & i_N^j \\ \vdots & & \vdots & & \vdots \\ i_1^K & .. & i_i^K & .. & i_N^K \end{bmatrix}$$

Tabelle 1. Modelle technologischer Objekte oder Abwasserreinigungsprozesse

Art des Objektes bzw. des Prozesses	**Art der Modellierung**
mechanische Klärung Gitter, Siebe, Sandfangbecken	nicht modelliert
Becken zur Homogenisierung	physikalische Modelle der Vorklärung
Sedimentation bzw. Flotation	physikalische Modelle der Vorklärung
biologische Klärung anaerobe Prozesse (für konzentriertes Abwasser) bzw. Methan-Fermentation	Wachstumsmodelle für Fermentations- und Methanbakterien, Modelle für Belebungsbekken
Kohlenstoffelimination	Wachstumsmodelle für heterotrophe Bakterien, Modelle für Belebungs- und Nachklärbekken
Kohlenstoff- und Stickstoffelimination	Wachstumsmodelle für Nitrifikanten und heterotrophe Bakterien; Modelle für Belebungs- und Nachklärbecken
Kohlenstoff-, Stickstoff- und Phosphorelimination	Wachstumsmodelle für Nitrifikanten, Fermentationsbakterien und heterotrophe Bakterien; Modelle für Belebungs- und Nachklärbekken
chemische Klärung Koagulationsprozesse	Koagulations- und Sedimentationsmodelle
Oxidationsprozesse	Modelle chemischer Reaktionen
Neutralisierungsprozesse	Modelle chemischer Reaktionen

Sei M die Anzahl biochemischer Prozesse unter Beteiligung chemischer Substanzen und Komponenten. Die jeweiligen Prozessgeschwindigkeiten P lassen sich in folgender Matrix darstellen:

$$P = \begin{bmatrix} \rho_1 \\ \vdots \\ \rho_m \\ \vdots \\ \rho_M \end{bmatrix}$$

Während des Verlaufs biochemischer Prozesse werden in der Kläranlage die sich verändernden Konzentrationswerte bestimmter Verunreinigungskomponenten überwacht und kontrolliert. Aufgrund von satzweisen Messungen kann die Matrix der Änderungsgeschwindigkeiten der Komponenten R aufgestellt werden:

$$R = \begin{bmatrix} r_{\nu 1} \\ \vdots \\ r_{\nu i} \\ \vdots \\ r_{\nu N} \end{bmatrix}$$

Für R und P gilt die Beziehung:

$$R = V^T \, P \tag{1}$$

wobei V die Matrix stöchiometrischer Koeffizienten der im Prozeß enthaltenen Komponenten ist:

$$V = \begin{bmatrix} \nu_1^1 & .. & \nu_i^1 & .. & \nu_N^1 \\ \vdots & & \vdots & & \vdots \\ \nu_1^m & .. & \nu_i^m & .. & \nu_N^m \\ \vdots & & \vdots & & \vdots \\ \nu_1^M & .. & \nu_i^M & .. & \nu_N^M \end{bmatrix}$$

Diese Matrix kann aus der Gleichung

$$V * I^T = 0 \tag{2}$$

bestimmt werden, die aufgrund des Massenerhaltungssatzes gilt. Die P-Matrix läßt sich dann aus Gl. (1) bestimmen.

Üblicherweise wird zur Modellierung des Belebtschlammverhaltens ein Standardmodell benutzt, das in der Literatur als „Activated Sludge Model No. 1“ bekannt ist (Henze et al. 1987, Szetela 1990). In diesem Modell sind folgende Belastungskomponenten berücksichtigt:

1. leicht abbaubare gelöste organische Verbindungen (g CSB/m³),
2. schwer abbaubare gelöste organische Verbindungen (g CSB/m³),
3. nichtabbaubare gelöste organische Verbindungen (g CSB/m³),
4. nichtabbaubare partikuläre organische Verbindungen (g CSB/m³),
5. nichtabbaubare partikuläre organische Detritusverbindungen (g CSB/m³),
6. heterotrophe Biomasse (g CSB/m³),
7. autotrophe Biomasse (g CSB/m³),

8. Ammonium (g N/m^3),
9. gelöster organischer Stickstoff (g N/m^3),
10. partikulärer organischer Stickstoff (g N/m^3),
11. Nitrat (g N/m^3),
12. mineralische Suspension (g/m^3),
13. Alkalinität (mol $CaCO_3/m^3$),
14. gelöster Sauerstoff (g O_2/m^3).

Das Modell Nr. 1 berücksichtigt die Längsdispersion im Belebungsbecken durch eine Unterteilung des zu modellierenden Beckens aus mehreren Kammern, die reihenweise verbunden sind. Dadurch werden auch Veränderungen der dynamischen Eigenschaften des Belebungsbeckens durch Ausbildung interner Rezirkulationsprozesse bzw. durch externe Rückführung des Belebtschlammes erfaßt. Das Modell gestattet eine gute Prozeßbeschreibung bezüglich der Elimination organischer Substanzen und Stickstoffverbindungen aus dem Abwasser. In den letzten Jahren wurden intensive Forschungsarbeiten durchgeführt, um das Belebtschlamm-Modell Nr. 1 hinsichtlich der Elimination von Phosphor-verbin-dungen zu erweitern. Sie führten zur Entwicklung des „Activated Sludge Model No. 2" (Henze et al. 1995).

3 Zur Biozönose des Belebtschlammes

Der Belebtschlamm ist eine aus Flocken bestehende Aufschwemmung, deren biologische Zusammensetzung von vielen biotischen und abiotischen Faktoren abhängig ist (Wanner und Grau 1989). Die wichtigsten Einflußfaktoren sind:

- BSB-Konzentration im ungereinigten Abwasser,
- Schlammalter,
- Sauerstoffverhältnisse im Belebungsbecken,
- Verhältnis zwischen der Futtersubstratmenge und der Belebtschlammbiomasse im Abwasser,
- Sulfidgehalt im Abwasser,
- C/N-Verhältnis.

Bei der Belebtschlammentwicklung sind drei unterschiedliche Phasen zu unterscheiden. In der *Anfangsphase* der Schlammentstehung erfolgen biologische Prozesse hauptsächlich unter der Wirkung heterotropher Bakterien, die sich auf den im Rohabwasser entstehenden Suspensionskolloiden sammeln. Hier sind auch mehrere, für das Rohabwasser typische Einzeller wie Protozoen vertreten. Bei der Belüftung schäumt das Abwassers sehr stark, was durch die Eiweißsubstanzen verursacht wird, die in Verbindung mit dem Abwasser kolloidale Verbindungen erzeugen. Das geklärte Abwasser wird in dieser Phase durch hohe Konzentrationen organischer und biogener Verbindungen, wie auch durch eine hohe Trübung und intensive Färbung gekennzeichnet.
In der *Mittelphase* verändern sich infolge der fortgesetzten Belüftung die im Abwasser auftretenden Mikrobenarten. Es bilden sich die Belebtschlammflocken.

Zuerst treten Geißeltierchen auf. Bei der Erhöhung der Belebtschlamm-Konzentration im Vergleich zur Menge des geklärten Abwassers verschwinden die *Mastigota*-Einzeller, und es treten frei schwimmende Ciliaten auf, die sich hauptsächlich von den einzelnen, sich im Abwasser außerhalb der Belebtschlammflokken befindenden Bakterien ernähren. Infolgedessen verbessert sich die Durchsichtigkeit des geklärten Abwassers. Große Mengen von frei schwimmenden Geißeltierchen und Ciliaten im Abwasser bedeuten eine unvollständige biologische Abwasserreinigung.

In der letzten, *stabilen Phase* der Belebtschlammaktivität fressen die an den Schlammflocken kriechenden bzw. seßhaften Ciliaten frei schwimmende Bakterien und kleinere Schlammflocken, wodurch sich die Durchsichtigkeit des Abwassers stark erhöht. Der durch die Mikroben ausgeschiedene Schleim verbessert die Sedimentationseigenschaften des Belebtschlammes. Rotatorien verbessern die Wirkung des Belebtschlammes.

Die biologische Zusammensetzung der Belebtschlammflora ist von entscheidender Bedeutung für den Wirkungsgrad der Abwasserreinigung. Aus technologischer Sicht ist es sehr wichtig, daß nur solche Mikroorganismen im Belebtschlamm auftreten, die die Prozesse der Oxidation organischer Substanzen, der Nitrifikation und Denitrifikation sowie der Phosphorkumulation in Form von Polyphosphaten durchführen können. Außerdem soll der Belebtschlamm gute Lagerungseigenschaften aufweisen, damit eine weitergehende Klärung des Abwassers in den Nachklärbecken erfolgen kann. Das Auftreten bestimmter Mikroben im Belebtschlamm hängt von der durch die Umweltverhältnisse bedingten Wachstumsgeschwindigkeit der Bakterien sowie von der Geschwindigkeit der Belebtschlammauswaschung aus dem Belebungsbecken ab. Die Verweilzeit des Belebtschlammes im Belebungsbecken wird durch das Schlammalter eingeschätzt. Es kann nach der Gleichung $BA = BK/BW$ berechnet werden. dabei ist BA - Schlammalter, BK - Belebtschlammkonzentration im Belebungsbecken, BW - Belebtschlammwachstum/Tag. Eine vollständige *biologische Abwasserreinigung ohne Nitrifikation* erfolgt unter Wirkung des Belebtschlammes bei einem Schlammalter von 3 bis 5 Tagen. Die Zerlegung organischer Substanzen wird durch heterotrophe Bakterien durchgeführt.

Die *Nitrifikation* ist das Resultat der Wirkung autotropher Bakterien. Der Nitrifikationsprozess erfolgt zweistufig. In der ersten Stufe führen die *Nitrosomonas*-Bakterien die Oxidation von Ammonium zu Nitrit durch. In der zweiten Stufe oxidieren die *Nitrobacter*-Bakterien Nitrit zu Nitrat. Zur Entwicklung der Nitrifikationsbakterien im Belebtschlamm sollte das Schlammalter 20 Tage bei der Abwassertemperatur von 2°C, 10 Tage bei der Abwassertemperatur von 10°C und 5 Tage bei der Abwassertemperatur von 15°C betragen. Die Nitrifikationsbakterien reagieren auf zeitweise anoxische Bedingungen unempfindlich.

Die *Denitrifikation* besteht in Umwandlung von Nitrat in freien Stickstoff unter Wirkung heterotropher Bakterien, die sich in anoxischen Verhältnissen befinden. Fast 70 % aller heterotrophen Bakterien besitzen die Fähigkeit zur Denitrifikation.

Sie benötigen dazu biologisch rasch abbaubare organische Verbindungen. Die Nitrifikation ist bezüglich der Sauerstoffkonzentration in der Biomasse sehr empfindlich. Übersteigt die Sauerstoffkonzentration den Grenzwert von 0,5 g O_2/m^3, so wird die Nitrifikation unterbrochen. Die Abwassertemperatur spielt hier ebenfalls eine entscheidende Rolle. Sinkt sie unter 5°C, dann wird die unter Ausnutzung interner Kohlenstoffquellen erfolgende Denitrifikation völlig gehemmt. Die Ausnutzung externer Kohlenstoffquellen hat dagegen bei einer Abwassertemperatur von 5°C nur noch einen Wirkungsgrad von ca. 20 % des bei der Abwassertemperatur von 20°C erzielten Wirkungsgrades. Ein optimaler pH-Bereich für die Nitrifikation liegt zwischen 6,5 und 7,5. Der Nitrifikationsprozeß wird unterbrochen, wenn die pH-Werte des Abwassers unter 6,0 absinken bzw. 8,0 übersteigen.

Zur Schaffung optimaler Bedingungen zur Denitrifikation sind anoxische Zonen in den Belebungsbecken einzubauen. Der Einbau anoxischer Zonen erfordert auch die Verlängerung des Schlammalters. Das notwendige Volumen der Denitrifikationszonen hängt von der biologischen Zusammensetzung des Abwassers, vom Verhältnis des Stickstoffgehaltes zum CSB-Gehalt im Rohabwasser, von der Nitrat-Konzentration im geklärten Abwasser und von der Abwassertemperatur ab. Üblicherweise machen die anoxischen Kammern 20 % bis 40 % des Gesamtvolumens des Belebungsbeckens aus.

Viele Bakterienarten sind fähig, in ihren Zellen die Phosphorsäure in Form von Polyphosphatkernen zu akkumulieren. Von größter Bedeutung für die Abwasserklärung sind aber die *Acinetobacter*-Bakterien, die imstande sind, bis zu 35 % ihrer Zellenmasse betragende Polyphosphatemengen aufzunehmen. Zur Entwicklung der *Acinetobacter*-Bakterien sind die folgenden Bedingungen zu erfüllen:

- wechselweiser Aufenthalt des Belebtschlammes in aeroben und anoxischen Verhältnissen,
- kein Auftreten von Nitraten und Nitriten unter anoxischen Bedingungen.

Die Phosphor speichernden Bakterien nehmen unter anoxischen Bedingungen organische Substrate aus dem Abwasser auf. Dafür nutzen sie die in den Polyphosphatketten enthaltene Energie. Die Polyphosphate werden in Orthophosphate zerlegt, die dann ins Abwasser gelangen. Unter oxischen Bedingungen werden die aufgenommenen organischen Substrate oxidiert und die freigesetzte Energie wird in Polyphosphatketten gespeichert. Unter diesen Bedingungen erfolgt eine schnelle Entfernung mineralischer Phosphorverbindungen aus dem Abwasser. Große Mengen flüchtiger organischer Säuren beeinflussen vorteilhaft die Dynamik des Oxidationsprozesses. Die Prozeßgeschwindigkeit verringert sich, wenn Nitrate in der anaeroben Zone im Abwasser auftreten. Dann ist die Energiegewinnung infolge der Denitrifikation leistungsfähiger. Die Phosphorakkumulation in Form von Polyphosphaten gebremst.

Die Sedimentationseigenschaften des Belebtschlammes sind vor allem vom Verhältnis der Anzahl aller die Biomasse bildenden Bakterien und der Anzahl und Gesamtlänge der fadenartigen Bakterien abhängig. Gut sedimentierende Belebtschlammflocken enthalten kleine Kolonien dieser Bakterien, die die Flockenstruktur gestalten. Eine optimale Gesamtlänge der fadenartigen Bakterien im Belebtschlamm liegt zwischen 10^6 und 10^7 µm/cm^3 (Bitton 1994). Sowohl bei einer Vergrößerung, als auch bei einer Verkleinerung der Gesamtlänge der Bakterien in den Flocken verschlechtern sich die Ablagerungseigenschaften des Belebtschlammes. Eine zu kleine Anzahl fadenartiger Bakterien hat zur Folge, daß die Flockenstruktur instabil wird, und die Flocken rasch zerfallen. Dies führt zur Blähschlammbildung in den Nachklärbecken. Der durch Überschuß an fadenartigen Bakterien gekennzeichnete Blähschlamm weist nicht nur schlechte Sedimentationseigenschaften auf, er beeinflußt auch nachteilig die im Belebungsbecken stattfindende Denitrifikation und Phosphorelimination.

Bislang wurden 25 fadenartige Bakterienarten differenziert, die gut sedimentierende Belebtschlammflocken bilden (Traczewska 1997). Diese Bakterienarten finden die zur ihrer Entwicklung günstigen Bedingungen im Abwasser, wenn das C/N/P-Verhältnis größer als 100/5/1 ist (Henze et al. 1987). Die am häufigsten in den Belebtschlammflocken auftretenden fadenartigen Bakterien sind:

- *Sphaerotilus natans, Heliscomenobacter hydrossis*: Diese Bakterien entwickeln sich im Abwasser, in dem der Sauerstoff- und Stickstoffgehalt niedrig und der Polysaccharidanteil hoch sind.
- *Microthrix parvicella, Nocardia spec., Heliscomenobacter hydrossis*: Diese Bakterien entwickeln sich in Monosacchariden und flüchtige organische Säuren enthaltenden häuslichen Abwässer. Es treten geringe Stickstoff- und Phosphorkonzentrationen auf. Die Belebtschlammbelastung ist niedriger als 0,3 g BSB_5/g.
- *Thiotrix spec., Beggiatoa spec.*: Diese Bakterien entwickeln sich in sulfidreichem Abwasser.

Ursachen schlechter Sedimentationseigenschaften des Belebtschlammes sind:

- ein längere Zeit andauerndes Sauerstoffdefizit. Dies führt zur Vermehrung frei schwimmender Bakterien und zur Bildung von Blähschlamm,
- eine durch Schwermetalle bzw. organische Stoffe verursachte Vergiftung des Belebtschlammes,
- eine zu starke Belüftung des Belebtschlammes, was zur Bildung von Flocken mit fadenartiger Struktur führt,
- Schaumbildung in der Biomasse, verursacht durch folgende Einflußgrößen: Detergentien im Abwasser, zu langer Aufenthalt des Belebtschlammes im Nachklärbecken, Entwicklung fadenartigen Bakterien, zu niedrige pH-Werte.

4 Resultate der Modellierung einer Kläranlage

Die modellierte mechanisch-biologische Kläranlage hat eine Leistungskapazität von ca. 35.000 m^3/Tag. Die Anlage besteht aus 2 Vorklärbecken, 3 Belebungsbecken und 2 Nachklärbecken, wobei in den Vor- und Nachklärbecken die mechanische Klärung und in den Belebungsbecken die biologische Klärung des Abwassers erfolgt (Abb. 1). Die Belebungsbecken werden gleichmäßig belüftet. Sie bilden eine aerobe Belebtschlammzone, in der der Nitrifikationsprozeß abläuft. Der Belebtschlamm wird aus den Nachklärbecken mittels eines Pumpensystems zur Außenzirkulation in die Belebungsbecken teilweise rückgeführt.

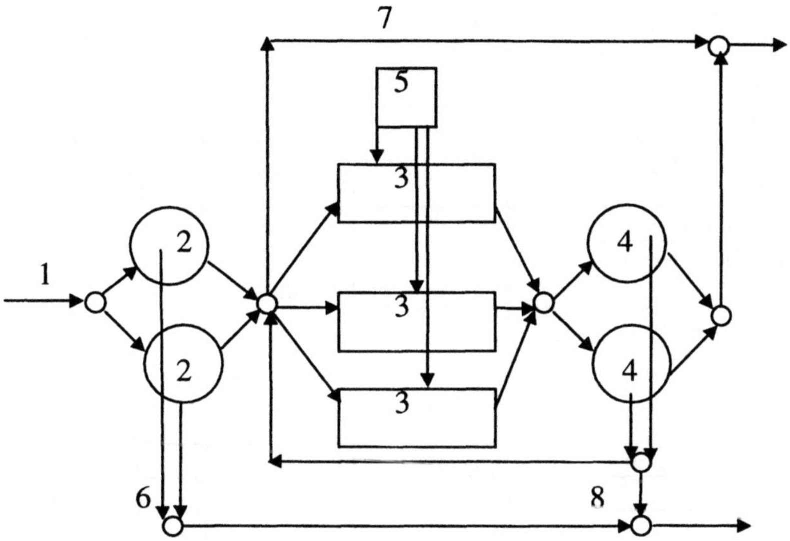

Abb. 1. Kläranlagendarstellung; 1 - Abwasserzufluß; 2 - zwei Vorklärbecken; 3 - drei Belebungsbecken; 4 - zwei Nachklärbecken; 5 - Abwasserbelüftungssystem; 6 - Außenrezirkulationssystem; 7 - Abfluß des geklärten Abwassers; 8 - Abfluß des Rohschlamms und des überschüssigen Belebtschlammes.

Für die Kläranlage wurde ein mathematisches Modell entwickelt, das aus einzelnen Bausteinen besteht. Im Modell sind 6 Bausteine enthalten, die folgende Objekte abbilden (Szetela et al. 1997): Einlaufbecken, Vorklärbecken, Belebungsbecken, Nachklärbecken, Abwasserbelüftungssystem, Rezirkulationssystem. Das Modell wurde anhand der gemessenen Daten kalibriert, das heißt, durch eine gezielte Änderung bestimmter Parameter an die Kläranlage angepaßt (Bogdan et al. 1997). Die Resultate der Kalibration sind in Tabelle 2 dargestellt. Die beste Anpassung wurde für das Belebungsbeckenmodell erreicht. Bei der Modellierung der Vorklär- und Nachklärbecken sind die Resultate schlechter.

Insbesondere bei der Berechnung der Gehalte für die mineralische Suspension in den Vorklär- und Nachklärbecken sowie für BSB und CSB in den Nachklärbecken liegen die Modellierungsfehler über 20 %. Der Grund dafür ist unklar. Es ist möglich, daß die Fehler durch gestörte Daten verursacht worden sind. Trotzdem taugt das Gesamtmodell in erster Näherung zur Simulation der untersuchten Kläranlage. Es wird zum Testen der an der Kläranlage vorgesehenen konstruktiven Veränderungen, wie auch zur Entwicklung von Steuerungsalgorithmen angewendet.

Tabelle 2. Kalibrationsresultate des Kläranlagenmodells

Parameter	Maßeinheit	Meßwert	Rechenwert	Fehler (%)
Vorklärbecken				
totale Suspension	g/m^3	163	162	0,6
mineralische Suspension	g/m^3	60	47	22
COD	$g\ O_2/m^3$	448	451	0,7
BOD	$g\ O_2/m^3$	186	188	1
Gesamtstickstoff	$g\ N/m^3$	39,3	32,0	19
Ammonium	$g\ N/m^3$	29,3	26,3	10
Alkalinität	val/m^3	8,3	7,9	5
Belebungsbecken				
Biomasse	g/m^3	3815	3890	2
mineralische Suspension	g/m^3	30	34	13
Schlammalter	Tag	10,2	10,0	2
COD	$g\ O_2/m^3$	53	53,6	1
BOD	$g\ O_2/m^3$	18	18,3	2
Gesamtstickstoff	$g\ N/m^3$	32,1	26,1	12
Ammonium	$g\ N/m^3$	26,3	24,2	8
Alkalinität	val/m^3	7.9	7.7	3
Nachklärbecken				
totale Suspension	g/m^3	19	19	0
mineralische Suspension	g/m^3	14	7	50
COD	$g\ O_2/m^3$	55	81	47
BOD	$g\ O_2/m^3$	19	23	21
Gesamtstickstoff	$g\ N/m^3$	28,1	26,9	4
Ammonium	$g\ N/m^3$	24,9	24,2	3
Alkalinität	$val/\ m^3$	8,1	7,7	5
rezirkulierter Belebtschlamm	$g\ /m^3$	5719	6090	6

5 Schlußbemerkungen

Es wurde versucht, die hohe Komplexität der in einer Kläranlage ablaufenden biologischen Prozesse mathematisch darzustellen. Dabei stellte sich heraus, daß einige Prozesse wie Kohlenstoff- und Stickstoffelimination genau bekannt sind. Andere Prozesse wie die Phosphorelimination sind ungenügend bekannt. Keinesfalls ist aber die Komplexität der Modelle mit der Komplexität der Prozesse vergleichbar. Trotz dieser Schwäche können die Modelle zur Simulation von Kläranlagen eingesetzt werden. Dabei kann durch intensives Prozeßstudium die Anwendbarkeit der Modelle künftig verbessert werden.

Literatur

Bitton, G. (1994); Wastewater Microbiology. Wiley, New York.

Bogdan, L., Lomotowski, J., Nahorski, Z., Studzinski, J., Szetela, R. (1997): Modelling of Municipal Wastewater Treatment Plant in Rzeszow. Proceedings of 4th International Symposium on Methods and Models in Automation and Robotics, 26 - 29 August, Miedzyzdroje (Poland).

Henze, M., Grady Jr., C.P.L., Marais, G.R., Matsuo, T. (1987): Activated Sludge Model No. 1. IAWPRC Scientific and Technical Reports No. 1, IAWPRC London.

Henze, M., Gujer, W., Mino, T., Matsuo, T., Wentzel, M.C., Marais, G.R: (1995): Activated Sludge Model No. 2. IAWQ Scientific and Technical Reports No. 3, IAWQ London.

Szetela, R. (1990): Ein dynamisches Modell der mit Belebtschlamm betriebenen Kläranlage. Prace Naukowe Instytutu Ochrony Srodowiska Politechniki Wroclawskiej nr. 64, Seria: Monografie nr. 32, Wydawnictwo Politechniki Wroclawskiej, Wroclaw (in Polnisch).

Szetela, R., Studzinski, J., Lomotowski, J. (1997): Computer Simulation of Sewage Purification Plants for Control and Design. Proceedings of ESS97, 19 - 22 Oct., Passau.

Traczewska, T.M. (1997): Biotische und abiotische Bedingungen der Blähschlammbildung. Ochrona Srodowiska 2, 29 - 32 (in Polnisch).

Wanner, J. and Grau, P. (1989): Identification of filamentous microorganisms from activated sludge: compromise between wishes and possibilities. Water Research **4**, 1541 - 1546.

Statistische Modellbildung der Wassergüte eines Fließgewässersystems

Albrecht Gnauck und Kathleen Rothe

Brandenburgische Technische Universität Cottbus, Lehrstuhl für Ökosysteme und Umweltinformatik
Postfach 101344, 03013 Cottbus

Zusammenfassung. Die Wassergüte des Berliner Gewässersystems wird mittels statistischer Methoden modelliert. Das aus Spree und Havel gebildete Gewässernetz wird als Graph aufgefaßt. Zunächst wird die Wassergüte der Fließstrecken mit statistischen Maßzahlen beschrieben. Die Interpretation korrelativer Zusammenhänge zwischen den Probenahmestellen an den Knotenpunkten führt zu Korrelationsmustern, die die Veränderungen der Wassergüte im Fließverlauf beschreiben. Abschließend werden Trends der Wassergütevariablen anhand von Regressionen diskutiert.

Schlüsselwörter. Gewässersystem, Wassergüte, Modellbildung, statistische Maßzahl, Korrelationsanalyse, Regression, Trendanalyse

1 Einleitung

Statistische Modelle haben sich in der Wasserwirtschaft zur Vorhersage des Abflußverhaltens von Fließgewässern, zur Abschätzung von Veränderungen der Wasserqualität sowie zur planungsorientierten Einschätzung von Maßnahmen des Gewässerschutzes in hervorragender Weise bewährt. Die meist in Form von statischen (zeitunabhängig) und dynamischen (zeitabhängig) Regressionen mathematisch formulierten Zusammenhänge zwischen den verschiedenen Zustandsvariablen liefern nicht nur Startinformationen für weitergehende Kausalanalysen und Modellsimulationen, sondern auch Vorhersagen der Wassergüte unter stationären Bedingungen (Gnauck et al. 1976, Gnauck et al. 1980, Reckhow und Chapra 1983, Stoyan et al. 1997). Univariate statistische Datenauswertungen gestatten Aussagen zu repräsentativen Probenahmeorten und -frequenzen (Einax et al. 1997), während multivariate statistische Analysen strukturelle Zusammenhänge in den Daten und zwischen den Zustandsvariablen des betrachteten Ökosystems oder des wasserwirtschaftlichen Prozesses erkennen lassen. Mittels zeitreihenanalytischer Verfahren sind die dynamischen Wechselwirkungen zwischen den wesentlichen Variablen der Wassergüte identifizierbar (Wernstedt 1989). Auch wenn die aus behördlichen und wasserwirtschaftlichen Monitoringprogrammen stammenden heterogenen Datensätze in der Regel nur unvollständige Systeminformationen liefern, so lassen sich doch anhand von statistischen Maßzahlen, multivariaten Zusammenhangsanalysen und statistischen Modellen grundlegende strukturelle Eigenschaften der beobachteten Prozesse und Systeme erkennen (Henrion und Henrion 1995). Insbesondere spielen die auf der Wahrscheinlichkeitstheorie beruhenden Methoden bei der Analyse komplizierter und komplexer Systeme, wie es Gewässerökosysteme darstellen, eine wichtige Rolle (Koch et al. 1996). Einerseits wird der Zufallseinfluß in den Meßreihen minimiert oder sogar eliminiert. Andererseits wird die Darstellung stationärer Meßreihen komprimiert und wesentlich vereinfacht. Für die Beurteilung von Meßreihen, die das Raum-Zeit-Verhalten eines stationären Prozesses beschreiben, genügt es dann, die Parameter der Trendfunktionen zu vergleichen (Krause und Metzler 1988, Backhaus et al. 1996). In Abhängigkeit von anthropogenen Belastungen und dem Umfang der Meßreihen geben Stegmann (1976) und von Tümpling (1973, 1992) unterschiedliche Trendfunktionen für Gewässergütedaten an.

An den Probenahmestellen des Berliner Gewässersystems wird die Wassergüte zunächst mit statistischen Maßzahlen charakterisiert. Korrelationsmuster dienen zur Beschreibung von Veränderungen der Wassergüte infolge anthropogener Wirkungen auf das Fließgewässersystem und durch Zuflüsse. Trends der Wassergüteänderungen werden anhand von Regressionsmodellen auf der Basis der statistischen Maßzahlen formuliert. Analog zu den statistischen Maßzahlen wur-den die Trendanalysen ebenfalls in die Kategorien Hydrophysik, Sauerstoffhaushalt, Nährstoffhaushalt und Hydrobiologie eingeteilt.

2 Untersuchungsgebiet

Das Berliner Gewässernetz zeigt typische Besonderheiten von Fließgewässern des norddeutschen Tieflandes: Seenartige Erweiterungen des Flußbettes, Stauhaltungen im gesamten Flußlauf, geringe Fließgeschwindigkeiten im gesamten Gewässersystem. Parallel dazu verursachen hohe Nährstoffbelastungen eine hohe Bioproduktion, wobei in den seenartigen Erweiterungen die Nährstofffreisetzung aus dem Sediment dominiert (Schettler 1995). Insbesondere fehlen in der Havel aufgrund der geographischen Lage des Einzugsgebietes und der Stauhaltungen im oberen Spreegebiet weitgehend Frühjahrshochwässer, die ein Ausspülen des Flußplanktons zur Folge hätten. Die durch das Phytoplankton bedingte Sauerstoffproduktion schafft zwar gute Voraussetzungen für die Selbstreinigung, sie ist aber gleichzeitig Ursache für eine hohe Sekundärbelastung. Im Frühjahr setzt mit Eintritt der algenphysiologisch günstigen meteorologischen Bedingungen auch unmittelbar eine starke Primärproduktion ein. Die Wassergüte von Spree und Havel ist in hohem Maße von den gewässermorphologischen und den hydraulischen Bedingungen abhängig (Kalbe 1997). Ein wesentlicher Faktor bei der Entwicklung der Eutrophierung in Spree und Havel ist der Großraum Berlin und Umland (Klose 1995). Die mit Beginn der siebziger Jahre erfolgten Belastungen mit Nährstoffen führten zu einem hocheutrophen Status der Wasserbeschaffenheit. An dieser Situation hat sich trotz der Entlastungen aus dem Einzugsgebiet nach 1990 und erheblichen Verbesserungen der Abwasserbehandlung in den achtziger und neunziger Jahren bislang wenig geändert. Nährstoffrücklösungen aus dem Sediment in Verbindung mit anaeroben Bedingungen schließen einen kurzfristigen Oligotrophierungsprozeß aus. Erst mittel- bis langfristig ist eine wünschenswerte Veränderung der Wassergüte in Spree und Havel zu erwarten, wobei eine Veränderung der Abflußbedingungen die Eutrophierung des Spree-Havel-Gewässersystems verringern könnte.

Das durch Spree, Havel, Teltowkanal, Griebnitzkanal und Britzer Verbindungskanal gegebene Berliner Gewässersystem wird mathematisch als Graph aufgefaßt. Die Knotenpunkte des Graphen sind durch Zusammenflüsse oder Abzweigungen von Fließstrecken gegeben, während die Kanten durch die verbindenden Fließstrecken zwischen den Knotenpunkten definiert sind. Wertmäßige Belegungen der Kanten durch die Wasserbeschaffenheitsvariablen und damit eine Bewertung der Knoten sind durch die jeweiligen Probenahmestellen gegeben. Die Richtung der einzelnen Kanten ist durch die Fließrichtung der Gewässer definiert. Abbildung 1 zeigt den Graph des Berliner Gewässersystems.

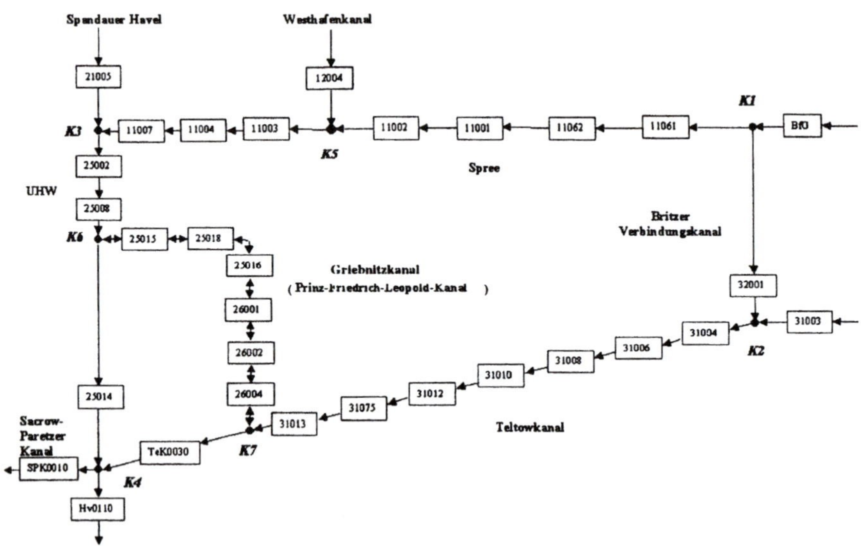

Abb. 1. Graph des Berliner Gewässersystems

Tabelle 1 gibt einen Überblick über die in der Auswertung berücksichtigten Probenahmestellen, deren Lage und Aufeinanderfolge schematisch in Abbildung 1 dargestellt ist (Eidner et al. 1999).

Tabelle 1. Probenahmestellen des Berliner Gewässersystems

Gewässer	**Probenahmestelle**	**Fluß-km**	**Codierung**
Spree	700m oh. Abzweig BVK	27,2	BfG
Spree	Baumschulenweg	26,1	11061
Spree	Rummelsburger See, Mitte	24,0	11067
Spree	Elsenbrücke	22,05	11062
Spree	vor Abzweig BSSK	14,7	11001
Spree	oh. Landwehrkanal	9,2	11002
Spree	uh. Schleuse Charlottenburg	6,1	11003
Spree	v. Wasserwerk Jungfernheide	5,2	11004
Spree	v. Einmündung in die Havel	0,25	11007
Westhafenkanal	oh. Mörschbrücke	0,2	12004
Havel	oh. Schleuse Spandau	0,46	21005
Havel	uh. Pichelssee (Gemünd)	3,9 UHW	25002
Havel	Grunewaldturm	6,8	25008
Havel	Krughorn	16,5	25014
Havel	Potsdam, Humboldtbrücke	26,76	Hv0110
Havel	Großer Wannsee	2,2	25015
Havel	Großer Wannsee	3,0	25018
Havel	Großer Wannsee	3,9	25016
Griebnitzkanal	Kleiner Wannsee	3,6	26001
Griebnitzkanal	Pohlesee	2,6	26002
Griebnitzkanal	Stölpchensee	0,73	26004
Britzer Verzweigungskanal	vor Teltowkanal	28,4 BVK-TeK	32001
Teltowkanal	südl. Britzer Kreuz	28,65	31003
Teltowkanal	Britz, Buschkrugbrücke	27,65	31004
Teltowkanal	uh. Hafen Mariendorf	21,5	31006
Teltowkanal	uh. Hafen Steglitz	19,0	31008
Teltowkanal	Lichterfelde	15,67	31010
Teltowkanal	Teltow-Werft	11,4	31012
Teltowkanal	Schleuse Kleinmachnow	8,34	31075
Teltowkanal	Kohlhasenbrück	3,78	31013
Teltowkanal	Enver-Pascha-Brücke	0,25	TeK0030
Sacrow-Paretzer-Kanal	Jungfernsee, Nedlitz	20,34	SPK0010

Gemeinsamer Ausgangspunkt der Trassen Nord und Süd ist der Knotenpunkt K1. Die Zusammenführung beider Trassen am Wasserstraßenkreuz in der Nähe der Landesgrenze Berlin/Brandenburg erfolgt im Knoten K4. Der Knoten K5 beschreibt die Einmündung des Westhafenkanals in die Spree, während der Zusammenfluß von Spree und Havel durch den Knoten K3 repräsentiert wird. Der Knoten K2 ist durch den Zusammenfluß von Britzer Verbindungskanal und Teltowkanal definiert. Die beiden Wechselwirkungsknoten K6 und K7 spielen bei der ganzheitlichen Betrachtung des Gewässersystems eine wesentliche Rolle, da sich die Fließrichtungen an diesen Knoten zwischen MQ- und HQ-Zustand umkehren. Die Knotenfolge K1 ⇛ K5 ⇛ K3 ⇛ K6 ⇛ K4 beschreibt den Flußlauf der Spree vom Abzweig des Britzer Verbindungskanals bis zur Mündung in die Havel und die Teilstrecke der Unteren Havel-Wasserstraße bis zur Einmündung des Teltowkanals. Sie wird als Trasse Nord bezeichnet. Die Fließstrecke Britzer Verbindungskanal und Teltowkanal unterhalb des Britzer Wasserstraßenkreuzes bis zur Mündung in die Havel bildet die Knotenfolge K1 ⇛ K2 ⇛ K7 ⇛ K4. Sie wird als Trasse Süd bezeichnet. Die Knotenfolge K6 ⇛ K7 repräsentiert die Fließstrecke Havel/Großer Wannsee und Griebnitzkanal (Prinz-Friedrich-Leo-pold-Kanal) bis zur Einmündung in den Teltowkanal. Sie beschreibt die Wechselwirkung zwischen den Trassen Nord und Süd.

3 Datenmaterial und Methoden

Zur statistischen Modellbildung der Wassergüte des Berliner Gewässersystems standen Meßreihen des Gewässermonitorings für unterschiedlich lange Zeiträume und in unterschiedlicher Dichte je Meßgröße und Probenahmestelle seit 1990 bis 1996 zur Verfügung. Zur Datenauswertung wurden die im Programmpaket SPSS vorhandenen Standardprozeduren verwendet. Es wurden statistische Maßzahlen und Korrelationskoeffizienten berechnet sowie Trendberechnungen durch-geführt.

3.1 Datenmaterial

Im einzelnen wurden die Konzentrationen der Meßgrößen abfiltrierbare Stoffe, Chlorid, Leitfähigkeit, Chlorophyll-a, Glühverlust, anorganischer Stickstoff, Ammonium-Stickstoff, Nitrit-Stickstoff, Nitrat-Stickstoff, Orthophosphat-Phos-phor, Gesamtphosphat-Phosphor, pH-Wert, Sauerstoffgehalt, CSB und BSB. Die Entnahmetiefe der Wasserproben lag bei 0,5m. Insbesondere kam es am Beginn jeden Jahres zu größeren Datenlücken, wobei in dem auszuwertenden Datenmaterial generell Lücken unterschiedlicher zeitlicher und räumlicher Struktur vorhanden waren. Aufgrund der Verschiebungen in den Probenahmeintervallen mußte das Datenmaterial hinsichtlich seiner Konsistenz und Homogenität überprüft werden. Ein dabei auftretendes Problem ist das Ausfüllen von Datenlücken. Für kleine Meßwertabstände sind erprobte Methoden zum Ausfüllen von Datenlücken durch lineare Interpolation bzw. Ersetzung durch geeignet definierte Mittelwerte vorhanden (Little und Rubin 1987). Ein Datenausgleich durch benachbarte Probenahmestellen ist aufgrund unterschiedlichen Probenahmerhythmen nicht möglich (Weber 1980). Für große Datenlücken ist einerseits das Risiko von alias-Effekten in den Meßreihen gegeben. Andererseits ist ein Ersatz fehlender Meßwerte durch mit einem Zufallsgenerator erzeugten Werte nur bei zu erwartender Normalverteilung der Meßwerte anzuwenden. Da alle Ausreißer aus dem Datenmaterial entfernt wurden, mußte eine teilweise erhebliche Datenreduktion in Kauf genommen werden. Eine weitere Datenreduzierung erfolgte durch fallweises Ausschließen, da für die Zusammenhangsanalysen zum gleichen Zeitpunkt erhobene Daten vorhanden sein müssen. Das bereinigte Datenmaterial wurde anschließend graphisch auf Normalverteilung geprüft. Zur Kontrolle wurden die aus den realen Verteilungsparametern berechneten theoretischen Normalverteilungskurven herangezogen. Allgemein wird im auszuwertenden Datenmaterial ein häufig auftretendes Problem des Gewässermonitoring offenkundig: Die zu behördlichen Zwecken gesammelten Daten genügen oft nicht den Anforderungen von nachfolgenden statistischen Auswertungen und Modellierungen.

3.2 Statistische Maßzahlen und Korrelationsanalyse

Als wichtigste statistische Maßzahl der Wassergüte wird das arithmetische Mittel der Stoffkonzentrationen berechnet. Die Ermittlung von Zusammenhängen zwischen den Einflußgrößen erfolgt mittels des Korrelationskoeffizienten, der ein Maß für die Stärke des linearen Zusammenhangs zwischen zwei Zufallsgrößen X und Y ist. Es gilt $\rho_{XY} = E((X - EX)(Y - EY))/\sqrt{varX\ varY}$. Die Schätzung erfolgt durch den empirischen Korrelationskoeffizienten r_{XY} (Storm 1979, Sachs 1984, Funk et al. 1985, Funk et al. 1992, Einax et al. 1997, Stoyan et al. 1997). Eine Einschätzung der tatsächlichen linearen Zusammenhanges zwischen zwei Zustandsvariablen kann durch den partiellen Korrelationskoeffizienten gegeben werden. Ein linearer Zusammenhang gilt als vorhanden, wenn er durch den partiellen Korrelationskoeffizienten bestätigt wird. Zufallshöchswerte der Korrelationskoeffizienten wurden in Abhängigkeit von der Datenlage mit dem kritischen Korrelationskoeffizienten für die zweiseitige Fragestellung mit $\alpha = 0.05$ überprüft. Dazu wurden Tabellenwerte nach Storm (1979) verwendet.

3.3 Trendanalyse

Ziel einer Trendanalyse ist es, eine Beschreibung des mittel- und langfristigen zeitlichen oder räumlichen stationären Verhaltens durch möglichst einfache und explizit angebbare Funktionen. Generell ergeben sich daraus die Fragen, welche Funktionen zur Beschreibung eines Trends geeignet sind, und mit welcher Methode sich die Parameter dieser Funktionen aus empirisch gewonnenen Zeitreihen schätzen lassen. Häufig angewendete Schätzmethoden sind die Methode der kleinsten Quadrate (MKQ) (Stegmann 1976) und die Maximum Likelihood Methode (Gnauck und Schramm 1991). In dieser Arbeit wird die MKQ-Methode verwendet. Die Parameter werden so geschätzt, daß die Summe der quadratischen Abweichungen zwischen beobachteten/berechnetem Wert und Funktionswert minimal ist.

Der einfachste und praktisch wichtigste Fall zur Beschreibung des Verlaufs einer Meßreihe ist eine lineare Trendfunktion $y(t) = a_0(t) + a_1(t)\ x(t)$. Komplizierte nichtlineare Trendfunktionen lassen sich durch geeignete Transformationen in lineare Funktionen überführen, wobei jede stetige Funktion beliebig genau durch ein Polynom n-ten Grades approximiert wird. Weicht die geschätzte Funktion zu stark vom Verlauf der Meßwerte ab, so wird der Grad des Polynoms um Eins erhöht. Man erhält eine quadratische Funktion mit drei freien Parametern. Inhaltlich können diese Parameter als mittlerer Anfangswert (a_0), als mittlere Veränderungsrate (a_1) und als mittlere Prozeßbeschleunigung (a_2) interpretiert werden: $y(t) = a_0(t) + a_1(t)\,x(t) + a_2(t)\,x^2(t)$. Für höhere Polynome ist eine inhaltliche Interpretation der Parameter meist nicht möglich. Eine andere Möglichkeit der Ableitung von Trendfunktionen ist durch eine Berücksichtigung von bestimmten prozeßbeschreibenden Annahmen gegeben, wie sie für Abbauprozesse mit einer Kinetik erster Ordnung maßgebend sind. Solche Prozesse lassen sich durch eine Differentialgleichung der Form $\mathrm{d}x(t)/\mathrm{d}t = -kx(t)$ beschreiben. Durch Integration und Bildung der Umkehrfunktion erhält man eine Exponentialfunktion als Trendfunktion: $x(t) = x(0)\,\mathrm{e}^{-kt} + \mathrm{E}$. $x(0)$ stellt den Anfangswert und k die Veränderungsrate der Trendfunktion dar, während E den zufälligen Anteil (z. B. Meßfehler) der Trendfunktion beschreibt. Für praktische Aufgaben wird die Exponentialform meist linearisiert. Zur Einschätzung der Qualität des berechneten Trends wird das lineare Bestimmtheitsmaß $r^2 = B$ verwendet (Storm 1979, Sachs 1984). Es drückt die durch die lineare Trendfunktion erklärte Varianz des Zusammenhanges bezogen auf die Gesamtvarianz des Prozesses aus. Für nichtlineare Trendfunktionen gibt das nichtlineare Bestimmtheitsmaß B_{nl} eine genauere Einschätzung.

4 Ergebnisse und Diskussion

Die statistischen Modellierungen erfolgten in den Kategorien Hydrophysik, Sauerstoffhaushalt, Nährstoffhaushalt und Hydrobiologie für alle Knotenfolgen. Neben den hydromorphologischen und hydraulischen Änderungen im Flußlauf charakterisieren die Meßwerte auch den Zwischengebietseinfluß durch Gewässernutzungen

4.1 Die Wassergüte des Berliner Gewässersystems

4.1.1 Trasse Nord

Hydrophysik

Als Problem erweist sich die Wassermengenbilanz am Knoten K3. Im Mittel fließt an der Probenahmestelle 25002 weniger Wasser ab, als durch die zufließenden Wassermenge von Spree (11007) und Havel (21005) zu erwarten ist. Der Einfluß der höheren Wassertemperatur des Teltowkanals ist in der Havel (Hv0110) noch bemerkbar, jedoch nicht im Sacrow-Paretzer-Kanal (SPK0010). Bezüglich der Leitfähigkeit kann am Knoten K3 festgestellt werden, daß der Einfluß der Spree nach der Mündung in die Havel deutlich verringert ist. Dagegen erhöht der zufließende Teltowkanal im Knoten K4 die Werte der Leitfähigkeit. Dadurch steigen auch die Werte in der Havel (Hv0010) und im Sacrow-Paretzer-Kanal (SPK0010) an. Die Potsdamer Havel wird dabei stärker beeinflußt als der Sacrow-Paretzer-Kanal.

Sauerstoffhaushalt
Trotz des relativ hohen biogen bedingten Sauerstoffeintrages zeigt sich am Knotenpunkt K3 eine Verringerung des Sauerstoffgehaltes. Parallel dazu ist auch der pH-Wert erniedrigt. Eine Beeinflussung des Sauerstoffhaushaltes ist auch am Knotenpunkt K4 feststellbar. Bedingt durch den relativ niedrigen Sauerstoffimport erfolgt eine Absenkung des Sauerstoffgehaltes in der Potsdamer Havel (Hv0110). Im Vergleich zur zufließenden Havel (25014) zeigen sich im abfließenden Sacrow-Paretzer-Kanal (SPK0010) kaum Veränderungen.

Nährstoffhaushalt
Die Orthophosphatkonzentrationen in Spree und die Havel sind allgemein niedrig. In der Potsdamer Havel und im Sacrow-Paretzer-Kanal sind deutlich höhere Werte feststellbar, die nicht als Einwirkung des zufließenden Teltowkanals im Knotenpunkt K4 interpretiert werden können. In den seenartigen Erweiterungen der Havel kommt es zu Phosphorrücklösungen aus dem Sediment. Der hoch mit Stickstoff belastete Teltowkanal beeinflußt die Wassergüte der Potsdamer Havel (Hv0110) erheblich. Gegenüber den Mittelwerten der Havel (25014) sind diese um ca. 100% erhöht. Der Sacrow-Paretzer-Kanal ist dagegen durch den Zufluß des Teltowkanals (TeK0030) nicht beeinflußt und vergleichbar mit der zufließenden Havel (25014).

Hydrobiologie
Am Knotenpunkt K3 ist ein biogen bedingter geringer Anstieg in den Konzentrationen der abfiltrierbaren Stoffe an abfiltrierbaren Stoffen festzustellen. Höhere Wassertemperaturen durch Kühlwassereinleitungen, hohe Nährstoffgehalte und relativ lange Aufenthaltszeiten des Wassers in diesem Abschnitt des Berliner Gewässersystems bedingen eine relativ hohe Primärproduktion.

4.1.2 Trasse Süd

Hydrophysik
Unklar sind die Wassermengenbilanzen an den Knotenpunkten K2 und K7. Während diese im ersten Fall negativ ist, ist sie im zweiten Fall positiv. Der im Knotenpunkt K2 zufließende Teltowkanal (31003) zeigt eine hohe Salzbelastung (Leitfähigkeit) an. Infolge Verdünnung durch Zufluß des Britzer Verzweigungskanals sinkt der Wert der Leitfähigkeit im Fließverlauf (31004). Eine Erhöhung der Leitfähigkeit ist dagegen in der Potsdamer Havel (Hv0110) festzustellen, die nicht auf den Einfluß des Teltowkanals zurückgeführt werden kann. Die biogene Belastung der Havel und der Einfluß des urbanisierten Einzugsgebietes tragen maßgeblich zu diesem Befund bei. Generell werden im Großen Wannsee und im Griebnitzkanal höhere Werte der Leitfähigkeit als in der Havel (25014) gemessen.

Sauerstoffhaushalt
Der Sauerstoffgehalt im Britzer Verbindungskanal wird durch die Spree induziert. Dies führt zu einem höheren Sauerstoffniveau im Teltowkanal (31004), das im weiteren Verlauf des Kanals wieder reduziert wird. Dabei wird an den Knotenpunkten K2 und K4 der Einfluß des Teltowkanals auf die Wassergüte der Trasse Süd sowie auf die Potsdamer Havel (Hv0110) deutlich. Im Sacrow-Paretzer-Kanal gibt es dagegen keine wesentliche Verringerung des Sauerstoffgehaltes.

Nährstoffhaushalt
Die Mittelwerte lassen die Nährstoffbelastung der Havel durch den Teltowkanal erkennen. Für den Sacrow-Paretzer-Kanal konnte dies nicht bestätigt werden. Insbesondere ist die Ammoniumbelastung durch den Teltowkanal hoch. Durch den Britzer Verzweigungskanal (32001) kommt es zwar infolge Verdünnung zu einer Verringerung der Konzentrationen von Ammonium und Orthophosphat, entlang der Fließstrecke steigen jedoch die N- und P-Konzentrationen insgesamt an.

Hydrobiologie
Der Einfluß des Teltowkanals auf die Havel kann auch für die hydrobiologischen Indikatoren nachgewiesen werden. Interessant ist der biologische Einfluß des Britzer Verbindungskanals auf den Teltowkanal, der anhand der Chlorophyll-a-Werte belegt ist. Erst nach einer längeren Fließstrecke (31075) werden gegenüber den Ausgangskonzentrationen geringere Werte für Chlorophyll-a und für Glühverlust erreicht. Dabei korrespondieren die Schwankungen in den Chlorophyll-a-Werten mit den Schwankungen der Ammoniumkonzentration.

4.1.3 Wechselwirkung zwischen den Trassen

Hydrophysik
Die Wassergüte dieser Fließstrecke wird im wesentlichen durch die Strömungsbedingungen im Großen Wannsee und in der Fließstrecke des Griebnitzkanals bestimmt. Auch am Knoten K6 ist die Wassermengenbilanz nicht ausgeglichen.

Sauerstoffhaushalt
Hinsichtlich des Sauerstoffhaushaltes bestehen zwischen Teltowkanal (31013) und Griebnitzkanal (26004) fast keine Unterschiede.

Nährstoffhaushalt
Obwohl seit 1993 allgemein eine fallende Tendenz der Nährstoffbelastung des Teltowkanals und damit auch des Griebnitzkanals festzustellen ist, tritt häufig nur eine Verschiebung in der Gewichtung einzelner Nährstoffkomponenten auf. In Abb. 2 wird dies am Beispiel von Ammonium und Nitrat deutlich.

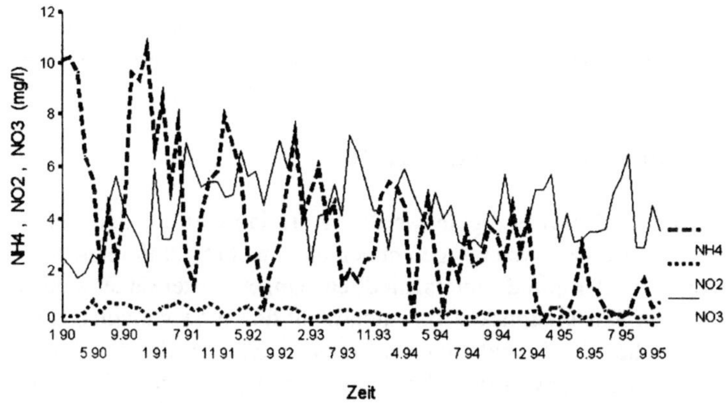

Abb. 2. Stickstoffhaushalt im Griebnitzkanal (26004).

Eine analoge Tendenz gilt auch für Phosphor. In Abb. 3 ist der Beginn des erniedrigten Phosphorniveaus deutlich zu erkennen. Realistische Aussagen über die P-Belastung sind aber erst anhand des Verhältnisses von Orthophosphat zu Gesamtphosphat möglich. Diesbezügliche Angaben fehlen für die Fließstrecke zwischen den Knotenpunkten K6 und K7. Für die Nährstoffbedingungen dieser Fließstrecke gilt analog zum Sauerstoffhaushalt, daß zwischen Griebnitzkanal (26004) und Teltowkanal (31013) kein Unterschied besteht. Die Ergebnisse stimmen mit den hydrologischen Befunden überein, daß bei mittleren Abflußbedingungen die Fließrichtung vom Teltowkanal in den Griebnitzkanal erfolgt.

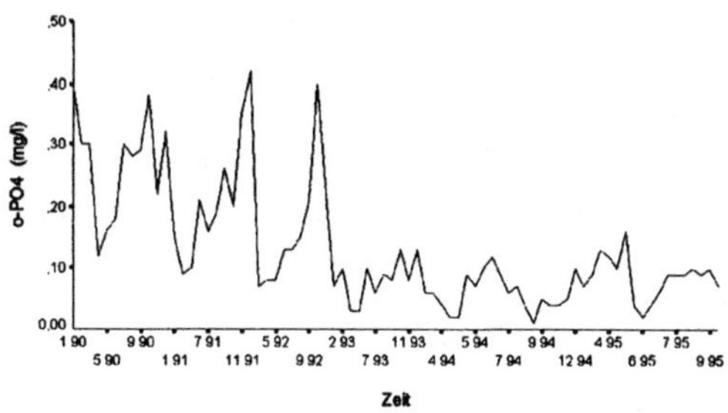

Abb. 3. Orthophosphatgehalt im Griebnitzkanal (26004).

Hydrobiologie

An allen Probenahmestellen der Fließstrecke ist die Jahresdynamik der Primärproduktion deutlich sichtbar. Im Griebnitzkanal ist eine autochthon bedingte Zunahme organischer Stoffe zu verzeichnen. Dies wird auch durch die Mittelwerte der Meßgröße Glühverlust bestätigt. Erwartungsgemäß ergeben sich zwischen Havel (25014) und Großer Wannsee (25015) Unterschiede in der hydrobiologischen

Situation. Diese sind durch die statistischen Maßzahlen für die Konzentrationen der abfiltrierbaren Stoffe und von Chlorophyll-a belegt. Dagegen weisen die Maßzahlen für die Meßgröße Glühverlust keine Unterschiede auf. Wahrscheinlich sind die hydraulischen Verhältnisse im Großen Wannsee für diese Unterschiede maßgebend.

4.2 Korrelationsmuster der Wassergüte

Zwischen den Variablen der Wassergüte werden Korrelationen an den Knotenpunkten des Berliner Gewässersystems berechnet und in ihrer Aufeinanderfolge miteinander verglichen. Aufgrund unterschiedlich langer Datensätze sind die Werte der signifikanten Korrelationskoeffizienten nicht direkt vergleichbar. Dagegen liefern die Vorzeichen der Korrelationskoeffizienten Muster, die die Veränderungen der Wassergüte qualitativ beschreiben. Falls kein signifikanter Zusammenhang vorliegt, ist dies durch Ø gekennzeichnet. *n.b.* bedeutet nicht berechnet.

4.2.1 Korrelationsmuster der Trasse Nord

Die Knotenpunkte K1, K5, K3, K6 und K7 Trasse Nord sind durch die Probenahmestellen der jeweils zufließenden und abfließenden Gewässerabschnitte charakterisiert (vgl. Abb. 1). Anhand der Vorzeichen der signifikanten Korrelationskoeffizienten werden entlang der Fließstrecke Muster erzeugt, die eine qualitative Einschätzung der natürlichen Stoffumsetzungen und der anthropogenen Belastungen gestatten. In der Tabelle 2 sind ausgewählte Korrelationsmuster zusammengestellt.

Entlang der Trasse Nord findet man generell negative Korrelationsmuster zwischen den Variablen Wassertemperatur und Sauerstoffgehalt. Dieser gut bekannte Zusammenhang belegt, daß die reale anthropogene Beeinflussung entlang der Fließstrecke diesen Kausalzusammenhang nicht stört. Parallel dazu werden zwischen den Variablen Wassertemperatur und abfiltrierbare Stoffe sowie abfiltrierbare Stoffe und Chlorophyll-a positive Korrelationsmuster ausgewiesen. Da in Spree und Havel ein hohes Nährstoffniveau vorhanden ist und somit keine Nährstofflimitation für das Phytoplanktonwachstum besteht, sind einerseits die Konzentrationen der abfiltrierbaren Stoffe in der Regel biogen bedingt. Zwischen den Variablen Chlorophyll-a und Ammonium- bzw. Nitratstickstoff bestehen andererseits jeweils negative Korrelationsmuster, während zwischen Nitratstickstoff und Sauerstoffgehalt positive Muster angezeigt werden. Hohe Nitratwerte führen zu einem Anstieg des Phytoplanktonwachstums, das zu hohen Sauerstoffgehalten führt. Nimmt man die Variable Wassertemperatur als Repräsentant der externen Triebkraft Globalstrahlung und der externen anthropogenen Einwirkungen, so bedeutet dies andererseits, daß die Phytoplanktonentwicklung in der Trasse Nord des Berliner Gewässersystems nur temperaturgetrieben ist. Interessant ist der durch das Phytoplankton gegebene indirekte Zusammenhang zwischen Sauerstoffgehalt und Orthophosphat. Für die Fließstrecke der Spree werden negative Korrelationsmuster angezeigt. Die im Knotenpunkt K3 zufließende Havel verändert dieses Muster, bis am Knotenpunkt K6 das ursprüngliche negative Muster wiederhergestellt ist.

Tabelle 2. Ausgewählte Korrelationsmuster der Trasse Nord

Prob.-Stelle	TW/ abf. St.	Chla/ abf. St.	TW/ NH4	NO3/ O2	O2/ BSB	oPO4/ O2	NH4/ Chla	NO3/ Chla
BfG	+	+	-	+	∅	-	-	-
32001	+	+	∅	∅	+	-	∅	-
11061	+	∅	-	∅	∅	-	-	∅
11002	+	+	-	+	+	-	∅	∅
12004	+	+	∅	∅	+	-	-	∅
11003	+	+	-	+	+	+	∅	∅
11007	+	+	-	+	∅	-	∅	∅
21005	+	+	-	∅	+	n.b.	-	-
25002	+	+	∅	+	+	∅	∅	∅
25008	+	+	∅	∅	+	∅	∅	-
25015	+	+	-	+	+	-	-	-
25014	+	+	-	+	+	-	-	-
TeK0030	+	+	+	-	∅	-	-	-
Hv0110	+	+	-	∅	+	-	∅	∅
SPK0010	n.b.	n.b.	-	+	+	-	∅	∅

4.2.2 Korrelationsmuster der Trasse Süd

Die Trasse Süd umfaßt die Knotenpunktfolge K1, K2, K7 und K4. Parallel zur Trasse Nord findet man erwartungsgemäß auch hier die negativen Korrelationsmuster zwischen den Variablen Wassertemperatur und Sauerstoffgehalt. Aus der Tabelle 3 geht auch deutlich der Einfluß der Wassertemperatur auf den Stoffhaushalt in der Trasse Süd hervor. Bis auf zwei Ausnahmen (31003, 26004) werden positive Korrelationsmuster für den Zusammenhang zwischen den Variablen abfiltrierbare Stoffe und Wassertemperatur berechnet. Gleiche positive Muster findet man auch für die Wechselwirkungen der Variablen abfiltrierbare Stoffe und Chlorophyll-a sowie Wassertemperatur und Chlorophyll-a, während die Variablen Ammonium und Chlorophyll-a sowie Nitrat und Chlorophyll-a negative Muster zeigen.

Am Knotenpunkt K2, der durch den Zusammenfluß von Britzer Verbindungskanal und Teltowkanal gebildet wird, zeigen sich Unterschiede in den signifikanten Korrelationen. Dabei findet man in der Spree vorhandene Korrelationsmuster auch im Britzer Verbindungskanal. Die für den Britzer Verbindungskanal zwischen den Variablen des Nährstoffhaushaltes, der Phytoplanktonbiomasse und der Wassertemperatur berechneten Muster sind dagegen im Teltowkanal nur teilweise vorhanden. An den einzelnen Probenahmestellen des Teltowkanals werden aufgrund der Beeinflussungen durch Klärwerks- und Kraftwerkseinleitungen in der Regel keine signifikanten Korrelationen zwischen den Wassergütevariablen berechnet. Erst vor der Mündung in die Havel (TeK0030) ähneln die Korrelationsmuster des Teltowkanals denen der Havel. Dies kann als qualitatives Maß der Regenerationsfähigkeit des Ökosystems angesehen werden.

Tabelle 3. Ausgewählte Korrelationsmuster der Trasse Süd

Prob.-Stelle	TW/ abf. St.	TW/ NH4	TW/ NO3	TW/ oPO4	TW/ pH	NO3/ O2	oPO4/ O2	oPO4/ BSB
BfG	+	-	-	+	+	+	-	∅
11061	+	-	-	+	+	∅	-	∅
32001	+	∅	-	+	+	∅	-	∅
31003	∅	-	+	∅	∅	∅	∅	-
31004	+	∅	∅	∅	∅	∅	∅	∅
31013	+	-	∅	∅	∅	∅	∅	∅
26004	∅	-	∅	∅	∅	∅	∅	∅
TeK0030	+	+	+	+	∅	-	-	+
25014	+	-	-	+	+	+	-	∅
Hv0110	+	-	+	+	+	∅	-	∅
SPK0010	n.b.	-	-	+	+	+	-	-

Vergleicht man die Korrelationsmuster beider Trassen, so stimmen diese für die kanalisierten Fließstrecken überein. Unterschiede ergeben sich durch die anthropogenen Nutzungen des Teltowkanals und in den seenartigen Erweiterungen. Auch für die Trasse Süd werden positive Korrelationsmuster für den Zusammenhang zwischen den Variablen Wassertemperatur und Chlorophyll-a gefunden. Insgesamt zeigen aber die zwischen den Knotenpunkten K2 und K4 liegenden Fließstrecken im Vergleich zur Spree ein abweichendes Systemverhalten. Dabei ist ein Einfluß des Teltowkanals (31013 bzw. TeK0030) auf den Griebnitzkanal (26004) und auf die Potsdamer Havel (Hv0110) festzustellen.

4.2.3 Korrelationsmuster der Wechselwirkung der Trassen

Die Korrelationsmuster dieser Fließstrecke sind einerseits durch die hydromorphologischen Unterschiede zwischen einem durchflossenen Flachsee und einer reinen Fließstrecke bedingt. Andererseits liegen im Großen Wannsee und im Griebnitzkanal sehr unterschiedliche limnologische Situationen vor. Dabei wird das Systemverhalten wesentlich durch die Fließrichtung des Wassers bestimmt. Bei MQ-Bedingungen fließt das Wasser von K7 nach K6, während sich die Fließrichtung bei HQ-Bedingungen umkehrt. Die in Tabelle 4 angegebenen Korrelationsmuster beschreiben das qualitative Systemverhalten deshalb nur unzureichend.

Tabelle 4. Ausgewählte Korrelationsmuster der Wechselwirkung der Trassen

Prob.-Stelle	TW/ abf. St.	TW/ NH4	TW/ NO2	TW/ NO3	TW/ O2	NH4/ abf. St.	NH4/ Chla	O2/ BSB
31013	+	-	+	-	-	Ø	n.b.	+
26004	Ø	-	+	-	Ø	-	n.b.	Ø
TeK0030	+	-	+	-	-	-	-	Ø
25008	+	Ø	Ø	-	-	Ø	Ø	+
25015	+	-	-	-	-	-	-	+
25014	+	-	+	-	-	Ø	Ø	+

4.3 Trends der Wassergüte

Das dynamische Verhalten des Berliner Gewässersystems ist wesentlich von der Fließrichtung abhängig. Für das Berliner Gewässersystem wurden Änderungen der Stoffkonzentrationen und Stofffrachten hinsichtlich ihrer zeitlichen und räumlichen Entwicklungen untersucht. Analog zu den Korrelationsmustern wird auch das Trendverhalten der Stoffkonzentrationen und Frachten der Fließstrecke zwischen den Knotenpunkten K6 und K7 durch die hydrologische Situation bestimmt. Für MQ-Bedingungen fließt das Wasser von K7 nach K6. Bei HQ-Bedingungen kehrt sich die Fließrichtung um. Aus diesem Grunde muß das Trendverhalten wesentlich von der angenommenen Fließrichtung her interpretiert werden. Aufgrund des teilweise geringen Datenumfanges erfolgte Keine Unterteilung der Daten in MQ- und HQ-Situationen. Aus diesem Grunde werden für die Wechselwirkung zwischen den Trassen keine Trendfunktionen angegeben.

4.3.1 Trasse Nord

Unter Berücksichtigung der Zuflüsse zur und der Ableitungen aus der Trasse Nord ergeben sich die in der Tabelle 5 zusammengefaßten Stofffrachten. Die Belastung mit abfiltrierbaren Stoffen entlang der Trasse Nord ist in ihrer Tendenz leicht ansteigend. Insbesondere wird die Fracht durch den einmündenden Westhafenkanal und die im Knotenpunkt K3 zufließende Havel erhöht. Bezüglich der organischen Belastung (CSB) verursacht der zufließende Westhafenkanal ebenfalls eine leichte Erhöhung, während die Havel die im Knotenpunkt K3 ankommende CSB-Fracht der Spree enorm verdünnt.

Tabelle 5. Ausgewählte Stofffrachten - Trasse Nord

Knoten-punkt	Zufluß/ Abfluß	Abf. Stoffe (t/d)	CSB (t/d)	NH4-N (t/d)	NO3-N (t/d)	oPO4-P (t/d)
K1	BfG	24,2	57,5	1,1	3,5	0,15
	32001	12,8	16,3	0,7	1,1	0,06
	11061	21,7	31,4	2,2	2,9	0,12
K5	11002	26,9	35,8	1,4	3,1	0,12
	12004	10,4	9,9	0,6	1,2	0,04
	11003	35,5	46,4	2,1	4,1	∅
K3	11007	32,7	80,7	1,5	8,5	0,17
	21005	13,9	21,5	0,2	1,9	0,05
	25002	50,2	58,0	2,6	6,4	0,23
K6	25008	39,1	47,4	2,2	5,2	0,27
	25015	2,0	∅	0,1	0,4	0,02
	25014	36,4	72,7	3,3	6,0	0,29
K4	25014	36,4	72,7	3,3	6,0	0,29
	31013	21,9	28,4	4,0	4,6	0,11
	Hv0110	20,6	(17,4)	3,6	5,6	0,23
	SPK0010	24,7	(17,0)	1,7	3,9	0,25

Für die Trasse Nord wurde festgestellt werden, daß bezüglich des Abflusses zwei unterschiedliche Tendenzen maßgebend sind. In der Spree zeigte sich ein gleichmäßiger Abfluß bis zur Probenahmestelle 11007. Hier gibt es durch Kühlwassereinleitungen eine signifikante Abflußerhöhung um ca. $10 m^3/s$. Nach dem Zusammenfluß von Spree und Havel weist der Abfluß bis zum Knoten K4 eine fallende Tendenz (Abb. 4). Im Gegensatz dazu steigt die Wassertemperatur geringfügig an.

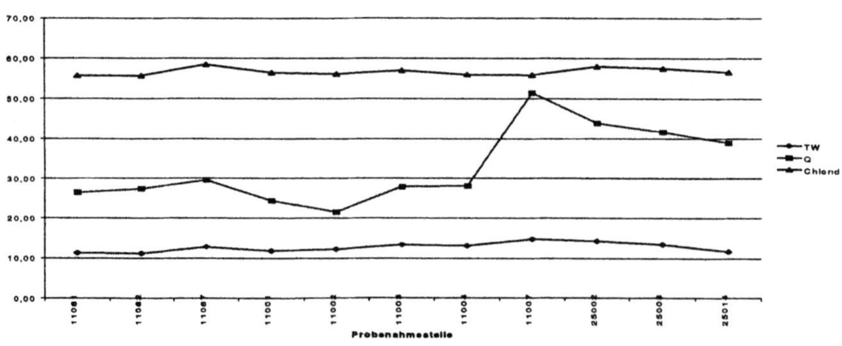

Abb. 4. Trends der hydrophysikalischen Meßgrößen

Relativ ausgeglichen ist der Trend für die Chloridkonzentrationen. Räumliche Trends der Meßgrößen des Sauerstoffhaushaltes sind bis auf die Variable CSB nicht vorhanden. Der Sauerstoffgehalt schwankt geringfügig um den Wert von 10 mg/l. Für die Spree und die Untere Havel-Wasserstraße ergeben sich im Sauerstoffhaushalt konstante Verhältnisse.

Die Trends von Konzentrationen der Nährstoffe Stickstoff und Phosphor sind differenziert (Abb. 5). Während die Ammoniumkurve deutlich eine fallende Tendenz von ca. 1,25 mg/l an der Probenahmestelle 11061 auf den Wert von 0,74 mg/l an der Probenahmestelle 25008 anzeigt, steigen die Nitratwerte insgesamt bis auf einen Wert von ca. 1,7 mg/l an. Dieses Verhalten resultiert aus den veränderten Stoffumsatzbedingungen in Flachseen gegenüber Fließstrecken. Die Phosphorkomponenten zeigen dagegen ein konstantes Systemverhalten, wobei die Gesamtphosphat-Kurve nur an wenigen Stützstellen durch Mittelwerte belegt ist. Die hydrobiologischen Meßgrößen zeigen in ihren räumlichen Trends zwar Schwankungen. Während die Variablen abfiltrierbare Stoffe, Chlorophyll-a und Glühverlust in der Spree einen leicht fallenden Trend ausweisen, zeigen die Größen Chlorophyll-a und Glühverlust nach dem Zusammenfluß von Spree und Havel ansteigende Tendenzen.

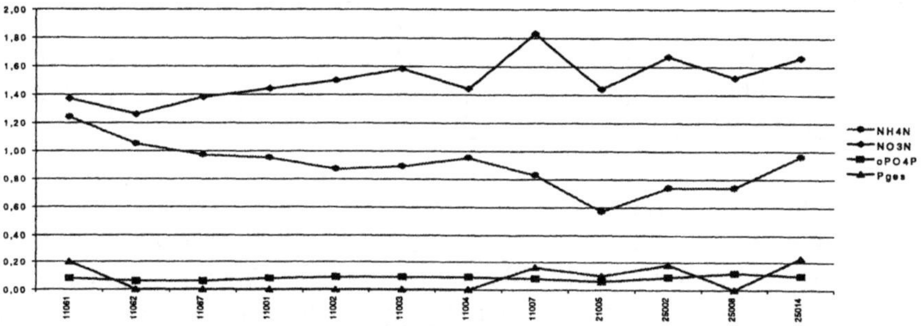

Abb. 5. Trends ausgewählter Nährstoffkonzentrationen

Für die Nährstoffkonzentrationen werden räumlichen Trends mit quadratischen Trendfunktionen belegt. Dabei bedeutet x die Fließstrecke in km:

NO3-N = $1.2062 + 0.0763x - 0.0033x^2$, $r^2 = 0.6072$,

NH4-N = $1.3007 - 0.1166x + 0.0071x^2$, $r^2 = 0.7643$,

o-PO4-P = $0.0665 + 0.0018x + 0.0002x^2$, $r^2 = 0.5943$.

4.3.2 Trasse Süd

Analog zur Trasse Nord wurden auch die räumlichen Trends der Konzentrationen und Frachten für die Knotenpunktfolge der Trasse Süd ausgewertet. In Tabelle 6 sind die Ergebnisse für ausgewählte Stofffrachten zusammengestellt.

Tabelle 6. Ausgewählte Stofffrachten - Trasse Süd

Knoten-punkt	Zufluß/ Abfluß	Abf. Stoffe (t/d)	CSB (t/d)	NH4-N (t/d)	NO3-N (t/d)	oPO4-P (t/d)
K1	BfG	24,2	57,5	1,1	3,5	0,15
	32001	12,8	16,3	0,7	1,1	0,01
	11061	21,7	31,4	2,2	2,9	0,12
K2	31003	1,0	1,4	0,2	0,3	0,01
	32001	12,8	16,3	0,7	1,1	0,06
	31004	12,0	14,3	1,2	1,6	0,09
K7	31013	21,9	28,4	4,0	4,6	0,11
	26004	4,2	6,4	0,5	1,0	0,02
	Hv0110	20,6	(17,4)	3,6	5,6	0,23
	SPK0010	24,7	(17,0)	1,7	3,9	0,25
K4	25014	36,4	72,7	3,3	6,0	0,29
	31013	21,9	28,4	4,0	4,6	0,11
	Hv0110	20,6	(17,4)	3,6	5,6	0,23
	SPK0010	24,7	(17,0)	1,7	3,9	0,25

Während Spree und Havel differenzierte Abflüsse im Untersuchungszeitraum aufwiesen, schwankten die Abflußwerte im Teltowkanal, bedingt durch Schleusungseffekte, gleichmäßig um ca. 10 m³/s. Die Variable Chlorid folgt einem anderen Verhalten. In Abhängigkeit von der anthropogenen Beeinflussung durch Kühlwassereinleitungen und Klärwerksableitungen existieren praktisch zwei Zustände: Einleitung vor der Probenahmestelle, dann Chloridkonzentration im Mittel ca. 87 mg/l, keine Einleitung vor der Probenahmestelle, dann Chloridkonzentration im Mittel ca. 63 mg/l. Keinen Trend findet man für die Variablen BSB, pH-Wert sowie für die Phosphorkomponenten (Pges und PO4). Während für die Phosphorkomponenten keine Trends nachgewiesen werden, folgen die Stickstoffkomponenten dem Trendverhalten der Größen CSB bzw. Chlorid. Das bedeutet, daß der N-Eintrag in den Teltowkanal der räumlichen anthropogenen Belastungsrhythmik an den Probenahmestellen folgt. Die Größe abfiltrierbare Stoffe ist entlang der Fließstrecke Trasse Süd nahezu konstant. An der Probenahmestelle 31013 ist eine durch Klärwerkseinleitung bedingte Zunahme der Schwebstoffe zu verzeichnen, während bereits an de nachfolgenden Probenahmestellen die Konzentrationen deutlich geringer sind. Diese Fließstrecke kann als Sedimentationsstrecke bezeichnet werden, wobei auch eine Verfrachtung der Schwebstoffe aus dem Teltowkanal in den Griebnitzkanal festzustellen ist. Für die Größe Chorophyll-a zeigt die Trendkurve eine fallende Tendenz von der Probenahmestelle 32001 bis zur Probenahmestelle 31013. Der Anstieg an der Probenahmestelle 31012 ist wahrscheinlich auf die anthropogene Beeinflussung zurückzuführen. Das räumliche Gesamtverhalten der hydrobiologischen Meßgrößen wird im Teltowkanal am besten durch die Meßgröße Glühverlust beschrieben.

4.3.3 Trendfunktionen für die Untere Havel-Wasserstraße

Parallel zur Trendanalyse des Berliner Gewässersystems wurden auch für die sich anschließende nördliche Fließstrecke der Unteren Havel-Wasserstraße (Sacrow-Paretzer-Kanal) Trendberechnungen der Wassergüte durchgeführt. Die Ergebnisse sind in Tabelle 7 zusammengestellt. Es sind nur die Funktionstypen angegeben.

Tabelle 7. Trendfunktionen für die Untere Havel-Wasserstraße

Variable	Trendfunktion	B (%)	Signifikanz (95%)
Hydrophysik			
Abfluß	polynomial	80,90	+
TW	linear	44,93	-
Leitfähigkeit	polynomial	4,82	-
Chlorid	polynomial	1,73	-
Sauerstoff-haushalt			
O2	polynomial	27,37	-
BSB2	polynomial	95,01	+
CSV	polynomial	70,04	+
Nährstoff-haushalt			
NH4-N	exponentiell	36,57	-
NO2-N	exponentiell	25,18	-
NO3-N	exponentiell	23,13	-
OPO4-P	linear	89,39	+
Pgesamt	polynomial	09,07	-
SiO2	polynomial	80,13	+
Hydrobiologie			
Abfiltrierbare Stoffe	polynomial	28,42	-
Chlorophyll-a	polynomial	64,59	(+)
Glühverlust	polynomial	93,30	+
Glührückstand	polynomial	1,74	-

Zur Einschätzung der Signifikanz wurde das jeweils beste Bestimmtheitsmaß der linearisierten Trendfunktion verwendet. Aus der Trendfunktion der Wassertemperatur wird die Temperaturaufhöhung im Teltowkanal deutlich. Analoge Resultate erhält man für die Trendfunktionen der Variablen Chlorid und Leitfähigkeit. Bezüglich des Einflusses des Teltowkanals auf den Sauerstoffhaushalt des Sacrow-Paretzer-Kanal konnte kein signifikanter Trend gefunden werden.

Eindeutige Trendfunktionen erhält man für die Komponenten Orthophosphat und Silikat des Nährstoffhaushaltes. Während für die Variable Orthophosphat ein linearer Trend festgestellt werden konnte, folgt die Variable Silikat entlang der betrachteten Fließstrecke einem polynomialen Trend. Die Trendfunktionen der anorganischen Stickstoffkomponenten zeigen negative exponentielle Trends. Für die hydrobiologischen Variablen zeigen sich signifikante Trends für die Variablen Chlorophyll-a und Glühverlust.

Analog zur nördlichen wurden auch für die durch die Havelseen charakterisierte südliche Fließstrecke der Unteren Havel-Wasserstraße (Potsdam-Werder-Stadt Brandenburg) Trendfunktionen berechnet (Tabelle 8).

Tabelle 8. Trendfunktionen für die Havelseen

Variable	Trendfunktion	B (%)	Signifikanz (95%)
Hydrophysik			
Abfluß	polynomial	81,26	+
TW	polynomial	61,77	+
Leitfähigkeit	polynomial	19,71	-
Chlorid	polynomial	3,82	-
Sauerstoff-haushalt			
Sauerstoffgehalt			
BSB2	polynomial	38,58	+
CSV	polynomial	42,64	+
	polynomial	76,11	+
Nährstoff-haushalt			
NH4-N			
NO2-N	exponentiell	56,69	+
NO3-N	exponentiell	48,79	+
OPO4-P	exponentiell	47,46	+
G-P	exponentiell	86,83	+
SiO2	polynomial	8,22	-
	polynomial	88,88	+
Hydrobiologie			
Abf. Stoffe	polynomial	2,27	-
Chlorophyll-a	polynomial	60,32	+
Glühverlust	polynomial	67,42	+
Glührückstand	polynomial	14,18	-

Im Gegensatz zu den Fließstrecken herrschen hier veränderte hydraulische Bedingungen, die sich im räumlichen Trendänderungen der Variablen der Wassergüte widerspiegeln. Diese sind durch die veränderte Hydromorphologie der Gewässerstrecke und die starke Ausprägung kinetischer Stoffumsatzprozesse infolge der seenartige Erweiterungen charakterisiert. Sie machen sich insbesondere im Sauerstoff- und im Nährstoffhaushalt bemerkbar.

Die Trendfunktion für die Meßgröße Wassertemperatur zeigt generell eine fallende Tendenz, wobei ein Einfluß durch den Teltowkanal festzustellen ist. Dieser Einfluß ist aber bereits an der Probenahmestelle Hv0120 (Potsdam-Kiewitt) nicht mehr signifikant feststellbar. Analoge Aussagen treffen für die Variablen Leitfähigkeit und Chlorid zu. Im Sauerstoffhaushalt zeigen sich für alle beobachteten Variablen signifikante Trends. Anhand der Variablen BSB und CSV konnten keine größeren räumlich Wirkungen des Teltowkanals auf den Sauerstoffhaushalt festgestellt werden. Die Trendberechnungen für die Komponenten des anorganischen Stickstoffs ergeben, daß die durch den Teltowkanal verursachte Stickstoffbelastung erst an der Probenahmestelle Hv0180 (Alt Töplitz/Phöben) abgeklungen ist. An dieser Probenahmestelle werden jeweils die Niveaus der Probenahmestelle 25014 der zufließenden Havel erreicht bzw. unterschritten. Signifikante Trendfunktionen zeigen auch die Variablen Orthophosphat und Silikat an. Während die Variable Orthophosphat einen exponentiell ansteigenden Trend aufweist, zeigt die Variable Silikat einen negativen Trend an. Der Orthophosphatanstieg kann aus der P-Freisetzung aus dem Sediment erklärt werden, was zu einer Akkumulation des Phosphates in den Flachseen führt. Aufgrund der geringen Fließgeschwindigkeiten kommt es auch nicht zu Auswaschungseffekten. Generell konnte dieser positive, jedoch nicht signifikante Trend auch für die Variable Gesamtphosphat festgestellt werden. Dagegen wird das Silikat durch die biologische Aktivität der Flachseen entlang der Fließstrecke verringert. Für die Variablen Chlorophyll-a und Glühverlust wurden signifikante Trends mit unterschiedlichen Tendenzen festgestellt werden. Während die Varaible Chlorophyll-a unterhalb der Flachseen eine leicht fallende Tendenz aufzeigt, ist für die Variable Glühverlust eine steigende Tendenz feststellbar. Parallel wird bis zur Probenahmestelle Hv0180 eine fallende Tendenz der Variablen Glührückstand beobachtet, danach jedoch ein Anstieg. Das bedeutet, daß nach Einmündung des Sacrow-Paretzer-Kanals in die Havel auch der organische Anteil der Variablen abfiltrierbare Stoffe erhöht ist. Faßt man die Trendberechnungen insgesamt zusammen, so wird in der Regel stets eine polynomiale Trendfunktion als beste Trendschätzung ermittelt. Nur im Stickstoffhaushalt ergeben exponentielle Trendfunktionen bessere Schätzungen.

5 Schlußbemerkungen

Ein grundlegendes Defizit im Datenmaterial war durch die unterschiedlich langen Datensätze bei unterschiedlichen Probenahmeintervallen gegeben. Bei kurzen Meßreihen erschwert die daraus resultierende Schätzunsicherheit eine Verallgemeinerung der statistischen Aussage und eine Prognose von zu erwartenden Wassergütezuständen. Aus diesem Grunde wurden die Jahresreihen des Fließgewässermonitoringprogrammes des Berliner Gewässersystems von 1990 bis 1996 statistisch ausgewertet. Es konnten dabei wesentliche Erkenntnisse über den Stofftransport und die Stoffverteilung im urbanen Ballungsraum Berlin/Potsdam gewonnen. Das Systemverhalten des Berliner Gewässersystems wird sowohl auf einzelnen Teilstrecken, als auch in seiner Gesamtheit durch die Korrelationsmuster hinreichend genau qualitativ beschrieben. Trotz der teilweise an den Probenahmestellen ungenügenden zeitlichen Auflösung der Meßreihen, können natürliche und anthropogene Belastungen der einzelnen Gewässerabschnitte qualitativ eingeschätzt und in ihrem Trend bewertet. werden. Zum Vergleich wurden Meßreihen der Unteren Havel-Wasserstraße bis zur Stadt Brandenburg herangezogen. Anhand der Stofffrachten werden aber die Bilanzierungsprobleme im Berliner Gewässersystem deutlich. Dies betrifft sowohl die Wassermengenbilanz, als auch die Stoffbilanzen an den Knotenpunkten..

Danksagung

Die Autoren danken der Senatsverwaltung für Stadtentwicklung, Umweltschutz und Technologie des Landes Berlin, dem Landesumweltamt Brandenburg und der Bundesanstalt für Gewässerkunde, Außenstelle Berlin, für die Bereitstellung der Daten. Insbesondere sind die Autoren Frau Dr. Regina Eidner für zahlreiche Hinweise und anregende Diskussionen zu Dank verpflichtet.

Literatur

Backhaus, K., B. Erichson, W. Plinke und R. Weiber: Multivariate Analysemethoden. Springer, Berlin 1996.

Eidner, R., A. Gnauck und K. Rothe: Statistische Analyse und mathematische Modellierung des Spree-Havel-Gewässersystems. BTUC-AR 6/99, pp. 16-32.

Einax, J.W., H.W. Zwanziger und Sabine Geiß: Chemometrics in Environmental Analysis. Verlag Chemie, Weinheim 1997.

Funk, W., V. Dammann, C. Vonderheid und G. Oehlmann: Statistische Methoden in der Wasseranalytik. VCH, Weinheim 1985.

Funk, W., V. Dammann und G. Donnevert: Qualitätssicherung in der Analytischen Chemie. VCH, Weinheim 1992.

Gnauck, A., J. Wernstedt und W. Winkler: Zur Bildung mathematischer Modelle limnischer Ökosysteme mittels rekursiver Schätzverfahren. Int. Revue ges. Hydrobiol. **61**(1976)5, 609-626.

Gnauck, A., H. Reissig, J. Wernstedt, W. Winkler und J. Beyer: Modellierung der Zwickauer Mulde - Beschreibungsmodelle. Acta hydrochim. hydrobiol. **8**(1980)6, 591-604.

Gnauck, A. und M. Schramm: Simulation von Variablen der Fließgewässerqualität mittels Mehrfachregression. Acta hydrochim. hydrobiol. **19**(1991)1, 75-84.

Henrion, R. und G. Henrion: Multivariate Datenanalyse. Springer, Berlin 1995.

Kalbe, L.: Limnische Ökologie, Teubner, Stuttgart/Leipzig 1997.

Klose, H.: Die Eutrophierung und ihr bestimmender Einfluß auf Ökosystem und Nutzungen. Berichte Landesumweltamt Brandenburg, Band 8, Potsdam 1995, pp. 16-32.

Koch, M., T. Kuhn und J. Wernstedt: Fuzzy Control. Oldenbourg, München 1996.

Krause, B. und P. Metzler: Angewandte Statistik. Deutscher Verlag der Wissenschaften, Berlin 1988.

Little, R.J.A. und D.B. Rubin: Statistical Analysis with Missing Data. Wiley, New York 1987.

Reckhow, K.H. und S.C. Chapra: Engineering Approaches for Lake Management. Vol. 1. Data Analysis and Empirical Modeling. Butterworth, Boston 1983.

Sachs, L.: Angewandte Statistik. Springer, Berlin 1984.

Schettler, G.: Die Sedimente der Havelseen und deren jahreszeitliche Dynamik. Berichte Landesumweltamt Brandenburg, Band 8, Potsdam 1995, pp. 4 6-57.

Stegmann, R.: Auswertung und Prognose von Gewässergütedaten. Veröff. Institut f. Stadtbauwesen, TU Braunschweig, H. 21, Braunschweig 1976.

Storm, R.: Wahrscheinlichkeitsrechnung, Mathematische Statistik, Statistische Qualitätskontrolle. Fachbuchverlag, Leipzig 1979.

Stoyan, D., H. Stoyan und U. Jansen: Umweltstatistik. Teubner, Stuttgart und Leipzig 1997.

Tümpling, W. von: Mehrjährige Trends der Abwasserbelastung - Methoden und Ergebnisse. Acta hydrochim. hydrobiol. **1**(1973)5, 477-489.

- : Verfahren und Ergebnisse der Trenduntersuchungen in der Limnologie von Fließgewässern. In: Friedrich, G. und H. Lacombe (Hrsg.): Ökologische Bewertung von Fließgewässern. Fischer, Stuttgart 1992.

Weber, E.: Grundriß der biologischen Statistik. 8. Aufl., Fischer, Jena 1980.

Wernstedt, J.: Experimentelle Prozeßanalyse. Verlag Technik, Berlin 1989.

GPSR Compliance

The European Union's (EU) General Product Safety Regulation (GPSR) is a set of rules that requires consumer products to be safe and our obligations to ensure this.

If you have any concerns about our products, you can contact us on ProductSafety@springernature.com

In case Publisher is established outside the EU, the EU authorized representative is:

Springer Nature Customer Service Center GmbH
Europaplatz 3
69115 Heidelberg, Germany

Batch number: 10577876

Printed by Printforce, the Netherlands